国家社会科学基金项目

李 娟——著

新中国生态文明制度建设史

山西出版传媒集团　山西教育出版社

图书在版编目（CIP）数据

新中国生态文明制度建设史／李娟著. — 太原：
山西教育出版社，2024.7
ISBN 978-7-5703-3903-7

Ⅰ. ①新… Ⅱ. ①李… Ⅲ. ①生态环境建设-研究-
中国 Ⅳ. ①X321.2

中国国家版本馆 CIP 数据核字（2024）第 086298 号

新中国生态文明制度建设史

XIN ZHONGGUO SHENGTAI WENMING ZHIDU JIANSHE SHI

选题策划	崔	璨
责任编辑	赵	娇
复　审	崔	璨
终　审	郭志强	
装帧设计	薛	菲
印装监制	蔡	洁

出版发行　山西出版传媒集团·山西教育出版社
　　　　　（太原市水西门街馒头巷 7 号　电话：0351-4729801　邮编：030002）
印　装　山西新华印业有限公司
开　本　720mm×1020mm　1/16
印　张　27.75
字　数　335 千字
版　次　2024 年 7 月第 1 版　2024 年 7 月山西第 1 次印刷
书　号　ISBN 978-7-5703-3903-7
审图号　GS（2024）2020 号
制　图　青海天域北斗数码测绘科技有限公司
定　价　108.00 元

如发现印装质量问题，影响阅读，请与出版社联系调换。电话：0351-4729718

目　　录

绪论　1

第一章

生态文明制度建设的奠基（1949—1972）　1

第一节　建立江湖水患治理制度　4

一、确立治水方针和原则　6

二、制定长期规划和举措　7

三、建立保障和激励机制　10

四、建立边界水利纠纷处理机制　12

第二节　建立国土绿化和水土保持制度　14

一、建立造林工作制度　17

二、建立护林工作制度　20

三、建立水土保持管理制度　23

第三节　建立生物资源保护制度　27

一、确定珍稀生物保护名录　28

二、划定自然保护区　29

三、规定狩捕的时间和工具　31

第四节　建立工业污染防治制度　33

一、制定水污染治理规定　33

二、制定粉尘、放射性物质等防护规定　37

第五节　建立生活环境卫生清洁机制　39

一、确立卫生运动的主要任务　40

二、建立卫生运动的监督检查机制　42

三、建立卫生运动的宣传动员机制　44

第六节　建立资源综合利用制度　46

一、规定资源开采权限　48

二、要求提高资源使用率　49

三、建立废弃物品收购制度　50

四、提倡推广使用代用资源　50

本章总结　53

第二章

生态文明制度建设的正式起步（1973—1978）　59

第一节　颁布第一部环境保护行政法规　63

第二节　成立第一个环境保护政府机构　66

第三节　制定环境保护规划　69

一、编制环境保护十年规划　69

二、建设大型防护林的规划　74

第四节 制定"三废"治理标准和举措 77

一、制定工业"三废"排放标准 77

二、建立消除"三废"的激励约束机制 78

三、制定和实施限期治理要求 79

第五节 建立海洋环境污染防治制度 81

第六节 恢复和发展生物资源保护制度 83

一、恢复和发展自然保护区制度 84

二、完善珍稀动植物资源分类保护制度 86

本章总结 88

第三章

初步形成生态文明制度体系的基本框架（1979—1991） 91

第一节 建构环境保护法律体系 94

一、宪法关于环境保护的条款 94

二、环境保护基本法 94

三、环境保护单行法 99

四、环境保护行政法规 99

五、环境保护部门规章 101

六、环境保护地方性法规和地方政府规章 101

七、环境标准 101

八、环境保护国际条约 103

第二节 建立八项环境管理制度 103

一、"三同时"制度 104

二、排污收费制度 107

三、城市环境综合整治定量考核制度 113

四、建设项目环境影响评价制度　117

五、排放污染物许可证制度　120

六、环境保护目标责任制　122

七、污染集中控制制度　124

八、污染源限期治理制度　125

第三节　完善环境管理体制　126

一、建立独立的环境保护管理机构　127

二、建设环境监测机构　128

三、建立环境监理机构　132

本章总结　135

第四章

生态文明制度建设的深化拓展（1992—2002）　137

第一节　环境立法和监管执法并重　139

一、完善环境法律体系　139

二、强化环境监督管理　141

第二节　探索建立面向市场的环境经济制度　146

一、征收矿产资源补偿费　147

二、开征资源税　149

第三节　污染物总量控制与清洁生产制度　150

一、污染物总量控制制度　150

二、清洁生产制度　152

第四节　建立生态保护工程的支持政策　157

一、中国天然林资源保护工程　159

二、退耕还林还草工程　162

第五节　建立面向国际的环境保护制度　165

一、废物进口环境保护制度　166

二、消耗臭氧层物质管理制度　168

本章总结　171

第五章

建立完善生态文明建设的激励约束机制（2003—2012）　173

第一节　建立健全节能减排制度　176

一、建立政府节能减排约束性指标　178

二、节约能源的法制建设　183

三、开发新能源的法制建设　187

四、构建循环经济发展制度　189

第二节　建立生态文明规划体系　195

一、环境保护领域的专项规划　196

二、环境督察体制的纵深完善　198

三、国土空间的生态功能区划　199

四、建立规划环境影响评价制度　205

第三节　初步构建环境经济政策体系　212

一、财政支持政策　213

二、税收优惠政策　215

三、政府采购政策　216

四、绿色信贷政策　217

五、环境污染责任保险　220

本章总结　224

第六章

生态文明制度体系的成熟定型（2013-2022） 227

第一节　建立严格严密的生态环境保护法律体系 232

　　一、"史上最严"的环境保护法 232

　　二、填补环境保护领域的法律空白 237

　　三、农村环境治理的法律位阶得到提升 239

第二节　健全自然资源资产产权制度 242

　　一、建立权责明确的自然资源产权体系 245

　　二、建立统一的自然资源确权登记系统 247

　　三、试点全民所有自然资源资产所有权委托代理机制 250

　　四、改革国家自然资源资产管理体制 252

第三节　健全资源有偿使用和生态补偿制度 253

　　一、深化资源有偿使用制度 254

　　二、完善生态补偿制度 258

　　三、实行生态环境损害赔偿制度 268

第四节　建立以国家公园为主体的自然保护地体系 274

　　一、划分三类自然保护地 275

　　二、建立国家公园体制 276

　　三、建立统一的自然保护地分类分级管理体制 280

第五节　完善国土空间规划体系 281

　　一、推进"多规合一" 282

　　二、划定"三条控制线" 287

　　三、形成"五级三类四体系"国土空间规划体系 296

第六节　建立山水林田湖草沙冰一体化治理机制 298

　　一、组建生态环境部："大部制"带来"大环保" 299

二、建立河长制和湖长制　302

三、建立污染防治区域联动机制　306

第七节　构建完备的环境执法监督体系　311

一、深化生态环境保护综合行政执法改革　311

二、建立环保机构监测监察执法垂直管理体制　318

三、建立中央环保督察制度　320

第八节　健全完善环境信息公开与公众参与制度　329

一、完善环境监测预警机制　329

二、建立企业环境信息强制性披露制度　333

三、完善环境保护公众参与制度　337

第九节　健全环境治理和生态保护市场体系　342

一、构建 2.0 版绿色金融体系　343

二、完善和落实污染物排放许可制　351

三、建立完善碳交易市场机制　357

第十节　完善生态文明绩效评价考核和责任追究制度　364

一、建立生态文明目标评价考核体系　365

二、建立领导干部自然资源资产离任审计制　370

三、建立生态环境损害责任追究制度　375

本章总结　381

第七章

新中国生态文明制度建设的基本经验　　385

第一节　坚持运用科学思维方式，统筹谋划防治体系　　387

第二节　坚持试点先行逐步推广，提高制度科学化水平　　392

第三节　坚持创新环境经济机制，释放市场主体活力　　396

第四节　坚持扩大公众环境参与，提高制度民主化水平　　399

第五节　坚持深化环保国际合作，加强制度交流互鉴　　402

第六节　坚持完善政策实施机制，强化制度执行落实　　406

本章总结　　410

参考文献　　414

后记　　427

绪　　论

人类是自然界进化发展的产物，从诞生之日起，就每时每刻都不能离开自然界的"环境"与"条件"，随时随地都在与自然界"打交道"。无论在东方还是西方，从古至今，我们都能看到大量关于崇拜自然、敬畏自然、赞美自然的符纹、图画和文学作品。马克思在《1844 年经济学哲学手稿》中，系统地论述了自然对于人本身生存发展的三重价值。人类从自然界获得食物、水源、空气、阳光等生活资料，将之转化为维持生命和机体发展所需的能量，没有自然界，人类就无法生存，因此，自然界是人的"无机的身体"；自然界为人类进行劳动创造提供材料、对象和工具，没有自然界，人类就什么也不能创造，人类文明就无从谈起；大自然还是人类自然科学和艺术创作的对象，是人的意识的一部分，因此，自然界也是人的"精神的无机界"。总之，"人的肉体生活和精神生活同自然界相联系"①，自然生态环境是人类生产和生活的前提。

在现代工业社会出现之前，自然生态问题虽然已经存在，玛雅

---

① 《马克思恩格斯文集》（第 1 卷），北京：人民出版社 2009 年版，第 161 页。

文明、楼兰文明等还遭到"自然的报复"而从历史舞台消失，但是并未形成大规模的关乎人类生存的直接威胁。工业革命以来，工业技术的发展给人类带来了前所未有的财富成果，但是技术的滥用也对自然产生深层次的伤害，产生了一系列严重的生态环境问题，并随着资本的无限扩张，蔓延成为威胁整个人类生存发展的全球问题。对此，马克思曾指出，"资本主义农业的任何进步"，都是"掠夺土地的技巧的进步"，"在一定时期内提高土地肥力的任何进步，同时也是破坏土地肥力持久源泉的进步"。一个国家，"越是以大工业作为自己发展的起点，这个破坏过程就越迅速。因此，资本主义生产发展了社会生产过程的技术和结合，只是由于它同时破坏了一切财富的源泉——土地和工人"[①]。"在我们这个时代，每一种事物好像都包含有自己的反面。……财富的新源泉，由于某种奇怪的、不可思议的魔力而变成贫困的源泉。技术的胜利，似乎是以道德的败坏为代价换来的。随着人类愈益控制自然，个人却似乎愈益成为别人的奴隶或自身的卑劣行为的奴隶。甚至科学的纯洁光辉仿佛也只能在愚昧无知的黑暗背景上闪耀。我们的一切发明和进步，似乎结果是使物质力量成为有智慧的生命，而人的生命则化为愚钝的物质力量"[②]。

生态环境问题最早产生于工业文明较为发达的西方国家。1962年，美国生态文学家蕾切尔·卡逊的《寂静的春天》问世，这一作品的问世犹如一石激起千层浪，在西方社会掀起了轩然大波，引发了全社会激烈的环境论战，很快在西方兴起了声势浩大、影响深远的生态运动。由此，自然环境从自然科学领域进入人类社会科学研究的视野，进而影响国家宏观政策，推动西方国家出台实施了有关

[①] 《马克思恩格斯文集》（第5卷），北京：人民出版社2009年版，第579页。

[②] 《马克思恩格斯文集》（第2卷），北京：人民出版社2009年版，第580页。

防治环境污染的制度文件。

新中国成立以来，我国将自然环境作为社会主义建设的重要因素，在开展兴修水利、保持水土、植树造林、防治病虫害等过程中，出台了一些关于保护生态环境的"决定""指示""意见""通知"等，这些政策要求具有制度规范的性质，是我国生态文明制度的雏形。20世纪中后期，面对国内工业污染的问题以及在联合国人类环境大会的影响下，我国将环境保护正式纳入国家法律法规范畴，制定了专门防治生态环境问题的制度文件。在改革开放时期，随着全球绿色发展趋势和国内生态环境矛盾日益成为影响经济社会发展的严峻问题，我国相继提出可持续发展战略和科学发展观，不断发展完善生态环境保护制度。党的十七大首次把"生态文明"写进党代会政治报告，把生态环境保护提升至人类文明发展的高度，使生态文明建设理论上升到一个全新的境界，体现了中国共产党对生态环境保护的认识深化和高度重视。我国在社会主义市场经济体制下，建立健全了推动绿色发展和生态文明建设的激励约束机制，使生态文明建设实践进入一个全新的阶段。党的十八大将生态文明建设放在更加突出的位置，将之与经济建设、政治建设、文化建设、社会建设并列作为中国特色社会主义事业总体布局"五位一体"的组成部分。习近平强调，"保护生态环境必须依靠制度、依靠法治。只有实行最严格的制度、最严密的法治，才能为生态文明建设提供可靠保障"①。党的十八大以来，我国密集出台了上百个涉及自然资源资产产权制度、国土空间开发保护制度、资源总量管理和全面节约制度、资源有偿使用和生态补偿制度、环境治理和生态保护市场体系、生态文明绩效评价考核和责任追究制度等改革方案和制度规范，建

---

① 《习近平关于社会主义生态文明建设论述摘编》，北京：中央文献出版社2017年版，第99页。

立健全环境治理的领导责任体系、企业责任体系、全民行动体系、监管体系、市场体系、信用体系、法律法规政策体系，基本形成导向清晰、决策科学、执行有力、激励有效、多元参与、良性互动的环境治理体系。生态文明制度体系的"四梁八柱"建立起来，标志着我国生态文明制度体系的成熟定型，为建设"美丽中国"和推动形成人与自然协调发展的现代化建设新格局奠定了坚实的制度保障。

笔者梳理新中国成立以来生态文明制度建设的历史进程，总结我国生态文明制度建设的历史经验，有利于社会各界对我国生态文明制度体系有一个清晰的全貌认识，对研究具体环境保护制度时追溯其历史源头和逻辑起点具有史料价值，对于未来完善生态文明制度体系具有些许启发和参考。关于本课题的核心概念和历史阶段划分依据，笔者有如下说明。

其一，关于"生态文明制度"的研究范畴

关于制度的基本概念，学术界有着多种不同的解释。新制度经济学派创始人道格拉斯·诺思对"制度"给出了详尽的解释。诺思指出，制度本质是一个社会的游戏规则，是人们为减少相互交往的不确定性而发明设计的一些制约。广义的制度包括正式制度和非正式制度，正式制度是指由国家权力机构保证实施的成文规范或行为准则，如宪法、法律、法规、规章、条例、准则等；非正式制度即人们在长期社会交往过程中逐步形成，并得到社会认可的约定俗成、共同恪守的行为准则，包括价值信念、风俗习惯、文化传统、道德伦理、意识形态等①。本课题的"生态文明制度"特指以成文形式颁发的有关自然资源利用和生态环境保护的正式制度，不包括非正式制度。

---

① ［美］道格拉斯·诺思:《制度、制度变迁与经济绩效》，杭行译，上海：上海人民出版社 2016 年版，第 3、4 页。

依据制度的执行力度，生态文明正式制度大致可分为强制性制度和选择性制度两大类。生态文明的强制性制度是指政府通过法律法规以及"条例""规定""决定""标准"等规范性文件的形式，对其管辖区域内各经济主体的环境行为带有强制性的约束与限制，各经济主体必须无条件遵守与执行。如生态红线制度、污染物排放总量控制制度、环境损害责任追究制度等。生态文明的选择性制度是指政府通过经济手段，促使市场主体权衡"投入—产出"来进行优化选择，进而实现地区生态文明建设目标。如资源有偿使用和生态补偿制度、生态环境财税制度、环境保护公众参与制度等。政府在制定选择性制度时，往往没有具体的指令要求经济主体必须做什么或怎么做，而是将市场作为自然资源配置的重要手段，先构建一个可供经济主体选择的制度环境，由经济主体自主选择最适合自身发展与最有利的发展路径，以达成经济主体获得自身利益和实现生态文明有序建设的双赢局面。选择性制度通常以"方案""意见""办法"等形式出现。

在我国的语境下，体制、机制与制度作为制度设计的基本概念，既相互关联，又有一定区别，极易引起混淆。所谓体制，在古汉语里，原意指的是"诗文之体裁"，将其引申到社会领域，可在《辞源》《现代汉语词典》等找到相关解释，如"规定组织的机构和运行的纲领""国家、国家机关、企业、事业单位的组织制度"，以及"国家机关、企业和事业单位的机构设置、管理权限、工作部署的制度"等几种解释。"机制"最初是自然科学领域中的一个重要概念，主要指机器的构造和工作原理，把"机制"概念进一步扩展到社会领域，则泛指社会系统的内在结构、要素之间组合、联系、运作的方式和相互作用的机理。概括起来讲，机制其实是指客观事物内部要素之间的组织、联结方式和要素功能发挥的方式，如竞争机制、激励机制、市场机制等。通过辨析体制、机制和制度等基本概念，可以看出，体制主要侧重组织机构，机制主要侧重制度功能的实现；体制是制度的组织载体，机制是制度的执行方式。没有体制和机制，制度就不可能得到实施和落实。因此，本课题的生态文明制度还包括生态文明建设的体制和机制。

其二，关于历史阶段的划分依据

笔者并不是简单线性地以历届全国党代会及其产生的新一届中央领导机构为依据，而是实事求是地以我国生态文明制度建设的标志性事件为依据科学划分历史阶段。如从整体宏观层面而言，1973年在新中国历史上并不是一个特殊的年份，但是在这一年里，我国召开了第一次环境保护会议，出台了第一部综合性的环境保护行政法规，这标志着我国生态文明制度建设的正式起步，毫无疑问，在我国生态文明制度建设史上具有里程碑的意义，因此，笔者把1973年作为历史阶段的分水岭。

同时，多年学术研究的经验使笔者深刻明白，面面俱到反而顾此失彼。如果把一个历史阶段的所有关于环境保护的制度都事无巨细地铺陈罗列，这既不是做学术研究的基本规范，也遮盖了这个时期生态文明制度建设的特色和亮点，因此，本课题以首次创新提出或成就最明显、影响最深远的生态文明制度作为一个历史阶段的重大事件进行详细阐释。

当然，一项生态文明制度在某个历史阶段提出实施后，在下一个历史阶段还有发展的过程，或者得到完善，或者以新制度代替之，因此，尽管本课题总体上是一部以历史时期为断限的专题"断代史"，但是，在每个时期具体的制度建设上，笔者稍微提及这个制度以后演变至今的发展状况，给读者呈现一个完整的脉络，这亦是本课题作为历史研究范畴的应有之义。

第一章
生态文明制度建设的奠基
（1949—1972）

　　有人认为，在新中国成立之初，政府机构并没有设置专门开展生态环境保护的机构，也未将环境保护纳入社会主义事业建设议程，甚至有与自然环境斗争对立的思想倾向，比如"向自然界开战""要高山低头，要河水让路""人定胜天"等口号，加之"大跃进"时期工业全民炼钢的环境污染和农业"以粮为纲"的毁林、弃牧、填湖开荒种粮以及违背生态系统规律的"除四害"运动，造成新中国成立以来生态环境的第一次集中破坏。另外，我国在社会主义建设过程中，由于经验不足，很多领域的制度没有建立起来，有关生态环境方面的制度更是处于空白。

　　这种看法是不正确的。事实上，新中国成立初期，以毛泽东为核心的党的第一代中央领导集体非常重视自然环境在社会主义建设中的作用，如毛泽东强调，"天上的空气，地上的森林，地下的宝藏，都是建设社会主义所需要的重要因素"[1]。而且，毛泽东还把生态环境建设作为衡量马克思主义和共产主义社会的一个标准，认为"用二百年绿化了，就是马克思主义"[2]。这是对马克思、恩格斯的

---

　　① 《毛泽东文集》（第七卷），北京：人民出版社 1999 年版，第 34 页。

　　② 中共中央文献研究室、国家林业局：《毛泽东论林业》，北京：中央文献出版社 2003 年版，第 74 页。

生产自然条件论，即把自然条件作为社会生产力发展不可或缺的前提条件的继承和发展。

就中国共产党第一代领导人关于自然环境建设的实践而言，诚然，"大跃进"运动在短期内造成了生态环境的集中破坏，但毛泽东等中央领导人很快就意识到了问题的严重性，尽快停止了运动，及时遏止和扭转了生态环境大面积破坏的局面。毛泽东深刻反思，"'大跃进'的重要教训之一、主要缺点是没有搞平衡。说了两条腿走路、并举，实际上还是没有兼顾"①，我们要从"由于盲目性而遭受到许多的失败和挫折"中"积累经验，努力学习，在实践中间逐步地加深对它（社会主义规律）的认识，弄清楚它的规律。一定要下一番苦功，要切切实实地去调查它，研究它"②。这些历史失误连同党的成功经验，一起成为我们今天宝贵的历史教材。更重要的是，诚如马克思所说，自然是人类生产生活的基本前提，没有自然界，人类就什么都不能创造。因此，在新中国成立初期，尽管我国没有设置专门的环境保护机构，但是为了国民经济建设节约成本和减少自然灾害的客观需要，农业部、林垦部、水利部、地质部等与自然资源环境相关的部门在开展兴修水利、保持水土、植树造林、防治病虫害、资源综合利用等工作的过程中，作出了一些"决定""指示""意见"等，这些政策具有制度约束的性质，为我国生态文明制度建设奠定了基础，很多政策要求沿用至今。

---

① 《毛泽东文集》（第八卷），北京：人民出版社 1999 年版，第 80 页。
② 《毛泽东文集》（第八卷），北京：人民出版社 1999 年版，第 302、303 页。

第一节　建立江湖水患治理制度

我国幅员辽阔，地质、地理条件复杂，气候异常多变，历史上洪涝、干旱等自然灾害频发，据不完全统计，在新中国成立以前的2155年间，我国发生过较大的水灾1092次，较大的旱灾1056次，两项相加共2148次，[①] 几乎平均每年一次，造成百姓流离失所，甚至家破人亡。因此，治理河川、兴修水利成为历代安邦治国的一个重要主题，自古以来，中国就有"水利乃兴国富民之大计，治水乃治国也"的说法。

1950年6月，在中华人民共和国刚成立不久，淮河流域因特大暴雨发生了严重水患。流域内农田受灾面积达4687万亩，灾民1300多万人，倒塌房屋89万余间，死亡489人。[②] 由于水势凶猛，群众来不及逃生，或攀爬树上，失足落水而死，或在树上被毒蛇咬死。面对洪水灾害，毛泽东指令大力组织人力、物力展开防救，同时下决心把彻底解决水患问题提上中国共产党执政的任务日程。1950年，毛泽东多次指示根治淮河，7月20日要求"除目前防救外，须考虑根治方法，现在开始准备，秋起即组织大规模导淮工程，期以一年完成导淮，免去明年水患"；8月5日，要求"秋初即开始动工"；9月21日，催办，"现已九月底，治淮开工期不宜久延，请督促早日

① 刘绪禹：《中国国情教育·基本国情论》，北京：人民出版社1990年版，第153页。

② 淮河水利委员会编：《中国江河防洪丛书·淮河卷》，北京：中国水利水电出版社1996年版，第46页。

勘测，早日做好计划，早日开工"。①"三个早日"体现了毛泽东根治水患的急迫心情。

之后，毛泽东、周恩来等国家领导人进一步从减少自然灾害、农业增产和人民切身利益的角度，提出"水利是农业的命脉"的重要判断，发出"黄河安危，事关大局""一定要把黄河的事情办好""为了广大人民的利益，争取荆江分洪工程的胜利""一定要根治海河"等重要指示，强调发挥人的主观能动性，"研究和认识自然流势的规律，对自然流势加以利用和适当改造"②，"要使江湖都对人民有利"③，实现人与自然的和谐。新中国成立初期，我国颁布了一系列关于水利建设和根治水害的文件，制定了新中国第一部水利管理法规《水利管理工作条例（草案）》，推动开展了治理江河洪水和兴修水利的宏大工程。

表1-1　新中国成立初期关于水利建设的文件

《当前水利建设的方针和任务》，1949年11月

《政务院关于治理淮河的决定》，1950年10月

《兴办农田水利事业暂行规则草案》，1950年12月

《水利部关于开展今冬明春农田水利工作的指示》，1954年11月

《关于根治黄河水害和开发黄河水利的综合规划的决议》，1955年7月

《中共中央、国务院关于今冬明春大规模地开展兴修农田水利和积肥运动的决定》，1957年9月

《中共中央关于三峡水利枢纽和长江流域规划的意见》，1958年3月

《中共中央关于水利工作的指示》，1958年8月

《中共中央关于水利建设问题的指示》，1960年6月

《加强水利管理工作的十条意见》，1961年11月

《关于五省一市平原地区水利问题的处理原则》，1962年3月

《水利工程管理条例（草案）》，1965年9月

---

① 《毛泽东文集》（第六卷），北京：人民出版社1999年版，第85、86页。

② 《中共中央文件选集（1949年10月—1966年5月）》（第39册），北京：人民出版社2013年版，第125页。

③ 《周恩来年谱（一九四九—一九七六）》（上卷），北京：中央文献出版社1997年版，第246页。

一、确立治水方针和原则

中央政府要求治水工程"蓄泄兼筹""除害与兴利相结合""统一规划，全面发展，适当分工，分期进行"①，同时，正确处理远景与近景，干流与支流，上中下游，大中小型，防洪、发电、灌溉与航运、水电与火电、发电与用电等七种关系。政府在制定不同治水工程中的文件中，对以上方针和原则进行了具体说明。

在治理江河水患中，要统筹考虑上、中、下游，如关于根治黄河水害和开发黄河水利。过去一些时代治理黄河都是采取在黄河下游送走水和泥沙的做法，但是这不能根治黄河，毕竟水和泥沙是"送"不完的，"我们今天在黄河问题上必须求得彻底解决，通盘解决，不但要根除水害，而且要开发水利。从这个要求出发，我们对于黄河所应当采取的方针就不是把水和泥沙送走，而是要对水和泥沙加以控制，加以利用"②。因为，黄河下游的水灾和中游的水土流失以至中下游的旱灾是互相关联的，不解决水和泥沙的控制问题，就不能根本解决黄河的灾害问题，而且，如果我们能够控制黄河的水和泥沙，它们就不但不会成灾，而且能使土壤变得肥沃，为经济社会发展服务。再比如，关于治理淮河，中央政府要求遵循"蓄泄兼筹"的方针，"上游蓄水，中游蓄泄并重，下游以泄为主"③，上游应筹建水库，普遍推行水土保持，进行适当的防洪与疏浚；中游蓄泄并重，利用湖泊洼地拦蓄干支洪水，同时，整理河槽，承泄拦蓄以外的全部洪水；下游开辟入海水道，以利宣泄，同时巩固运河

---

① 《中共中央文件选集（1949年10月—1966年5月）》（第27册），北京：人民出版社2013年，第281页。

② 《建国以来重要文献选编》（第七册），北京：中央文献出版社1993年版，第13页。

③ 《周恩来年谱（一九四九——九七六）》（上卷），北京：中央文献出版社1997年版，第90、91页。

堤防，以策安全。

在兴修水利工程中，贯彻执行"小型为主，以蓄为主，社办为主"的三主方针，在以小型工程为基础的前提下，适当地发展中型工程和必要的可能的某些大型工程，并使大、中、小工程相互结合，有计划地逐渐形成为比较完整的水利工程系统。[①] 因为，小型工程是培养水源和保护大、中工程的基础，只有以小型为基础，大、中、小工程相互结合的地表水、地下水互相为用的完整的水利工程系统，才能最有效和最大限度地发挥水利工程的效益。同时，在工程的兴建上，还必须注意掌握巩固与发展并重，兴建与管理并重，数量与质量并重，依靠群众，因地制宜，研究历史，多种多样，投资少，收效快等原则，[②] 如对已有的水利设施，应该积极整修和扩建，加强管理，挖掘潜力，充分发挥效益；在内涝灾害或者水土流失严重的地区，应该把排水除涝或者水土保持工作放在首要地位，实行以蓄为主，达到充分地综合利用水利资源的目的，力求农田灌溉、水力发电、船运等功能尽可能互相结合。

二、制定长期规划和举措

水利关乎农业生产，关乎人民福祉，更惠及千秋万代。我国古代伟大的水利工程，至今仍在发挥作用。由于发展条件等客观因素的制约，古代的水利工程如都江堰、郑国渠、灵渠等都是某个朝代为了短期农业灌溉或防灾需要而建成的成果。中国共产党立足整个国土空间的大视野，以"天翻地覆慨而慷"的豪情，制定了关于全国水利建设的长期规划以及实施举措。

1952 年 10 月 30 日上午，毛泽东在河南兰考视察黄河东坝头时，

---

① 《中共中央文件选集（1949 年 10 月—1966 年 5 月）》（第 28 册），北京：人民出版社 2013 年版，第 418 页。

② 《中共中央文件选集（1949 年 10 月—1966 年 5 月）》（第 26 册），北京：人民出版社 2013 年版，第 216 页。

黄河水利委员会主任王化云向毛泽东汇报治理黄河的规划设想，报告了已派查勘队行走万里查勘黄河源以及金沙江上游的通天河，希望可以把通天河的水引到黄河里来，以解决西北、华北缺水问题。听了王化云的汇报，毛泽东说："南方水多，北方水少，如有可能，借一点来是可以的。"① 1953 年 2 月，毛泽东南下视察长江，想进一步探求向长江借水，解决北方缺水的问题。随后，长江水利委员会组织专家和技术人员对汉江流域进行查勘，初步确定了在丹江口筑坝引水，引汉江水北上。我国的地势西高东低，大江大河多数自西向东流，最后汇入大海，想把南水调入北方，山隔水阻，一般人不敢想象。但毛泽东作为一位雄视万方的大政治家，自有其吐纳山河的胆魄、心游万仞的气象。1956 年 6 月视察南方时，毛泽东在《水调歌头·游泳》一词中写下了"更立西江石壁，截断巫山云雨，高峡出平湖。神女应无恙，当惊世界殊"的著名诗句，抒发了他根治江河的豪迈气魄和强烈愿望，奠定了南水北调工程的思想基础。毛泽东提出"南水北调"的构想，很快就在 1958 年 8 月中共中央《关于水利工作的指示》中得到体现。文件指出："全国范围的较长远的水利规划，首先以南水（主要是长江水系）北调为主要目的，即将江、淮、河、汉、海河各流域联系为统一的水利系统的规划和将松、辽各流域联系为统一的水利系统的规划……应加速制订。"② 这是"南水北调"一词第一次在中共中央文件中正式出现，标志着南水北调由领袖构想转化为国家决策。1979 年 12 月，水利部成立南水北调规划办公室，统筹领导协调全国的南水北调工作。2002 年 12 月 27 日，南水北调工程正式开工，这是新中国成立以来投资额最大、涉

---

① 中共南阳市委组织部：《南水北调精神初探》，北京：人民出版社 2017 年版，第 6 页。

② 《中共中央文件选集（1949 年 10 月—1966 年 5 月）》（第 28 册），北京：人民出版社 2013 年版，第 418、419 页。

及面最广的战略性工程。如今，南水北调东线和中线工程已经顺利通水，极大地缓解了水资源短缺对北方地区发展的制约。

一些重大水系也制定了相应的长远规划，如1955年下半年全国人大二次会议审议通过《关于根治黄河水害和开放黄河水利的综合规划的决议》，这一决议成为后来治理黄河流域的纲领性文件。文件提出，黄河综合利用规划包括远景计划和分段计划两部分，远景计划是在黄河干流上修建一系列的拦河坝，从而把黄河改造成为"梯河"。配合黄河综合利用规划要求，该决议还提出了农业技术改良土壤、森林改良土壤和水利改良土壤的措施。

此外，由于我国各地地理和水利条件不尽相同，党中央依据水利建设经验，提出了不同地区解决水利的不同办法。这些办法大体是：1. 平原和低洼易涝地区，应像安徽淮北地区那样实行河网化，或参考运用河北、天津那样洼地改造的经验。2. 山区、半山区和丘陵高原地区，应像甘肃武山、湖北襄阳、河南漭河那样实行山上蓄水，水土保持，山区、平原、洼地全面治理，引水上山、上塬，开盘山渠道以至像引洮工程那样，开辟山上运河，解决山区水利。3. 渗漏严重地区，如甘肃河西接近沙漠地区，主要是大量修筑水库，衬砌渠道，消除渗漏，并要充分拦蓄和利用雪水，保证灌溉。4. 水土流失地区，都必须实行工程措施和生物措施相结合的办法，积极推广山西大泉山、河南禹县的经验，挖鱼鳞坑、水平沟，修建谷坊、山塘、水库，以及种树种草、封山育林、耕地梯田化等。经过这些措施，达到蓄水保土。5. 在兴修农田水利的同时，应积极进行平整土地，达到兴修与利用结合。[1] 上述办法为各地因地制宜地加以运用和发展提供了参考和借鉴。

---

① 《建国以来重要文献选编》（第十一册），北京：中央文献出版社1995年版，第457页。

三、建立保障和激励机制

（一）建立组织保障机制

1949 年 6 月，华北、中原、华东三大解放区成立三大区统一的治河机构——黄河水利委员会。1950 年 1 月，黄河水利委员会改为流域机构，负责黄河全流域的治理和开发工作，所有山东、河南、平原①三省治河机构统受黄河水利委员会领导。黄河水利委员会现为水利部直属的具有行政职能的事业单位，其技术力量雄厚，积累了丰富的治理开发黄河的实践经验。

1950 年 2 月，长江水利委员会成立，下设上游、中游、下游三个工程局及洞庭湖、荆江、太湖三个工程处，负责全江治理规划、重点工程设计、科学研究以及中下游平原地区的堤防、涵闸管理和维修等工作，1956 年 4 月改名为"长江流域规划办公室"。1989 年，长江流域规划办公室更名为"长江水利委员会"，现为水利部直属的具有行政职能的事业单位。

1950 年 10 月成立治淮委员会，下分设河南、皖北、苏北三省、区治淮指挥部，另设上游、中游、下游三个工程局，分别参加各指挥部为其组成部分；1958 年因完成历史性任务，治淮委员会被撤销。

此外，中央要求，"县一级水利机构，应该根据工作需要，适当地充实加强"②。

（二）建立人力保障机制

国家要求省、专、县都应该建立一支常年的水利施工专业队伍，这支队伍的规模根据各地水利施工任务而定，但是不能超过当地农村整体劳动力的百分之一到百分之二，全国总计不超过二百五十万

---

① 中华人民共和国成立后，设立平原省，省会新乡市，1952 年 11 月，平原省撤销，其下属地区分别划归河南省和山东省。

② 《中共中央文件选集（1949 年 10 月—1966 年 5 月）》（第 26 册），北京：人民出版社 2013 年版，第 217 页。

人。每年冬春用于水利和农村基本建设的劳动力必须切实遵守中央
"三三制"或者"四一制"的规定，即在冬季的一百天中，用于水
利和农村基本建设的劳动力（包括为基建队伍服务的后勤人员），只
能占农村劳动力总数的三分之一或者四分之一。[①] 同时，中央要求各
省下放或临时抽调一批技术干部，到县以下的基层单位，负责进行
水利工程的勘测、设计、施工等技术指导工作，以保证施工质量和
施工安全。

（三）建立报酬激励和经费保障机制

为了调动干部和群众兴修水利的积极性，中央规定，水利工分
的报酬应该相当于同等劳动力农业工分的报酬，这种报酬，如工程
当年受益者，应该在当年分红；当年不能受益者，或者当年分红，
或者以后逐年分红。对涉及一个合作社以上的水利工程，应该实行
互相支援，实行受益多少、出工多少的原则。[②] 从事水利工程建设的
劳动力的口粮，原来的定量标准部分由出工单位带足，补助粮应该
由省、县统筹供应，不需要人民公社和生产队在定量供应标准以内
调剂；人民公社自己办的小型水利，施工补助粮也应该另外开支，
不能从定量的口粮中调剂；省、专、县的常年的水利施工专业队伍，
口粮全部由国家供应。[③] 此外，各省、自治区还可以制定一些必要的
奖励办法和召开水利劳模会议，以鼓励干部和群众积极参与兴修水
利工程。

就经费保障而言，除了大型水利工程由地方行政机关负责提出

---

① 《中共中央文件选集（1949 年 10 月—1966 年 5 月）》（第 34 册），北京：人
民出版社 2013 年版，第 320、 321 页。

② 《中共中央文件选集（1949 年 10 月—1966 年 5 月）》（第 26 册），北京：人
民出版社 2013 年版，第 217、 218 页。

③ 《中共中央文件选集（1949 年 10 月—1966 年 5 月）》（第 34 册），北京：人
民出版社 2013 年版，第 322 页。

切实可靠的工程计划与财务计划，经中央人民政府水利部转请政务院财政经济委员会核定，群众性的农田水利主要是依靠合作社的人力、物力、财力，并且鼓励社员积极投资，国家作必要的补助。对于山区、少数民族地区、老根据地和灾区，国家的补助费予以适当照顾。

此外，还有一些关于技术工具的保障要求，如兴修水利"要使所有的运输工具都装上滚珠轴承"①，以克服劳力不足，提高工效，提前和超额完成任务。

四、建立边界水利纠纷处理机制

在现实中，省与省、县与县、社与社的边界水利纠纷不断发生，存在只顾本区、不顾邻区，只顾局部、不顾整体，只顾眼前、不顾长远利益，甚至损人利己、以邻为壑的做法，这不仅不利于社会团结和发展生产，也违背了水系整体性的自然原则。为了解决边界的水利问题，中央政府规定，"凡边界附近所有水利工程都必须按水系、按流域统一规划，并经上下游协商，不得各自为政，以邻为壑"②，并针对水系边界存在的八种情况进行了具体要求。

一是关于边界坝。在边界附近的河沟，未经统一规划均不得拦河堵坝；已经堵的坝一律拆除，原则上应恢复原有过水断面。

二是关于边界堤、边界路。在边界附近未经统一规划，不得平地筑堤；已经筑的堤应予废除，并按筑堤前排水情况分段平毁到原有地面，平毁长度应以不阻水为原则，具体平毁地段由双方协商确定。在边界附近修建公路不得阻水，阻水处应修建桥涵或过水路面。

三是关于边界附近河沟。凡下游没有排水河沟，上游不得挖沟

---

① 《中共中央文件选集（1949 年 10 月—1966 年 5 月）》（第 28 册），北京：人民出版社 2013 年版，第 419 页。

② 《中共中央文件选集（1949 年 10 月—1966 年 5 月）》（第 39 册），北京：人民出版社 2013 年版，第 122 页。

或扩大路沟排水，增加下游灾害；跨越边界的河沟，在下游排涝能力提高以前，上游不得片面加大河道泄量，更不应增加排水面积，增加下游负担。沿边界开挖的横向河沟，凡实际上是变相的边界堤，应按边界堤的规定处理。

四是关于边界坡洼。上下游应充分利用洼地滞涝，削减洪峰。上游不得串洼挖沟，下游不得在边界附近筑堤阻水。

五是关于边界渠道与灌溉退水问题。上游在边界附近修建引水灌溉渠道时，应同时照顾到下游的用水，并且应与下游协商安排退水出路；在灌溉退水未安排好以前，不得开灌。下游举办灌溉，修建地上渠或半地上渠，在跨越排水河沟处必须修建交叉建筑物；还应根据灌区规划，开挖排水沟容泄地面涝水。交叉建筑物的设计流量，应稍大于近期河沟治理标准（一般定为五年至十年一遇）。在交叉建筑物未建成前，应于汛前扒开临时对开口门。

六是关于边界闸、边界桥涵。在排水河道上修建拦河闸及桥涵等，应不降低原河道的排水能力。建筑物设计标准应稍大于近期的河道治理标准。如因灌溉需要以拦河闸抬高水位，应不影响上游地下水的排泄。

七是关于边界水库。在边界附近兴建水库，应经过上下游充分协商，对水库的淹没浸没范围、移民安置、径流变化与地下水位变化等问题应做深入研究，制定统一规划，并商定管理运用办法。

八是关于调整水系。调整水系必须上下统筹，同时解决上下游的问题。调水河道的断面，应按设计开够标准，并经上级组织双方共同验收。关系到上下游的控制建筑物应共同管理或由上级负责管理。凡未经协商片面进行调整水系的，如影响严重、害大利小或工程在短期内不能完成的，应暂时恢复原有水系，以后再做统一规划。[①]

总之，新中国成立初期，在中央政策的指示下，各地建立了水利机构，开展了大规模的以大江大河治理为主的水利建设，初步形成了以堤防、水库、蓄滞洪区等为主的工程防洪体系，江河防洪排涝能力及沿海抗御风暴的能力得到很大提高，基本上解除了我国人民几千年来所受洪水灾害的严重威胁，保证了大部地区农业生产和人民生活的安全，而且在发电、灌溉、航运、养殖等诸多方面给人们带来了便利。以淮河为例，经过 8 年的治理，到 1957 年冬，治理淮河工程初见成效，国家共投入资金 12.4 亿元，初步治理了大小河道 175 条，修建山谷水库 9 座，湖泊洼地蓄洪 11 处，总库容 316 亿立方米，还修建堤防 4600 余公里，[②] 极大地提高了防洪泄洪能力，使不羁的淮河创造了连续 70 多年岁岁安澜的历史纪录，为复兴路上的中华民族奉献了一份珍贵的礼物。

第二节　建立国土绿化和水土保持制度

绿化是生态文明最为直观的体现。新中国成立时，由于之前的连年战争，我国的生态环境遭到很大破坏，当时，我国的森林覆盖率仅有 8.6%，[③] 而且集中在少数地区。森林不足和分布极不平衡，

---

① 《中共中央文件选集（1949 年 10 月—1966 年 5 月）》（第 39 册），北京：人民出版社 2013 年版，第 122—125 页。

② 逢先知、金冲及编：《毛泽东传（1949—1976）》（上），北京：中央文献出版社 2003 年版，第 95 页。

③ 中共中央文献研究室：《新时期党和国家领导人论林业与生态建设》，北京：中央文献出版社 2001 年版，第 71 页。

不但妨碍了基本建设事业的发展，限制了木材纤维工业、林产化学工业和各种林业特产、林区副业生产的发展，而且很多地方由于荒山秃岭大量存在，水土流失和水旱风沙灾害严重，大大影响了农业生产的发展。新中国一成立，毛泽东就开始关注绿化祖国荒山荒地，提出了"没有林，也不成其为世界"① 的论断，如 1949 年秋，毛泽东主持制定的《中国人民政治协商会议共同纲领》中就提出了"保护森林，并有计划地发展林业"的方针，因为林业不仅关乎地理景观，还是形成区域性气候和水文条件、地理景观的决定因素，具有涵养水源、保持水土、防风固沙、调节气候、净化空气等多种生态功能，而且也是工农业生产的重要原材料。毛泽东有很多关于绿化祖国的论述和设想，如，"我看特别是北方的荒山应当绿化，也完全可以绿化。……南方的许多地方也还要绿化。南北各地在多少年以内，我们能够看到绿化就好。这件事情对农业，对工业，对各方面都有利"②，"在十二年内基本上消灭荒地荒山，在一切宅旁、村旁、路旁、水旁，以及荒地荒山上，即在一切可能的地方，均要按规格种起树来，实行绿化"③，"凡能四季种树的地方，四季都种，能种三季的种三季，能种两季的种两季"，"林业要计算覆盖面积，算出各省、各专区、各县的覆盖面积比例，作出森林覆盖面积规划"④，"真正绿化，要在飞机上看见一片绿。种下去还未活，就叫绿化？活了未一片绿，也不能叫绿化"⑤，"一切能够植树造林的地方都要努力植树造林，逐步绿化我们的国家，美化我国人民劳动、工作、学

---

① 中共中央文献研究室：《毛泽东论林业》，北京：中央文献出版社 2003 年版，第 69 页。

② 《毛泽东文集》（第六卷），北京：人民出版社 1999 年版，第 475 页。

③ 《毛泽东文集》（第六卷），北京：人民出版社 1999 年版，第 509 页。

④ 《毛泽东文集》（第七卷），北京：人民出版社 1999 年版，第 361、362 页。

⑤ 中共中央文献研究室：《毛泽东论林业》，北京：中央文献出版社 2003 年版，第 48 页。

习和生活的环境"①。毛泽东还提出了大地园林化的设想，"要使我们祖国的河山全部绿化起来，要达到园林化，到处都很美丽，自然面貌要改变过来"，"各种树种搭配要合适，到处像公园，做到这样，就达到共产主义的要求"，"农村、城市统统要园林化，好像一个个花园一样。"② 在空间上，毛泽东曾提出"三三制"的绿化设想，即三分之一种农业作物，三分之一种草，三分之一种树。③ 1956 年，毛泽东更是发出绿化祖国的伟大号召，希冀将其绿化祖国的构想变成现实。在毛泽东的高度重视下，国务院作出了一系列关于发动群众开展造林、护林工作的指示，1963 年出台中华人民共和国第一部综合性的森林法规《森林保护条例》，这些指示和制度的实施为提高我国森林覆盖率和涵养水土起到了积极作用。

表 1-2　新中国成立初期我国关于森林绿化的文件

《中共中央批转华东局关于禁止盲目开荒及乱伐山林的指示》，1950 年 8 月

《关于发动群众开展造林、育林、护林工作的指示》，1953 年 7 月

《中共中央转发中央林业部党组〈关于解决森林资源不足问题的请示报告〉给各地的指示》，1954 年 8 月

《交通部公路绿化暂行办法》，1956 年 3 月

《中共中央、国务院关于加强护林防火工作的紧急指示》，1956 年 4 月

《森林抚育采伐规程》，1956 年 12 月

《国务院关于进一步加强护林防火工作的通知》，1957 年 4 月

《中共中央、国务院关于在全国大规模造林的指示》，1958 年 4 月

《公安部、林业部关于加强护林防火工作的联合指示》，1959 年 9 月

《中共中央关于加强护林防火的紧急通知》，1960 年 4 月

---

① 中共中央文献研究室：《毛泽东论林业》，北京：中央文献出版社 2003 年版，第 77 页。

② 中共中央文献研究室：《毛泽东论林业》，北京：中央文献出版社 2003 年版，第 51 页。

③ 中共中央文献研究室：《毛泽东论林业》，北京：中央文献出版社 2003 年版，第 63 页。

> 《中共中央关于确定林权、保护山林和发展林业的若干政策规定（试行草案）》，
> 1961 年 6 月
> 《中共中央关于木材生产和造林问题的指示》，1961 年 11 月
> 《森林保护条例》，1963 年 5 月
> 《中共中央批转林业部党委关于全国林业工作会议的报告》，1966 年 5 月

一、建立造林工作制度

新中国成立初期，我国以"突出政治，立足战争，依靠群众，自力更生，大力造林，造管并重，采育结合，综合利用，林粮结合，多种经营"① 为基本方针，对造林事业作出了以下几个方面的主要规定。

（一）坚持普遍种树，保证密度

在 1966 年的全国林业工作会议上，中央要求"争取尽快地把重要山区（小三线地区）、交通干线、沿海地区、边防地带、水库和工矿区周围、部队驻地以及城乡四旁（宅旁、村旁、路旁、水旁），都种起树来"，达到"五年内造林更新两亿亩，封山育林一亿亩"② 的目标，同时，造林要保证一定的密度，用材林每公顷一般要有六千株到一万二千株，即每十亩四百株到八百株，③ 经济林、薪炭林、防护林也要根据具体情况规定不同的密度。为了保证造林质量，国家要求在一切造林任务较大的合作社，都应该建立常年的和实行多种经营的林业专业队，以便解决林业生产必要的固定劳力，提高和普及林业技术，提高劳动效率和林业收益，同时，实行群众性的短期突击和专业队伍的长期管理相结合，既要集中力量打"歼灭战"，又

---

① 《中共中央文件选集（1949 年 10 月—1966 年 5 月）》（第 50 册），北京：人民出版社 2013 年版，第 377 页。

② 《中共中央文件选集（1949 年 10 月—1966 年 5 月）》（第 50 册），北京：人民出版社 2013 年版，第 369 页。

③ 《中共中央文件选集（1949 年 10 月—1966 年 5 月）》（第 27 册），北京：人民出版社 2013 年版，第 309 页。

要坚持不懈地打"持久战"。

（二）坚持全面规划，分区指导

我国根据林区、山区、丘陵、平原、风沙等地区不同的特点，提出不同的林业工作任务。具体而言，在华北、西北，特别是晋、冀、鲁、豫、辽、陕、内蒙古、北京等八省、自治区、直辖市，结合农田、水利基本建设，积极营造水土保持林、农田防护林、防风固沙林、薪炭林；在黄河、海河、辽河上游二百多个重点县，要以营造水土保持林为主，大量种植速生的乔木、灌木和各种草类；在南方地区主要是加强杉、松、竹林区的更新造林工作；沿海地区，要根据国防建设和人民生产、生活的需要，大力营造海防林。

（三）坚持统筹兼顾，多种经营

造林规划除了要注意面积和速度，还要注意树种的搭配，必须兼顾国家建设和群众生活的多种需要，要求各地根据自然条件，定出用材林、薪炭林、经济林、防护林的适当比例；着重发展杨树、洋槐、桉树、泡桐、柳树、苦楝、臭椿等速生树种，以及积极推广营造竹林，因为竹林发展很快，而竹材在建筑和其他方面用途很广；在一切适宜珍贵针阔叶树种生长的地区，积极发展珍贵用材树种。同时，要求把种草列入绿化规划，因为种草不但可以保持水土，改良土壤，而且可以在当年或者第二年就有收益。[①]

（四）建立配套的激励机制

一是建立投资和收益机制。中央人民政府政务院在1953年《关于发动群众开展造林、育林、护林工作的指示》中提出"必须确定林权，保护山林所有权"的原则，指出"除国有林区外，凡没收地主之林山尚未分配或土改后林权尚未确定而又依法应分配给农民者，

---

① 《中共中央文件选集（1949年10月—1966年5月）》（第27册），北京：人民出版社2013年版，第306、307页。

应在照顾原有历史习惯与现实情况下分配给农民个人所有、伙有或乡村公有"，"凡农民自有或分得之山林，不论经济作物山、果子山或木材山，均应有自由采伐、使用、出卖等处理权限，任何人不得加以干涉"，"在南方私有林地区，应在一定范围内采取国家严格管理下的木材交易自由政策，废除木材全面统制政策"，"凡未实行土地改革的少数民族地区，其山林所有权、采伐权、出卖权、承继权，一律根据过去归属习惯和范围，切实加以保护，并鼓励他们积极造林，增加生产"。① 这是党中央第一次提出"林权"的概念和要求，体现了思想的先进性，对于今天我们开展林业制度改革依然具有启发意义。同时，坚决实行"谁种树谁收获"的原则，"社队集体造林，一般地由生产队自造、自有、自收益。集中连片的，可由大队统一规划，统一领导，由生产队分片营造，队造队有；也可以由大队或公社组织生产队联合营造，林木的收益分配，由各生产队共同商定。同时，提倡社员在宅旁零星植树，归个人所有"②。"造林用工，应该从现有的林木收益和公积金内开支。但是，……公社、生产大队和生产队如果垫支不起，应该由国家拨出一定的资金，作为公社各级造林经费的补助，或者作为长期无息贷款，贷给社队造林，等到林木有收益的时候再偿还。"③

二是建立包干责任制。"每个地区需要造林的地面，都必须分段划片，层层包干到底，包种、包活、包补苗、包长大、包保护"。质

---

① 《建国以来重要文献选编（第四册）》，北京：中央文献出版社 1993 年版，第 302、303 页。

② 《中共中央文件选集（1949 年 10 月—1966 年 5 月）》（第 50 册），北京：人民出版社 2013 年版，第 381 页。

③ 《中共中央文件选集（1949 年 10 月—1966 年 5 月）》（第 37 册），北京：人民出版社 2013 年版，第 164 页。

量检查和验收机制，要求"保证成活率达到百分之八十以上"①，并且按时检查成活情况，及时补足缺苗，林业企业"检验合格后才发给工资"②。

三是建立典型示范和竞赛机制。要求各地总结当地的先进经验，培养典型，树立样板，通过干部大会、劳动模范和积极分子大会、群众大会、青少年大会、辩论、算账、参观、竞赛等，表扬先进人物和先进单位，向广大群众训练传授选择树种、鉴定树苗、整地、栽种、抚育、保护的技术，"各县要抓紧每一个乡、每一个社的造林规划，并且按照有无荒地荒山的条件，分别提出建立造林千亩社、五千亩社、万亩社或者万株社、十万株社、百万株社的指标，组织竞赛，按时评比"③。比如，太行山区的金星农林牧合作社发动群众在1.8万亩荒山上封山育林，改变了山区面貌，受到毛泽东的高度肯定，成为全国植树造林的模范。

二、建立护林工作制度

俗话说，三分种七分管。党中央坚持造管并举的方针，要求普遍建立健全护林组织和护林制度，"严禁乱砍滥伐，严禁放火烧山，严禁盗窃树木；不准毁林开荒，不准毁林搞副业"④，主要针对人为砍伐和火灾这两大主要的毁林因素，制定了相应的制度举措。

（一）严格控制山林采伐

党中央要求应在保护山林的条件下，有计划地采伐林木，实行

---

① 《中共中央文件选集（1949年10月—1966年5月）》（第27册），北京：人民出版社2013年版，第309页。

② 《中共中央文件选集（1949年10月—1966年5月）》（第38册），北京：人民出版社2013年版，第327页。

③ 《中共中央文件选集（1949年10月—1966年5月）》（第27册），北京：人民出版社2013年版，第308页。

④ 中共中央文献研究室：《毛泽东论林业》，北京：中央文献出版社2003年版，第79页。

小面积采伐和以人工更新为主、以人工促进天然更新或者以天然更新为辅的方针，根据森林资源情况和林木生长规律，确定每年采伐的数量、规格、时间和地点，经过批准后采伐，数量在十立方米以下的，由乡人民委员会批准；超过十立方米的，由县人民委员会批准。[1] 同时，森林采伐后，应当在当年或者次年内进行更新，"伐一株种二株至三株"[2]，并且保证成活，由当地林业行政部门负责对更新工作进行监督，使更新的速度超过采伐的速度。

（二）规定禁伐范围

1957年《中华人民共和国水土保持暂行纲要》要求，"高山和陡坡水土流失严重地区的水土保持林、农田防护林、固沙林、大水库周围一公里和大江河及其主要支流两岸各宽一公里范围以内的森林、在通过山区和水土流失区的铁路两侧的森林，一般都应该规定为禁伐林。对于禁伐林，只许进行抚育性的采伐，禁止全部采伐。省（自治区）人民委员会可根据具体情况划定禁伐林的地区范围"[3]。1963年《森林保护条例》进一步规定，护田、护路、护岸、固沙和水库周围、水土保持区域内的森林，城市和工业区周围的绿化林，名胜古迹林风景林、卫生保健林、母树林、禁猎区的森林、稀有的珍贵林木等八类林木只准许进行抚育采伐、卫生采伐和更新采伐，禁止进行主伐；国家划定的自然保护区的森林，禁止进行任何性质的采伐。

---

① 《建国以来重要文献选编》（第十六册），北京：中央文献出版社1997年版，第333页。

② 《建国以来重要文献选编》（第十一册），北京：中央文献出版社1995年版，第250页。

③ 国务院法规编纂委员会编：《中华人民共和国法规汇编（1957年7月—12月）》，北京：法律出版社1958年版，第436页。

（三）建立森林防火制度

森林火灾是我国主要自然灾害之一，突发性强、破坏性大、处置救助十分困难。森林大火不仅直接烧毁森林资源，破坏生物多样性，造成严重的生态灾难，而且还给人们的生命财产安全带来巨大威胁，严重影响经济建设和社会稳定。如 1955 年 5 月 12 日至 6 月 6 日，黑龙江省呼玛县大火持续燃烧 26 天，受害森林面积 10 多万公顷，损失森林蓄积量 158 万立方米，直接经济损失达 13 亿元。[①] 20 世纪 50 年代，党中央密集出台了关于加强护林防火的文件，如《中共中央、国务院关于加强护林防火工作的紧急指示》（1956 年 4 月）、《国务院关于进一步加强护林防火工作的通知》（1957 年 4 月）、《公安部、林业部关于加强护林防火工作的联合指示》（1959 年 9 月）、《中共中央关于加强护林防火的紧急通知》（1960 年 4 月）等，为我国森林防火制度奠定了较为牢固的基础。

一是建立森林防火组织机构。要求各个森林经营所配备适当数量的干部和森林警察以及必要的防火设备设施，包括设置防火瞭望台、开辟防火线、设立森林火灾危险天气预报站和化学灭火站、建立航空护林站等。

二是建立火灾预防机制。要求各地逐步改用不会引起山林火灾的各种办法来代替烧垦、烧荒等生产性用火习惯，如确有必要进行生产性用火时，必须报请当地乡人民委员会批准，而且需有专人领导用火，准备好扑火工具，只准许在三级风以下的天气用火，事后必须彻底熄灭余火。[②] 此外，政府还规定夜间走路禁止使用火把、禁止烧山驱兽和使用其他容易引起森林火灾的方法狩猎等。

---

① 《新中国成立以来我国影响较大的森林火灾》，载《内蒙古林业》2005 年第 10 期。

② 《建国以来重要文献选编》（第十六册），北京：中央文献出版社 1997 年版，第 335 页。

三是建立扑火机制。要求火灾发生后，相关部门首先应该判明火场位置，根据风向、风势和燃烧物，分析火势发展情况，有领导、有准备、有目标地组织人力扑打，要尽量利用河流、道路等自然隔火物，或在火头前方一定距离的地方搭设隔离线，阻隔火头蔓延，以有效扑灭火灾，严防伤亡事故。

四是建立防火奖惩机制。规定对连续保持三年以上未发生森林火灾的，以及发生森林火灾后及时组织扑救或在扑救火灾当中起模范带头作用的予以表扬或者奖励；对工作失职，使森林遭受损失的，以及不遵守林区野外用火规定而引起火灾的，给予行政处分和治安管理处罚；对情节严重、使森林遭受重大损失或造成人身伤亡重大事故的，送交司法机关处理；对蓄意或者唆使纵火烧山，以及聚众破坏森林的，由司法机关从严惩处。

此外，政府还要求经营森林单位建立森林病虫害防治站，负责森林病害、虫害的预测预报和防治工作。

三、建立水土保持管理制度

古人云：水为万化之源，土为万物之母，饮之于水，食之于土，饮食者，人之命脉也，而营卫赖之。水和土壤是一切生物繁衍生息的根基，水土资源将无机界和有机界、生物界和非生物界连接起来，推动自然生态系统进行物质能量交换和人类社会发展，如果离开水和土壤，那么人类将失去生存基础，文明也将难以继续。我国是一个多山的国家，山区和丘陵区占整个国土面积的三分之二以上，这种自然条件决定了我国更易遭受水土流失的危害。除了自然条件之外，人口及农业扩展需要的开垦、滥伐和滥采等人文因素是造成水土流失严重的最主要因素。据统计，到新中国成立初期，全国水土流失面积达153万平方公里，约占国土面积的六分之一，是世界上水土流失面积大、流失严重的国家之一。①

新中国成立以来，党中央十分重视水土保持工作，1952 年 12 月
19 日，周恩来在中央人民政府政务院《关于发动群众继续开展防
旱、抗旱运动并大力推行水土保持工作的指示》中指出："水土保持
工作是一种长期的改造自然的工作。由于各河治本和山区生产的需
要，水土保持工作，目前已属刻不容缓。"② 1955 年 10 月 10 日至 20
日，农业部、林业部、水利部和中国科学院联合召开了第一次全国
水土保持会议，确立了水土保持的基本方针和主要任务。1957 年国
务院发布了新中国第一部水土保持法规《中华人民共和国水土保持
暂行纲要》，成立了国务院水土保持委员会。1964 年国务院制定了
《关于黄河中游地区水土保持工作的决定》，成立了黄河中游水土保
持委员会，要求有水土保持任务的省份在省人民委员会领导下成立
负责水土保持的组织机构，基本奠定了我国主要领域水土保持的制
度框架。

表 1-3　新中国成立初期我国关于水土保持的文件

《中华人民共和国水土保持暂行纲要》，1957 年 5 月
《国务院水土保持委员会关于抓紧时机力争完成今年水土保持任务的通知》，1959 年 8 月
《国务院关于开荒挖矿、修筑水利和交通工程应注意水土保持的通知》，1962 年 2 月
《国务院关于奖励农村人民公社兴修水土保持工程的规定》，1962 年 6 月
《国务院关于黄河中游地区水土保持工作的决定》，1963 年 4 月
《国务院水土保持委员会关于水土保持设施管理养护办法（草案）》，1964 年 3 月

① 徐祥民编：《中国环境法制建设发展报告（2011 年卷）》，北京：人民出版社
2013 年版，第 62 页。

② 《建国以来重要文献选编》（第三册），北京：中央文献出版社 1992 年版，
第 446、 447 页。

（一）确定集中治理、全面规划的基本方针

集中治理是指，水土保持"应当首先集中在一个或几个地区和流域。在一个地区和流域，应当首先集中在一条或几条支流"，"切忌力量分散"，"应以黄河的支流，无定河、延水及泾、渭、洛诸河流域为全国的重点，其他地区亦要选择重点进行试办，以创造经验，逐步推广"[①]。全面规划要求农、林、水、畜牧结合，"坡沟兼治，治坡为主"，生物措施和工程措施相结合，点、线、面密切结合。在南方和水土流失还不严重的地区要"防重于治"；在一切水土流失严重的地区，必须是"治理与巩固结合"，边发展，边巩固。

（二）确定各部门的水土保持职责

朱德在第二次全国水土保持会议上指出："水土保持必须从山顶到山脚，从上游到下游，根据自然条件，因地制宜地进行，必须把水土保持规划纳入省、县、乡、社生产规划中去，从上到下，下达指标，从下而上汇总规划，不仅制订长远规划，同时也制订出年度计划。并且要有步骤、有计划地进行。这项工作牵扯到农、林、水、畜牧、交通、科学研究等各个方面，各有关部门必须在党政统一领导下，密切协作。"[②]《中华人民共和国水土保持暂行纲要》对各业务部门担负水土保持工作的范围进行了详细划分，省水土保持委员会要掌握水土保持全面情况、总结地方工作经验、统一规划、部署、检查推动各有关部门进行工作；地方农业部门负责水土流失地区农业土壤改良措施，农业技术措施及改善管理天然牧场、草籽供应等工作；地方林业部门负责采种育苗、造林、封山育林、育草、森林抚育、护林防火等工作；森工部门采伐森林必须兼顾水土保持，并

[①]《建国以来重要文献选编》（第三册），北京：中央文献出版社1992年版，第446、447页。

[②]《朱德副主席在全国第二次水土保持会议上的报告》，载《黄河建设》1958年第1期。

为森林更新创造有利条件，在采伐迹地上要采取有效的措施以防止水土冲刷；交通、铁道、工矿部门应在当地水土保持委员会的统一规划领导下，分别负责公路、铁道邻近地区和工矿区所属地面有关的水土保持工作；地方水利部门负责山区的小型水利和一般水土流失地区的谷坊等工作；科学研究部门负责综合性水土保持试验研究工作的技术指导；流域机构负责流域性的查勘规划及流域内有关测验研究工作。此外，各地还应该根据当地条件，制订定期封山、定期开山、轮封轮放和保护树苗、草根的具体办法。

（三）明确开荒与保持水土并举的原则

新中国成立初期，不少地区为了增加生产，盲目开荒，造成严重的水土流失，对此，党中央要求在开荒工作中注意不要妨碍水土保持，把眼前利益和长远利益密切结合起来，规定已经开垦的坡地，必须加做地埂或修成梯田；二十五度以上的陡坡，一般应该禁止开荒；凡有崩塌、滑塌、陷穴危险的荒坡，虽在二十五度以下也不应开垦；水土保持林、农田防护林、固沙林、大水库周围和大江河及其主要支流两岸规定范围以内的森林，山区和水土流失地区的铁路两侧的森林，一般都应规定为禁垦区，不得在这些地区毁林开荒，并应造林护岸和防沙；合作社或个人开垦荒地，应报请县水土保持委员会审查，并经县人民委员会或经县委托的乡人民委员会批准。此外，政府还规定各工程、事业、企业等机构，为了修筑水利、公路、铁路及其他工程必须开山和开采土、石、沙料，以及开采矿山占用土地的时候，均应负责做好必要的水土保持措施，防止水土流失，同时应该接受当地人民委员会与水土保持机构的指导和检查；已经造成水土流失的，应该与当地水土保持机构共同查勘，限期补足水土保持措施。①

（四）建立水土保持奖惩机制

《中华人民共和国水土保持暂行纲要》指出，对于水土保持工作有成绩的，由县人民委员会给予荣誉或者物质奖励；成绩卓著或者有创造的，由省人民委员会给予荣誉或者物质奖励；对于违反本纲要的规定，而滥垦、滥伐、滥牧、烧山、开矿、在陡坡上铲草皮和挖草根等破坏水土保持的，应给予教育制止，情节严重的依法惩处。同时，为了鼓励农村人民公社、生产大队、生产队兴修水土保持工程，1962 年 6 月 19 日，国务院《关于奖励农村人民公社兴修水土保持工程的规定》指出，在原有坡耕地上修梯田、培地埂等，增加了产量的，其增产部分，归参加兴修的生产队所有，由受益年算起，三至五年不计征购；在荒沟修淤地坝、谷坊等新淤出的耕地，其全部产量归参加兴修的生产队所有，由受益年算起，三至五年不计征购。②

第三节　建立生物资源保护制度

我国古人很早就懂得了保护生物资源、合理开发利用生物资源的重要性，在中华民族传统文化中，闪现着大量仁爱万物以及对自然万物节俭、爱护、知足、贵生、惜生等宝贵思想。新中国成立后，在秉志、钱崇澍、杨惟义、秦仁昌、陈焕铺等自然科学家的提议下，

---

① 引用《中华人民共和国水土保持暂行纲要》，载《中华人民共和国国务院公报》 1957 年第 33 期。

② 国务院法规编纂委员会编：《中华人民共和国法规汇编（1962 年 1 月—1963 年 12 月）》，北京：法律出版社 1964 年版，第 199 页。

为了保存自然生物资源，以供科学研究、文化交流、展出观赏等用途之需，国家出台了一些保护生物资源的规定，制定了"加强资源保护，积极繁殖饲养，合理猎取利用"的方针，为新中国成立生物资源保护制定了基本框架。

表1-4　新中国成立初期有关保护生物资源的文件

《古迹、珍贵文物、图书及稀有生物保护办法》，1950年5月
《国务院关于渤海、黄海及东海机轮拖网渔业禁渔区的命令》，1955年6月
《林业部关于积极开展狩猎事业的指示》，1956年2月
《狩猎管理办法（草案）》，1956年10月
《天然森林禁伐区（自然保护区）划定草案》，1956年10月
《水产资源繁殖保护暂行条例（草案）》，1957年4月
《水产部对渔轮侵入禁渔区的处理指示》，1957年7月
《关于积极保护和合理利用野生动物资源的指示》，1962年9月

一、确定珍稀生物保护名录

1950年5月，中央人民政府政务院颁布《古迹、珍贵文物、图书及稀有生物保护办法》，将四川万县之水杉、松潘之熊猫列为稀有生物，要求各地人民政府应妥为保护，严禁任意采捕。

1957年4月《水产资源繁殖保护暂行条例（草案）》第四条分类详细列出了七类应着重加以保护的重要或名贵水生经济动植物，包括小黄鱼、大黄鱼、带鱼等海水鱼，鲢鱼、鳙鱼、河鳗等淡水鱼，青虾、鹰爪虾、河蟹、梭子蟹等虾、蟹类，蛤、贻贝、珍珠贝、海扇等贝类，裙带菜、石花菜、江蓠等海藻类，莲藕、菱角、芡实等淡水食用水生植物类以及鳖、鲵鱼等其他水产生物。

1962年9月《关于积极保护和合理利用野生动物资源的指示》将野生动物资源分为两类加以保护。

第一类是珍贵、稀有或特产的鸟兽，主要有大熊猫、东北虎、野象、野牛、野骆驼、野马、牛羚（扭角羚）、藏羚、鬣羚、金丝猴、长臂猿、叶猴、懒猴、梅花鹿、獐（河麂）、孔雀、丹顶鹤、褐

马鸡、犀鸟等。对于这类珍稀动物，政府要求严禁猎捕，并在其主要栖息、繁殖地区，建立自然保护区，加以保护。如因特殊需要，一定要猎捕上述动物时，必须经过林业部批准。

第二类是经济价值高，数量已经稀少或目前虽有一定数量，但为我国特产的鸟兽，主要有紫貂、石貂、小熊猫、青羊、盘羊、雪豹、云豹、野驴、野牦牛、马鹿、驼鹿、驯鹿、白唇鹿、白臀鹿、水鹿、麝、白鼬、水獭、金猫、雪兔、蒙鼠、一般猴类、海豹、江猪、穿山甲、兰马鸡、白马鸡、原鸡、血雉、虹雉、长尾雉、金鸡、白鹇、天鹅、鸳鸯、铜鸡等。对于此类野生动物，政府要求禁止猎取或严格控制猎取量，每年猎取多少，必须经过省（区、市）主管部门批准。此外，各地还可以根据本地区的生物资源情况，对着重保护对象作必要的增加。

二、划定自然保护区

1956 年 9 月，秉志、钱崇澍等五位科学家向第一届全国人民代表大会第三次会议提出了"请政府在全国各省（区）划定天然林禁伐区，保护自然植被以供科学研究的需要"的 92 号提案，"急应在各省（区）划定若干自然保护区（禁伐区），为国家保存自然景观，不仅为科学研究提供据点，而且为我国极其丰富的动植物种类的保护、繁殖及扩大利用创立有利条件，同时对爱国主义的教育将起着积极作用"①，并由国务院根据此次大会审查意见交林业部会同中国科学院、森林工业部办理。

1956 年 10 月，林业部牵头制定了《关于天然森林禁伐区（自然保护区）划定草案》，依据天然植被的地带性质、分布情况、植被类型等条件，将自然保护区分为以下三类：第一类是原始林自然保

---

① 唐小平：《中国自然保护区——从历史走向未来》，载《森林与人类》 2016 年第 11 期。

护区。所谓原始林，即未经人为影响完全保存着原始植被的林区，这类区域应首先注意保护，予以划定，面积可由 100 公顷到 3000 公顷。第二类是次生天然林和寺庙、名胜、风景林自然保护区，面积可由 20 公顷到 300 公顷。第三类是具有代表一种或数种典型植物群落的草原荒漠和高山寒漠地区，以及保存着世界罕见的和有经济价值的动植物的地区，面积大小根据动植物的分布情况和生活环境酌定。

同年，国务院通过批准了我国第一个自然保护区——广东鼎湖山自然保护区，开创了我国自然保护工作的新纪元，拉开了中国建立自然保护区的序幕。1957 年，福建省建瓯县建立了以保护中亚热带常绿阔叶林为主的万木林自然保护区；1958 年，在云南省西双版纳建立了小勐养、勐仑和勐腊 3 个自然保护区，在黑龙江省伊春市建立了以保护珍贵植物红松树林为主的丰林自然保护区；1960 年，在吉林省安图县建立了以保护温带生态系统为主的长白山自然保护区；1961 年，在广西壮族自治区龙胜与临桂交界地区，建立了以保护珍稀孑遗植物银杉为主的花坪自然保护区。1962 年，国务院发布《关于积极保护和合理利用野生动物资源的指示》，要求结合保护珍贵稀有特产动物，建立自然保护区，加强自然保护工作，于是 1963 年，在四川省平武县建立了以保护大熊猫及森林生态系统为主的王朗自然保护区；1965 年，在陕西省太白县、眉县、周至县建立了以保护森林生态系统、自然历史遗迹为主的太白山自然保护区。截至 1965 年，全国共有自然保护区 19 处，其中 9 处为国家级自然保护区，禁猎区近 40 处，总面积达 102 万公顷。[①]

---

① 金勇进：《数字中国 60 年》，北京：人民出版社 2009 年版，第 309 页。

表1-5 我国国家级自然保护区情况（截至1965年）①

保护区名称	建立时间	所属行政区	面积（公顷）	保护对象	类型
鼎湖山	1956	粤 肇庆市	1133	南亚热带常绿阔叶林、珍稀动植物	森林生态
万木林	1957	闽 建瓯县	170	中亚热带常绿阔叶林	森林生态
文山老君山	1958	滇 文山县	26867	原始阔叶林	森林生态
西双版纳	1958	滇 西双版纳自治州	241776	热带森林生态系统、珍稀野生动植物	森林生态
丰林	1958	黑 伊春市	18400	红松母树林	森林生态
长白山	1960	吉 安图县	196465	森林及野生动物	森林生态
花坪	1961	桂 龙胜、临桂县	17400	银杉及典型常绿阔叶林生态系统	野生植物
王朗	1963	川 平武县	32297	大熊猫及森林生态系统	野生动物
太白山	1965	陕 太白县、眉县、周至县	56325	森林生态系统、自然历史遗迹	森林生态

正当我国自然保护区稳步发展时，"文化大革命"开始了，此后自然保护区事业与全国其他事业一样基本处于停滞状态，一些已经建立的自然保护区遭到破坏或撤销。

三、规定狩捕的时间和工具

不少地区对于野生动物偏重猎取，不注意保护，甚至把许多不

---

① 国家环境保护部编：《国家自然保护区名录》，中国环境科学出版社1998年版，第13页。

应该列为害鸟害兽的，也列为害鸟害兽而加以消灭，致使野生动物资源遭到严重破坏。为了迅速改变这种严重状况，国家要求加强狩捕生产的组织管理工作，采取"护、养、猎并举"的方针，做到有组织、有领导地开展狩捕活动。

（一）关于狩捕的时间和数量

1957 年 4 月，《水产资源繁殖保护暂行条例（草案）》规定，水产动物采捕以达到"长大或达到成熟"为原则，水生植物和经济海藻应待其长成后方得采收，以保留足够数量的亲体，使资源能够稳定增长；根据资源的消长情况，省、自治区、直辖市人民委员会可规定其捕捞限额，或在一定时期内停止捕捞；有条件的地区应采取改良水域条件、人工放流苗种、移殖驯化、消除敌害等增殖措施；各地应对本地区某些重要鱼虾产卵场、越冬场和幼体索饵场合理规定禁渔区、禁渔期。1962 年 9 月，《关于积极保护和合理利用野生动物资源的指示》要求在野生动物资源贫乏和破坏比较严重的地区，建立禁猎区，停猎一个时期；在资源未遭到破坏的地区，要确定合理的猎取量，且没有主管部门发给的狩猎证，任何人不得进行狩猎。

（二）关于狩捕的工具

在水产资源方面，要求各地按其不同捕捞对象，分别规定最小网眼尺寸；由水产部规定机轮和机帆船拖网的最小网眼尺寸；禁止制造或出售不合规定的网具；严禁炸鱼、毒鱼、滥用电力捕鱼以及进行敲罟作业等严重损害水产资源的行为。在陆地生物方面，规定对产茸的鹿类应该大力提倡活捉饲养，改变过去"打鹿砍茸"的生产方式；禁止采用破坏野生动物资源和危害人畜安全的狩猎工具及方法，如地弓、地枪、毒药、炸药、阎王碓、绝后窖、自动武器以及机动车追猎、夜间照明行猎、歼灭性围猎、火攻、烟熏、掏窝、挖洞、捡鸟蛋等。

第四节 建立工业污染防治制度

　　新中国成立后，在中国共产党的领导下，经过全国人民三年艰苦努力，国民经济恢复到了历史最高水平，自 1953 年起，我国开始实施以 156 项工业建设项目为核心的"一五"计划，标志着国家工业化战略的启动。面对工业生产过程中排出的废气、废水、废渣对人们生活环境及身体健康的危害，少数城市的卫生部门曾经开展了污染源及污染状况调查，譬如，重庆市先后于 1954 年、1955 年和 1956 年对长江、嘉陵江重庆段的水质基本状况、污染与自净能力，工业"三废"对两江的污染情况，以及粉尘和有毒气体、生产性噪声等进行过调查测定，此可谓中国环境状况调查的先声。这些调查结果上报至中央，促使国家制定了相关措施，拉开了我国工业污染防治的历史性序幕。

一、制定水污染治理规定

　　水是生命之源，也是生病之源。新中国成立初期，由于水质卫生不达标而疫病丛生，一些地区的水污染加剧了水资源的紧张，影响了人民群众生活，制约了经济社会发展。这一时期，我国水污染治理包括城市生活饮用水治理和工业废水治理两个方面。

（一）制定生活饮用水卫生标准

　　水是人民生活所必需的基本物品，新中国成立初期，中央人民政府十分重视水源保护、水井改良以及城乡饮水消毒工作。1950 年，上海市人民政府颁布了《上海市自来水水质标准》16 项。1950 年 4 月，中央卫生部与军委卫生部联合发布《关于预防霍乱流行的指示》，要求各地调查和检验饮用水，进行饮用水消毒。1951 年 7 月，卫生部、内务部又联合发出《关于加强灾区防疫卫生工作的指示》，要求各级人民政府加强饮用水和粪便管理，建立清洁制度，预防痢疾、伤寒等疾病。其后，卫生部又多次发出通知要求加强农村水源保护和开展季节性饮用水消毒工作，在城市要扩大自来水普及率，同时注意提高水质。为此，全国各地尤其是大中城市加强了饮水卫生建设，取得了很大的成绩，使过去只能吃肮脏河水的居民吃到了清洁安全的水。因为居民饮水有了保障，加上其他各种措施，各地疾病发病率大为降低。如北京市 1951 年 4 月至 6 月死于伤寒的人数较 1950 年同时期降低了 60%，其他肠胃系统传染病 1951 年较 1950 年降低了 26%，至 1952 年降低了 65%。[①]

表 1-6　新中国成立初期生活饮用水标准的相关文件

《自来水水质暂行标准》，1954 年 11 月 《生活饮用水卫生标准（试行）》，1956 年 10 月 《集中式生活饮用水水源选择及水质评价暂行规定》，1956 年 10 月 《生活饮用水卫生规程》，1959 年 9 月

20 世纪 50 年代中后期，国家加强了饮用水质量检查与监督。1954 年卫生部发布的《自来水水质暂行标准》是新中国最早的一部生活饮用水的技术法规，自 1955 年 5 月起在北京、天津、上海等 12 个城市开始试行。

1956 年 10 月，卫生部和国家建设委员会联合审查批准发布了《生活饮用水卫生标准（试行）》，对 15 项水质指标的限值作出了规定，同年还审查通过了《集中式生活饮用水水源选择及水质评价暂行规定》，对水源选择、水质评价的原则以及水样采集和检验要求进行了规定。此后，除各自来水厂自行对水质检验外，各省市卫生防

---

① 张学文：《新中国的卫生事业》，北京：生活·读书·新知三联书店 1953 年版，第 33、34 页。

疫站开展了经常性的水质监测工作，一些大城市还专门采取了水源卫生防护措施，如天津的墙子河、南京的秦淮河和杭州的西湖等除疏浚外，还沿河、沿湖修建了拦截污水的下水道。

1959 年 9 月，在对此前发布的标准和规定进行修订的基础上，建筑工程部和卫生部又颁发了《生活饮用水卫生规程》，包括水质指标、水源选择和水源卫生防护三部分内容，提出限值的水质指标增至 17 项，如规定自来水的细菌总数"在摄氏 37 度培养 24 小时，1 毫升水中不得超过 100 个"；大肠菌指数"每升水中不得超过 3 个，或大肠菌值不低于 300 毫升"[①] 等，并要求对水源设立卫生防护地带。

（二）制定工业废水处理规定

新中国成立初期，由于我国对工业污染不了解，工业生产中的有毒废水常常不加处理，任其排入江河湖海，污染了地面水体和地下水源，对人民健康以及鱼类繁殖、农作物等危害很大。如黑龙江省松花江、牡丹江、嫩江沿岸工业比较集中的城市，鱼类死亡很多，产量逐渐减少；大连市的海猫岛沿海一带海参近乎绝迹；上海、杭州一带的造纸厂，因为生产用水受上游工厂废水的污染，影响了高级纸张的生产；沈阳郊区农民使用了含有大量工业废水的城市污水灌溉农田，导致一万多亩稻田受害；山东淄博张店的沿河居民因农药厂废水污染，发生过近百人的中毒事件；北京主要水源地官厅水库发现水色浑黄有异味，之后出现鱼类异味，食用的人有中毒症状，饮水的人患关节炎、掉牙增多。[②] 这些现象引起党中央的高度重视，1956 年的《工厂安全卫生规程》指出，"废料和废水应该妥善处理，

---

① 国务院法规编纂委员会编：《中华人民共和国法规汇编（1959 年 7 月—12 月）》，北京：法律出版社，1960 年版，第 411 页。

② 《建国以来重要文献选编》（第十三册），北京：中央文献出版社 1996 年版，第 104 页。

不要使它危害工人和附近居民",第一次对防治工业污染作出规定,但是这个规定较为简单和抽象。1957 年 6 月《关于注意处理工矿企业排出有毒废水、废气问题的通知》、1960 年 6 月《中共中央转发建筑工程部党组关于工业废水危害情况和加强处理利用报告的批示》、1961 年 1 月《污水灌溉农田卫生管理试行办法》、1972 年 6 月《关于官厅水库污染情况和解决意见的报告》等文件均对工业废水处理作了明确的规定。

表 1-7　新中国成立初期工业废水处理的相关文件

《关于注意处理工矿企业排出有毒废水、废气问题的通知》,1957 年 6 月
《中共中央转发建筑工程部党组关于工业废水危害情况和加强处理利用报告的批示》,1960 年 6 月
《污水灌溉农田卫生管理试行办法》,1961 年 1 月
《关于工业"三废"对水源、大气污染程度调查的通知》,1971 年 3 月
《关于官厅水库污染情况和解决意见的报告》,1972 年 6 月

一是确立就地回收、适当处理、充分利用的原则。就地回收,即在工业企业内部回收废水中的工业原料。有些工业废水,经过处理,可以回收石油、酚、氰化物、碱等工业原料,经济价值很大。适当处理,即因地因事制宜,根据不同要求,决定处理标准的高低。用于灌溉的废水,处理标准可以低一些;排入水体的废水,标准就要高些。处理方法和技术,也要根据具体条件作出不同的安排:该单独处理的,就不要混合处理;能混合处理的,就不必单独处理。充分利用,即重复利用废水,如有些工业废水经过回收处理以后,含有大量的氮、磷、钾等肥料,可以用来灌溉农田,达到节约用水和肥田增产的双重目的。

二是要求各地成立关于工业废水处理和利用的工作机构。1960年,国家科学技术委员会把"工业废水处理和利用"列为 1960 年国家科学技术重点任务之一。《中共中央转发建筑工程部党组关于工业

废水危害情况和加强处理利用报告的批示》确定在北京、上海、天津、哈尔滨等 15 个城市建立工业废水研究试验基地，要求冶金、石油、化工、纺织、轻工等部选择几个大型工业企业进行工业废水的研究试点工作，要求各省市成立工业废水处理和利用的办事机构，开展对本地区内的工业废水调查，弄清工业废水的水质水量和存在的问题，以便于采取有效的处理措施，并和国家科学技术委员会建筑组下的"工业废水处理和利用"专题组互通情报、交流经验。1971 年，在《关于工业"三废"对水源、大气污染程度调查的通知》的要求下，各地对工业废水进行了普遍调查，对于保护水源、减缓污染起到了一定的作用。

三是提出了"三同时"要求。《中共中央转发建筑工程部党组关于工业废水危害情况和加强处理利用报告的批示》指出，要重视工业设计中关于废水处理的设计，新建企业必须把工业废水处理作为生产工艺的一个组成部分，在设计和建设中加以保证。此后，一些工业企业采取了某些防治措施，如安装污水净化处理和消烟除尘设备等，部分城市建立污水处理厂，一定程度上减轻了污染危害。特别是 1971 年，北京主要供水水源地之一的官厅水库突然死亡上万尾鱼，北京市卫生防疫站等单位派人进行了实地调查，发现与张家口宣化上游的工厂排污有关。1972 年 6 月国家计划委员会、国家基本建设委员会向国务院提出《关于官厅水库污染情况和解决意见的报告》，第一次提出了"工厂建设和'三废'利用工程要同时设计、同时施工、同时投产"的要求，这是我国环境管理"三同时"制度的雏形，是重大的理念创新和突破。

二、制定粉尘、放射性物质等防护规定

新中国成立初期，为改善工厂的劳动条件，保护工人职员的安全和健康，保证劳动生产率的提高，国家出台了一系列关于安全生产的文件，其中部分条文涉及环境保护，客观上起到了生态文明建设的作用。

表 1-8　新中国成立初期涉及环境保护的安全生产文件

《工业企业设计暂行卫生标准》，1956 年 4 月
《国务院关于防止厂、矿企业中矽尘危害的决定》，1956 年 5 月
《工厂安全卫生规程》，1956 年 5 月
《国务院关于加强新工业区和新工业城市建设工作几个问题的决定》，1956 年 5 月
《工厂防止矽尘危害技术措施暂行办法》，1958 年 3 月
《矿山防止矽尘危害技术措施暂行办法》，1958 年 3 月
《放射性工作卫生防护暂行规定》，1960 年 1 月
《放射性同位素工作的卫生防护细则》，1960 年 3 月
《防止矽尘危害工作管理办法（草案）》，1963 年 9 月

1956 年 5 月，《国务院关于防止厂、矿企业中矽尘危害的决定》要求，"厂、矿企业的车间或者工作地点每立方公尺所含游离二氧化矽 10% 以上的粉尘，在 1956 年内基本上应该降低 2 毫克，在 1957 年内必须降低到 2 毫克以下"[①]；1956 年 6 月，《工厂安全卫生规程》指出，"发生强烈噪音的生产，应该尽可能在设有消音设备的单独工作房中进行"，"散放有害健康的蒸汽、气体和粉尘的设备要严加密闭，必要的时候应该安装通风、吸尘和净化装置"[②]；《国务院关于防止厂、矿企业中矽尘危害的决定》《工厂防止矽尘危害技术措施暂行办法》《矿山防止矽尘危害技术措施暂行办法》，以及《放射性工作卫生防护暂行规定》《放射性同位素工作的卫生防护细则》对预防矽尘和放射性污染作出了相关规定。此外，1956 年 5 月，《国务院关于加强新工业区和新工业城市建设工作几个问题的决定》认识到

---

① 《国务院关于防止厂、矿企业中矽尘危害的决定》，载《中华人民共和国国务院公报》 1956 年 5 月 18 日。

② 国务院法规编纂委员会编：《中华人民共和国法规汇编（1956 年 1 月—6 月）》，北京：法律出版社 1956 年版，第 404、 405 页。

工业布局集中对于人民生产、生活环境的影响，规定："为了避免工业的过分集中，在规模已经比较大的工业城市中应当适当限制再增建新的重大的工业企业。如果必须增建时，也应当同原来的城区保持必要的距离"[①]，这是我国第一次在区域规划中初步涉及环境保护问题，意味着我国已经出现了具有环境规划法特征的法律文件。

第五节　建立生活环境卫生清洁机制

新中国成立初期，我国人民群众的卫生意识和生产、生活卫生状况较差，比较突出的是垃圾、粪便、污水未能及时清扫和管理，有的城市下雨天成了垃圾、粪便、污水混合的"三合水"，晴天成了"三合泥"；随地大小便、随地吐痰、乱丢瓜果皮壳等现象较为普遍；特别是一些剧院、电影院等公共场所，痰涕满地，空气污浊，苍蝇、蚊子、老鼠很多，成了某些疾病的传染源地。早在1949年3月，北京解放不久，中国共产党和人民政府就发动群众把北京市一些地方积存40余年的约25万立方米的垃圾全部清除干净，整治了城市的环境卫生。当时群众中即建立了基层卫生组织和清扫保洁制度。到1951年，全市16个区已有11125个卫生小组，[②] 为清洁人民群众的生产、生活环境工作打下了基础。

1952年春，美国在侵朝战争中，对我国发动了细菌战争，在我国很多地区散布带有病毒、细菌的昆虫。为粉碎美国细菌战的现实

---

① 《国务院关于加强新工业区和新工业城市建设工作几个问题的决定》，载《中华人民共和国国务院公报》1956年5月30日。

② 李洪河：《往者可鉴：中国共产党领导卫生防疫事业的历史经验研究》，北京：人民出版社2016年版，第150页。

需要，1952 年 3 月 14 日，经政务院第 128 次政务会议通过，以周恩来总理兼任主任委员、由党政军民各有关部门参加的中央防疫委员会宣布成立，该委员会立即组织动员各方面的力量开展反对美军细菌战的斗争，因此，这场卫生运动被称为爱国卫生运动。爱国卫生运动以反对美军细菌战为中心，同时兼顾整治城乡卫生面貌。

表 1-9　新中国成立初期有关爱国卫生运动的文件

《中共中央批转华东局宣传部关于今春开展爱国卫生突击运动的意见及华东局的批示》，1953 年 2 月

《卫生部关于加强山区卫生建设的指示》，1958 年 2 月

《中共中央、国务院关于除"四害"、讲卫生的指示》，1958 年 2 月

《关于继续开展除"四害"运动的决定》，1958 年 8 月

《中共中央批转中央爱国卫生运动委员会、卫生部党组关于开展夏秋季卫生运动的报告》，1958 年 8 月

《中共中央关于检查和整顿大城市、游览地区雕塑、壁画、标语口号的通知》，1959 年 6 月

《中共中央关于动员群众紧急灭蝗的通知》，1959 年 8 月

《中共中央关于卫生工作的指示》，1960 年 3 月

《中共中央批转卫生部党组关于进一步开展爱国卫生运动的报告》，1962 年 12 月

一、确立卫生运动的主要任务

1952 年 3 月 14 日，中央爱国卫生运动委员会成立，周恩来任主任委员。随后，爱国卫生运动委员会的各级组织及办事机构迅速建立起来，统归各级人民政府领导。党中央指出，"开展卫生运动必须坚持突击工作和经常工作相结合的原则"①，把除"四害"、讲卫生的计划放在总的生产建设的计划之内，"当地究竟有哪些严重疾病，有哪些主要的必须消灭的害虫、害鸟、害兽，各需要多长时间消灭，先后次序怎样摆，主要依靠什么力量什么方法，怎样同生产建设工

---

① 《中共中央文件选集（1949 年 10 月—1966 年 5 月）》（第 41 册），北京：人民出版社 2013 年版，第 453 页。

作相结合，各级爱国卫生运动委员会在制定年度计划和长期计划时一定要心中有数"①，使卫生运动直接为生产服务，使卫生运动适合本地方、本单位的情况。

具体而言，在农村，要同农业生产结合起来。人畜粪便的处理问题对于卫生和积肥都关系重大，必须首先解决。要在全国普遍做到人有厕所，并且做到牛马有栏，猪羊有圈，家禽有窝。在某些人畜同居的地方，要有步骤地实现人畜分居。厕所要加棚，粪桶粪缸粪池要加盖。牲畜栏圈，要勤垫土，勤起粪，勤打扫。尽可能修些水井，提倡不在饮水河道、池塘中洗刷马桶，不喝生水，不吃生冷腐烂食物，牢牢把住"病从口入"这一关。要经常疏通沟渠，修整坑洼，排导污水，铲除杂草，打扫垃圾，收集粪便，大力推广泥封堆肥办法。要使挖蛹灭蛆、防蝇灭蝇、整理厕所、管理粪便、打扫庭院、改善环境卫生的工作同增加肥料、保护和提高肥效的工作结合进行，使除草灭蚊、疏沟挖塘排水防孑孓、灭钉螺的工作，同沤压绿肥、兴修农田水利、引污水取塘泥肥田、水塘水沟养鱼的工作结合进行，尽可能地把卫生工作和发展农业生产的工作合而为一。

在城市，要同市政建设、工商业管理、城乡互助和学校教育结合起来。要做好垃圾、粪便、污水的清除和管理，集中力量把过去积存的垃圾粪便加以清除，对损坏的卫生设施（厕所、化粪池等）加以整修，把住处周围和公共场所打扫干净。城市的粪便、垃圾、污水的处理必须尽可能地为附近的农业服务，可以采取由企业、机关、学校与农业社订立长期合同的方式，配合支援农业，送肥下乡。改造、疏浚或者填垫不清洁的河沟坑洼。妥善安置和管理一些最容易吸引苍蝇、老鼠和最容易传染疾病的行业，如动物毛羽、皮骨、

① 《中共中央文件选集（1949年10月—1966年5月）》（第27册），北京：人民出版社2013年版，第91页。

血肉的加工业，糖果、油酱制造业，豆腐房、粉房、饮食业、饲养业等。在一切公共活动场所和公共娱乐场所，必须注意清洁和防止传染病的传播。在厂、矿、工地和新开发地区，除了必须注意粪便、垃圾、污水的处理和蚊、蝇、老鼠的消灭以外，还需要特别注意饮食的管理、宿舍的清洁、工人健康的保护、职业病和多发病的防治。

此外，在城市街头，有些雕塑、壁画、标语等内容浮夸，形象拙劣，有损大城市和游览地区应有的整洁和美观，为此，国家专门出台文件要求清除大城市和游览地区的街头和建筑物墙壁上绘制的壁画、书写和张贴的标语，以后如果宣传需要，须经过当地党委有关部门审查批准，可尽量采用宣传牌或其他适当的形式，如供临时悬挂的布制标语等，在指定的地区设置，不要任意涂写和张贴。①

二、建立卫生运动的监督检查机制

党中央指出，"除'四害'、讲卫生运动的决定关键，在于党的领导"②，要求建立与充实各级爱国卫生运动委员会及其所属办公机构，讨论制订开展突击运动的具体计划，力求运动有领导、有计划地进行，而且各级组织都应有领导干部兼管卫生工作，加强检查督促工作，开展深入检查、发动竞赛、组织互相参观评比等活动，做到层层有人负责。

首先，要求各级爱国卫生运动委员会和城乡的群众性卫生组织结合起来，县以上各级爱国卫生运动委员会应吸收一些热心这一工作并确能起作用的各方代表人物参加，并配备必要的办公机构和专职人员，具体组织这一工作。公社、生产队、工厂、机关、学校、居民委员会，也都应有一位领导干部兼管卫生工作，确保卫生检查

---

① 《中共中央文件选集（1949年10月—1966年5月）》（第31册），北京：人民出版社2013年版，第278、279页。

② 《中共中央文件选集（1949年10月—1966年5月）》（第27册），北京：人民出版社2013年版，第91页。

能做到全覆盖，使每一家、每一村、每一单位的卫生工作都有人检查、督促和指导。

其次，规定了爱国卫生运动的检查频次。1958 年，中共中央、国务院《关于除"四害"、讲卫生的指示》要求，各基层单位（例如一个生产队、一个工段、一条街道）的除"四害"、讲卫生工作，应该每星期检查一次，各较大单位（例如一个合作社、一个乡、城市的一个工厂、一个区）应该每月检查评比一次，年终应该大检查总评比一次，[①] 以便为实现长期计划打下基础。同时，要配合春节、劳动节、国庆节举行大扫除，如开展拆洗被褥和衣服、突击灭虱等活动，各地方根据当时当地的具体条件，有计划地、循序渐进地向群众提出一些可以普遍做到的有关环境卫生和个人卫生的要求。

最后，建立了爱国卫生运动的检查评比通报机制，要求"抓先进和落后的两头，带动中间"[②]，对爱国卫生运动中若干好的经验，及时予以总结和推广，大力传播先进单位的经验，表扬先进地区、先进单位与模范人物，组织其他单位到先进单位参观学习，对在运动中产生的某些形式主义、虚夸现象以及限期成为"四无区"、要求"六面光"等不合理要求予以通报批评和加以克服。如 1959 年、1960 年先后召开的全国农村和城市卫生工作现场会议重点介绍、推广了山西省稷山县、广东省佛山市两个改造旧农村、旧城市卫生面貌的先进典型经验。[③]

---

① 《中共中央文件选集（1949 年 10 月—1966 年 5 月）》（第 27 册），北京：人民出版社 2013 年版，第 90 页。

② 《中共中央文件选集（1949 年 10 月—1966 年 5 月）》（第 27 册），北京：人民出版社 2013 年版，第 92 页。

③ 李洪河：《往者可鉴：中国共产党领导卫生防疫事业的历史经验研究》，北京：人民出版社 2016 年版，第 153 页。

三、建立卫生运动的宣传动员机制

1953 年 2 月，《中共中央批转华东局宣传部关于今春开展爱国卫生突击运动的意见及华东局的批示》中指出，"在运动开始与进行过程中，必须展开深入广泛的宣传工作，说明运动的意义、目的、要求，结合批判若干阻碍运动开展的思想，以动员更广泛的干部与群众自觉参加这一运动"[①]。爱国卫生运动的宣传动员主体涵盖以下几个方面：

第一，卫生部门要加强卫生知识的宣传教育和技术指导，在新年和春节等重要节日期间，配合卫生突击活动，利用各种形式进行一次比较集中的、有一定声势的宣传教育，把除"四害"、讲卫生、爱清洁的风气重新振作起来，同时还应根据不同时间、不同对象，经常进行卫生宣传，把群众迫切需要而又切实可行的卫生知识和方法教给群众，逐步树立"以卫生为光荣，以不卫生为耻辱"的社会风尚。

第二，报刊、广播、文化及其他有关文化宣传部门要将爱国卫生运动纳入宣传计划，利用各种宣传形式，如报刊、广播、幻灯、电影、大字报、宣传画、街道宣传、挨户宣传、参观、展览、群众大会、居民小组会等，认真介绍关于除"四害"、讲卫生、防治疾病的基本常识和先进经验，并且"必须编印成小册子和画页，大量发行到基层去"[②]。

第三，学校要加强卫生教育，把养成卫生习惯作为操行成绩的一个方面，并且要把学生参加校内外除"四害"、讲卫生的活动作为整个劳动教育的一个部分。机关和部队也都必须参加城市除"四

---

① 《中共中央文件选集（1949 年 10 月—1966 年 5 月）》（第 11 册），北京：人民出版社 2013 年版，第 94 页。

② 《中共中央文件选集（1949 年 10 月—1966 年 5 月）》（第 27 册），北京：人民出版社 2013 年版，第 89 页。

害"、讲卫生的义务劳动。①

第四，工会、青年团、妇女联合会等一切宣传力量都要动员起来，针对当地具体情况、当时具体要求和群众中存在的具体思想顾虑，进行生动有力的宣传，鼓励无论老人、小孩、青年、壮年，教员、学生、男子、女子，都要尽可能地手执蝇拍及其他工具，大张旗鼓，大造声势，大除"四害"。②

总之，爱国卫生运动得到了全国上下的一致拥护和参与，这一运动规模之宏大，在我国历史上是空前的。例如，山东省青岛市掀起了捕鼠灭虱运动，该市很多路段的居民组织了灭虫队，发起了捕鼠灭虱的红旗竞赛，有些妇女采用变工互助，组织临时托儿所等方法，抽出大部人力，参加卫生防疫运动。河南省制定了各服务行业及个人卫生条例和标准：环境卫生做到"五无""四净""二有"，"五无"即无垃圾、无粪便、无杂草、无积水、无死角，"四净"即院落地面净、环境街道净、厕所净、排水沟净，"二有"即有垃圾箱、有果皮箱。上海市杨浦区制定了切实可行的《爱国卫生公约》，包括：垃圾倒入垃圾箱内，随手将垃圾盖盖好，家中不蓄积垃圾；药渣倒入垃圾箱内，痰盂倒入痰盂池内，粪便不倒在阴沟和垃圾箱中，不随地扔果皮及废弃物；污水、洗衣水均倒入阴沟，不随地乱倒脏水。

爱国卫生运动也收到了立竿见影的效果，许多城乡清除了大量的垃圾、污物，"四害"大大减少，面貌焕然一新。例如，1952 年 3 月，北京市爱国卫生运动委员会成立后，立即动员全市人民开展大

---

① 《中共中央文件选集（1949 年 10 月—1966 年 5 月）》（第 27 册），北京：人民出版社 2013 年版，第 89 页。

② 《中共中央文件选集（1949 年 10 月—1966 年 5 月）》（第 33 册），北京：人民出版社 2013 年版，第 308 页。

规模的卫生宣传活动以及扑灭病媒虫害的活动，当月就捕鼠 185 万余只，挖蛹 2.1 亿多个，打捞孑孓 15 万余斤。[①] 北京市还推广了东郊三里屯小学从厕所、墙边、垃圾堆、污水池等处挖蛹的经验，并将苍蝇滋生地的晒粪场以及刮骨、血料、肠衣等行业全部迁往郊区。山东、河北两省到 1952 年 6 月中旬已清除垃圾 180 余万吨。南京三区的居民清除了从太平天国时期积存下来的垃圾。[②] 1952 年上半年，全国清除垃圾 1500 多万吨，疏通渠道 28 万公里，新建改建厕所 490 万个，改建水井 130 万眼。共扑鼠 4400 多万只，消灭蚊、蝇、蚤共 200 多万斤，还填平了一大批污水坑塘。[③] 这些成效不仅给美国侵略者的细菌战以有力回击，而且大大改善了城乡卫生环境，使人们受到了深刻的清洁卫生教育，养成了健康卫生的生活习惯，强化了生态文明意识，起到了减少疾病、移风易俗、改造国家的重要作用。

第六节　建立资源综合利用制度

　　资源综合利用即废旧物资回收再利用，它是充分利用资源、减少污染物排放的重要措施，也是增长节约的应有之义。新中国成立初期，由于缺乏组织和管理工业的经验，当时的工业企业劳动生产率比较低，设备未充分利用，对矿产、木材等原材料综合开发和综合利用不够重视，发生了不少浪费和破坏的现象。对此，毛泽东和

---

　　① 李洪河：《往者可鉴：中国共产党领导卫生防疫事业的历史经验研究》，北京：人民出版社 2016 年版，第 151 页。

　　② 肖爱树：《1949—1959 年爱国卫生运动述论》，载《当代中国史研究》 2003 年第 1 期。

　　③ 齐鹏飞、杨凤城：《当代中国编年史（1949.10—2004.10）》，北京：人民出版社 2007 年版，第 68 页。

周恩来等国家领导人非常重视废弃物的循环利用。1958 年 1 月，毛泽东在《工作方法六十条（草案）》第二条"县以上各级党委要抓社会主义工业工作"中特别提出"资源综合利用"问题。同年 9 月，毛泽东视察武汉黄石的武钢大冶铁矿，强调要注意矿石的综合利用。[①] 在这一时期，中央还讨论成立托拉斯，类似于现在的工业园区，钢铁企业、化工企业等入驻园区，统一管理，目的是"使工业发展速度更快一些，也是为了综合利用"[②]。1958 年，周恩来总理在为我国废物回收再生事业题词中，提出了"变无用为有用，变一用为多用，变破旧为崭新"[③] 的"三变真经"。1960 年 4 月 13 日，毛泽东在同李富春、李先念、薄一波、陈正人等人谈话时指出，"各部门都要搞多种经营、综合利用。要充分利用各种废物，如废水、废液、废气"。他还风趣地说道，"实际都不废，好像打麻将，上家不要，下家就要"。[④] 1971 年 2 月，周恩来在接见全国计划会议部分代表时说："我们要除'三害'，非搞综合利用不可！我们要积极除害，变'三害'为'三利'。以后搞炼油厂要把废气统统利用起来，煤也一样，各种矿石都要综合利用。这就需要动脑筋，要请教工人，发动群众讨论，要一个工厂一个工厂落实解决，每个项目，每个问题，要先抓 1/3，抓出样板，大家来学。"[⑤] 一年后，在接见英国记者苏利克利·格林时，周恩来又说："要消灭公害就必须提倡综合利

---

① 《毛泽东年谱（一九四九—一九七六）》（第 3 卷），北京：中央文献出版社 2013 年版，第 446、447 页。

② 薄一波：《若干重大决策与事件的回顾》（下卷），北京：中共党史出版社 2008 年版，第 824 页。

③ 《中华人民共和国现行法规汇编（1949—1985）》（财贸卷），北京：人民出版社 1987 年版，第 512 页。

④ 《毛泽东年谱（一九四九—一九七六）》（第 4 卷），北京：中央文献出版社 2013 年版，第 373 页。

⑤ 《中国环境保护行政二十年》，北京：中国环境科学出版社 1994 年版，第 343 页。

用。因此在进行基本建设时，就要从项目方面、设备方面和科学技术方面更加注意，那才能避免祸害。否则，你们已经造成祸害之后，再去消除，那已经走了弯路。我们不能再走资本主义工业化的老路，要少走、不走弯路。"[1] 在国家领导人"综合利用，化废为宝"思想的指导下，新中国成立初期，我国制定了关于矿产资源、木材资源、废弃物品收购和利用等方面的文件，出台了新中国第一部关于矿产资源保护的法规《矿产资源保护试行条例》。

表 1-10　新中国成立初期有关资源综合利用的文件

《国务院关于非金属矿管理的问题的指示》，1956 年 10 月
《国务院关于加强对废弃物品收购和利用工作的指示》，1958 年 6 月
《中共中央、国务院批转国家经委、国家计委〈关于充分利用木材资源，大力开展木材的节约代用工作的报告〉》，1962 年 9 月
《矿产资源保护试行条例》，1965 年 12 月

一、规定资源开采权限

1965 年《矿产资源保护试行条例》规定，严禁乱挖滥采，防止矿产资源的破坏和损失，"专、县、人民公社和公安系统的劳改单位，未经省、自治区、直辖市人民委员会批准，一律不准开采。已在开采的小窑小矿，各省、自治区、直辖市主管部门应当重新审查，对严重破坏和损失矿产资源的，应当加以制止；准予继续开采的，应当指定开采范围，加强管理，并且给以必要的技术指导"[2]。对于设计中规定暂时不予开采的矿体或者目前不符合工业指标要求的矿产，如稀有金属、特种非金属、放射性矿产等，应当从实际出发，

---

① 《中国环境保护行政二十年》，北京：中国环境科学出版社 1994 年版，第 343 页。

② 《建国以来重要文献选编》（第二十册），北京：中央文献出版社 1998 年版，第 629 页。

采取保护措施，以备将来利用。[1]

二、要求提高资源使用率

1965 年《矿产资源保护试行条例》指出，"在选矿和冶炼过程中，应当进一步贯彻综合利用的方针，加强科学研究工作，不断提高技术水平，改进工艺流程，努力提高回收率"[2]。具体而言，在采矿中，要贯彻大小、贫富、厚薄、难易兼采的原则，不能只开采富矿，摒弃贫矿，在加工和使用中，应当合理利用不同品级的矿产，防止优质劣用、大材小用、小材不用的浪费现象；要不断改进采矿方法，在保证安全生产的前提下，最大限度地回采矿柱、矿壁以及顶底和老窑的残余矿体，努力降低贫化率和损失率，并注意防止矿产自燃、充水等破坏现象。在冶炼过程中，有关的生产单位和科学研究单位应当密切协作，加强对矿石冶炼性能的科学研究试验工作，进一步加强生产技术管理，努力扩大使用范围，充分利用低品级的矿产，改进现有不合理的工艺流程，设法回收一切有用的矿产资源。在物流运输中，应当注意防止搬运、包装、堆放矿石和矿产品过程中的贫化损失。同时，要求政府部门要积极帮助工业企业改建或扩建粉矿加工、筛分分级、多金属回收车间等工程。

再比如，国家规定，所有木材加工厂的全部废料，如煤矿不能复用的废坑木和坑木截头，铁道部门不能利用的废枕木，生产、基建单位的边角余料等，都要合理综合利用，不允许浪费；对铅笔板、线轴等小商品用材，基本上不供应原木，由木材公司组织调拨加工

---

① 《建国以来重要文献选编》（第二十册），北京：中央文献出版社 1998 年版，第 627 页。

② 《建国以来重要文献选编》（第二十册），北京：中央文献出版社 1998 年版，第 622 页。

厂的废料。[①]

三、建立废弃物品收购制度

废弃物品是一种非常零星、分散的社会资源，必须依靠群众力量，才能扩大收购。很多人对于废旧物品存在认识问题，如没有认识到可以把无用的东西变成有用的东西，或者认为出卖废旧物品是不体面的事，因而不注意收集和积极出售废旧物品。对此，《国务院关于加强对废弃物品收购和利用工作的指示》强调，要加强对广大群众的宣传教育，通过生动的事例使他们认识到一切废弃物资进行加工复制，都可以变成有用的东西，而且收集和利用废弃物品具有多重意义，既可以为国家和集体经济创造巨大的财富，为群众增加大批的收入，又可以支援工农业生产；既可以安排劳动就业，支持勤工俭学，充分利用各种半劳动力，又可以使人民养成勤俭节约、爱惜物资、讲究清洁卫生的良好习惯。同时，国家规定，除了那些加工程序比较复杂、技术性比较高和国家需要统一掌握的物资，如废铜、废铝、废锡、废铅等，应该由国家统一加工复制和统一分配利用以外，一般的废弃物品，应该采取就地收购、就地加工和就地利用的方针，各地尽可能地组织当地群众做好一般的分类整理和初步的加工复制工作，积极改进收购方法，制定合理的收购价格，把一切可能组织起来的人员都组织起来，形成一个广泛的收购网，为国家进行废弃物品的收购工作。[②]

四、提倡推广使用代用资源

由于社会主义建设所需的自然资源越来越多，同时，资源使用

[①] 《中共中央文件选集（1949 年 10 月—1966 年 5 月）》（第 41 册），北京：人民出版社 2013 年版，第 28 页。

[②] 《中华人民共和国现行法规汇编（1949—1985）》（财贸卷），北京：人民出版社 1987 年版，第 490、491 页。

方面的浪费也很大，除了积极开展资源综合利用外，国家还提倡大力开展自然资源的节约代用工作，主要体现在木材的节约代用方面。1962年，国家经委、国家计委通过研究，在《关于充分利用木材资源，大力开展木材的节约代用工作的报告》中，提出了充分利用木材资源和节约代用的二十二项措施，包括：以煤换木，增产纤维板、胶合板、刨花板、厚纸板，积极增产竹子，手工业就地取材，由供销社组织木材初级自由市场，多运出一些"困山材"，抚育和间伐次生林，修整树木，合理加工，回收废材余料，统一收购停建的工程及清仓多余的木材，节约造纸用材，清理楞场，多用水泥轨枕，积极推广坑木代用品，加强坑木回收，推广水泥电柱，加强包装材料的回收复用，大力节约建筑用材，加强木材的防腐工作，严格控制木制家具的生产等。

新中国成立初期，我国资源综合利用取得了明显成效。统计数据显示，截至1958年，全国已经收购和利用的废弃物品有废五金、废化工原料、废纤维、废油料、废皮毛和垃圾等三十多类，约一千多个品种。第一个五年计划期间回收的废弃物品总量达四百二十六万吨。这些废弃物品，经过初步整理、修配和加工复制以后，已经有80%以上变成了农业、工业和手工业的生产资料，还有约百分之十几变成了各种生产资料。第一个五年计划期间，国家工业和国防建设所必需的铜料，就有80%以上是依靠回收废杂铜来解决的。这些资源回收利用对于支援国家经济建设、扩大国家和集体经济的资金积累，以及增加人民收入和安排劳动就业等方面，都起了很大的作用。[①] 如河北省无极县每乡每社都有废弃物品的加工组织，解决了全县"五保户"的生产和生活问题，就是一个很好的范例。1959年

---

① 《中华人民共和国现行法规汇编（1949—1985）》（财贸卷），北京：人民出版社1987年版，第489页。

全国从生产页岩油中回收硫铵 9 万多吨，占应回收量的 52%；1959
年从机械化炼焦回收硫铵 10 万吨，占应回收量的 64%。[①] 工业方面
的增产节约运动也取得重要成效。如上海市天山第一化工厂开展增
产节约活动，推动技术人员与工人紧密团结，筒子车间从 6‰ 的回丝
率，降低到 1.75‰；织布车间次布率从原来 5%，减少到 2.64%；制
造部技工创造了改良皮管，节约资金 1 亿元左右。[②] 又如，1955 年以
前生产的火柴又粗又长，后来做了改进，盒子小了，火柴秆细了、
短了，但装的数量却增加了，从前 1 盒火柴只能装 50 根左右，改进
后可装 100 根。仅此一项改进，每年就可节省 45 吨木材，[③] 创造了
技术推进增产节约的典范。

---

① 中国社会科学院、中央档案馆编：《中华人民共和国经济档案资料选编·工
业卷》，北京：中国财政经济出版社 2011 年版，第 539 页。

② 李冬：《建国初期上海"增产节约运动"研究（1950—1952)》，华东师范大
学硕士学位论文，2012 年。

③ 张静如：《张静如文集》(第二卷)，深圳：海天出版社 2006 年版，第 645 页。

本章总结

新中国成立后，我国在实践中不断摸索，制定和实施了一系列关于生态环境的政策文件，迅速改善了城乡面貌，帮助人民群众养成了清洁卫生的生活习惯，也为中华人民共和国环境制度体系建设积累了经验、奠定了基础，改革开放后很多环境政策和制度都能从这个时期的政策文件中找到最初的源头。如资源综合利用的规定实施使得废弃物的回收利用成为整个社会司空见惯的事情，因而很少出现城市"垃圾山"现象，那个时候，发达国家都在学习中国废旧物品回收的做法，这实际上也是循环经济制度的雏形。再如，注重充分调动群众的积极性，水土保持、造林绿化、废旧资源回收等规定都将"依靠群众"作为基本方针，这是我国生态文明制度建设非常重要的成功经验。但是，我们也很容易看到，尽管植树造林、兴修水利、在局部地区采取了污染防治措施，这些工作确实属于环境保护的范畴，但是其初衷主要是为国民经济建设节约成本和减少自然灾害，并没有整体而言的环境保护认识，而且新中国成立初期，我国对环境保护的认识还仅限于改善城乡卫生面貌，将环境保护等同于改进卫生状况，因此，在这个时期，我国的环境保护规定无论是目的还是内容上都存在一些明显的不足。

第一，制定生态环境保护规定的目的和宗旨有所偏差

以我们今天的思维而言，出台环境保护文件的目的当然是为了保护生态环境，但是在新中国成立初期，我国制定有关生态环境规定的目的和宗旨主要是为了发展生产，并不是专门为了开展环境保护工作，如保护森林和造林绿化是为了"根治水旱灾害、保障农业生产"，"满足经济建设和人民生活对于木材的需要"①，制定防止工业污染的规程是"为改善工厂的劳动条件，保护工人职员的安全和健康，保证劳动生产率的提高"②，即使是保护野生动物也是因为"野生动物是我国的一项巨大自然财富，每年不仅可以获得大量的野生动物肉类，还可以获得大量的野生动物毛皮和贵重的鹿茸、麝香。这些产品对改善人民生活和换取外汇都起了重要作用"③。而且，我国将环境问题等同于卫生问题，在新中国成立初期的党的文献中经常出现"环境卫生"的词语组合，环境工作也主要由卫生部门主管。

因为老鼠、麻雀吃粮食，使得国家粮食产量减少，苍蝇、蚊子容易传播疾病，20 世纪 50 年代，我国将老鼠、麻雀、苍蝇、蚊子这四种生物定为"四害"，发出了一系列除"四害"的文件指示。除此以外，还鼓励猎民大力捕杀对人畜和农林作物有害的鸟兽，如狼、豺、虎、熊、野猪等，"在消灭狼豺和鼠害时，可以采用歼灭性围猎、掏窝、挖洞、毒药、机动车追猎和军用武器"④。据不完全统计，仅 1958 年一年，全国就有两亿多只麻雀被消灭，1957 年底到 1958 年 4 月，农业大省河南对外宣称，捕杀的麻雀已超过一亿只，⑤ 结果由于害虫没有了天敌，第二年春天，树叶几乎都被害虫吃光了，粮食不同程度地出现了歉收的情况。这种人为改变生态系统和食物链

① 《中共中央文件选集（1949 年 10 月—1966 年 5 月）》（第 37 册），北京：人民出版社 2013 年版，第 163 页。

② 国务院法规编纂委员会：《中华人民共和国法规汇编（1956 年 1 月—6 月）》，北京：法律出版社 1956 年版，第 398 页。

③ 《建国以来重要文献选编》（第十五册），北京：中央文献出版社 1997 年版，第 560 页。

④ 《建国以来重要文献选编》（第十五册），北京：中央文献出版社 1997 年版，第 563 页。

⑤ 孟冉：《除四害时期小麻雀的"大劫难"》，载《大河报》2007 年 3 月 3 日。

链条的做法，违背了生态学的基本原理和生物发展的规律，对生态系统的稳定性造成极大破坏。英国记者乔治·盖尔把除"四害"运动的所见所闻曾写成了一本书，名为《中国没有苍蝇》，书中对除"四害"运动中的各种做法进行了描写，集中反映了当时我国对自然环境的系统性认识不够及其不良影响。后来生物学家通过科学研究力证麻雀不是害鸟，使得毛泽东的认识发生了改变，在 1960 年 3 月为中共中央起草的关于卫生工作的指示中，他说："再有一事，麻雀不要打了，代之以臭虫，口号是'除掉老鼠、臭虫、苍蝇、蚊子'"①，使得麻雀终于得到"平反"。2000 年 8 月，麻雀还被国家林业局组织制定的《国家保护野生动物名录》列为国家保护动物。

第二，生态环境保护规定的内容较为简略粗糙

如同其他社会主义建设事业，新中国成立初期的环境保护工作很大程度上也是在借鉴苏联经验的基础上起步的，如 1956 年颁布的《工业企业设计暂行卫生标准》，即是模仿苏联 1954 年颁布的《工业企业设计卫生标准》制定的，直到 1957 年以后才摆脱苏联模式，开始"走自己的路"。这些环境规定的效力等级或立法级别较低，都是用规范、通知、指示、管理办法等形式下发给各地，用现在的观点来看，并不属于规范性法律文件，但在当时的历史条件下，起到了法律约束的作用。这表明，新中国政府尚未形成现代环境保护理念，事实上，我国这个阶段的自然生态环境保护举措多是在"环境卫生"理念的指导下实施的，环境规定主要集中在自然资源保护和利用方面，有关环境污染治理的文件很少，主要零星分散于其他卫生管理文件中。

这个时期，我国生态环境规定最大的问题是内容非常简略粗糙，

① 《中共中央文件选集（1949 年 10 月—1966 年 5 月）》（第 33 册），北京：人民出版社 2013 年版，第 308 页。

可操作性和执行性较差。以《水产资源繁殖保护条例（草案）》为例，"第九条　凡是鱼、蟹等产卵洄游通道的江河，不得遮断河面拦捕，应留出一定宽度的通道"，"一定宽度"这个概念就十分模糊；"第十三条　严禁炸鱼、毒鱼、滥用电力捕鱼以及进行敲罟作业等严重损害水产资源的行为"，那么这类禁止性行为发生的惩罚后果是什么，也没有说明，诸如此类的问题在文件中触目皆是，因而各地在落实规定的过程中无法科学操作，也根本达不到生态环境保护的目的。

特别是在"文化大革命"时期，受极"左"路线的干扰，有关生态环境的规定形同虚设，生态环境保护的建设工作基本处于停滞状态，如一些已经建立的自然保护区被迫下放或撤销，毁林开荒、捕珍猎奇现象甚嚣尘上，乱捕滥猎、乱砍滥伐事件屡见不鲜，有为数不少的自然保护区和自然资源都遭到了严重的破坏。当时，珠峰地区出现大规模猎杀藏野驴的现象，在珠峰自然保护区建区调查时，估计该区内的藏野驴已不足 100 头，已是元老级自然保护区的万木林自然保护区也难逃此劫，被迫搁浅。截至 1972 年底，全国已建立的自然保护区减少了 15 处之多，据 1973 年农林部召开的全国重点省、市、区珍贵动物资源调查座谈会上统计，全国自然保护区仅存十几处，野生动植物资源遭到很大破坏。① 各地爱国卫生运动委员会的相关工作也被迫处于停顿状态，许多城乡的卫生面貌开始恶化，某些传染病的疫情迅速回升。

以上制度局限性产生的主要原因有两个。一是经济因素。新中国成立初期，我国经济社会非常落后，1950 年人均 GDP 仅 37 美元，列入计算的世界 141 个国家中只有 10 个国家的人均 GDP 低于中

---

① 金勇进：《数字中国 60 年》，北京：人民出版社 2009 年版，第 310、311 页。

国，^① 我国大部分人民群众在贫困线以下挣扎，人民基本温饱尚不能解决，更无从谈保护环境了，正如马克思所说，"忧心忡忡的穷人甚至对最美丽的景色都无动于衷"^②，再加上当时我国生态环境问题整体上并不严重，所以，从当时中国共产党面临的主要矛盾看，追求经济发展以满足现实的温饱需求是主要任务，而这也是世界各国在发展中普遍的选择和共同的道路，现代美国学者麦克尼尔回顾美国环境保护史时说："无论在哪种政治体制中，从地方到国际的各种政策制定者们都会更积极地应对明确的、眼前的危险（和机遇），而不是微妙的、逐渐积累的环境危机……更多的就业岗位和税收、更强大的军事力量的诱惑就在眼前，而清洁的空气或多样化的生态系统无法与之匹敌"，^③ 最终，眼前的、基本的生存需要让位于长久的、优雅的生活需要。

二是认识不足。尽管党的很多领导人对环境、资源问题有一定认识，但都是比较直观、感性的，很难说系统而全面，即使是被誉为新中国环境事业奠基者的周恩来，他相较于其他领导人能够更加深刻认识到环境问题的危害性，并主张采取积极的措施予以解决，但是也很难说他对中国环境问题的表征、根源与解决对策有系统的认识、权威的看法。20 世纪 60 年代，竺可桢联合其他学者起草的《关于自然资源破坏情况及今后加强合理利用与保护的意见》中，就尖锐地指出："这些破坏自然资源的严重情况从何而来？我们经过反复研究后认为，除了近几年严重自然灾害造成的影响和某些工业技术未过关的原因之外，更多的是由于有关主管部门的领导缺乏经验、

① 巨力：《从三个历史节点看中国经济发展奇迹》，载《奋斗》2019 年第 21 期。

② ［德］马克思：《1844 年经济学哲学手稿》，北京：人民出版社 2018 年版，第 46 页。

③ ［美］J. R. 麦克尼尔：《阳光下的新事物：20 世纪世界环境史》，北京：商务印书馆 2013 年版，第 363 页。

认识不足与管理不善。"① 毛泽东在反思新中国成立初的经济建设时也坦陈："向地球作战，向自然界开战，这个战略战术我们就是不懂，就是不会。要承认这些错误、缺点。"②

当然，我们也要看到，人的认识是受时代条件限制的。我们应该坚持历史唯物主义的基本观点，辩证地看待和分析历史问题。习近平在纪念毛泽东诞辰 120 周年座谈会上的讲话中指出："在中国这样的社会历史条件下建设社会主义，没有先例，犹如攀登一座人迹未至的高山，一切攀登者都要披荆斩棘、开通道路"，"不能用今天的时代条件、发展水平、认识水平去衡量和要求前人，不能苛求前人干出只有后人才能干出的业绩来"③。这些论断符合人类认识发展的规律，也同样可以来评价新中国成立初期我国环境规定的局限性。事实上，在 20 世纪中期，发达国家政府也没有系统的环境保护制度，环保理念主要在民间的呼声较高。在当时我国经济社会条件与发达国家相差很大的情况下，我国领导人能前瞻性地提出自然保护区、大地园林化等理念，并领导制定相应的规定，已经非常不容易了。

---

① 竺可桢等：《关于自然资源破坏情况及今后加强合理利用与保护的意见》，载《中国人口·资源与环境》1993 年第 1 期。

② 《毛泽东年谱（一九四九——一九七六）》（第 3 卷），北京：中央文献出版社 2013 年版，第 584 页。

③ 习近平：《在纪念毛泽东同志诞辰 120 周年座谈会上的讲话》，北京：人民出版社 2013 年版，第 11 页。

第二章

生态文明制度建设的正式起步

（1973—1978）

　　20 世纪中期，工业发达国家频繁出现严重的环境污染事件，特别是八大公害事件①影响人数之多、危害之大，震惊世界。为保护和改善环境，联合国决定于 1972 年 6 月在瑞典首都斯德哥尔摩召开由各国政府代表团及政府首脑、联合国机构和国际组织代表参加的联合国人类环境会议，共同商议当代环境问题。联合国秘书长致函邀请中国参加联合国第一次人类环境会议。由于政治封闭思想，再加上国人对环境问题知之甚少，党内对于中国是否参会存有争议。此次为中华人民共和国恢复在联合国合法席位后首次受邀参加国际会议，周恩来高度重视，他力排众议，毅然决定派团参加。在确定代表团人选时，相关部门最初拟就了以卫生部人员为主的名单，报送国务院审定时，周恩来指出，"环境问题不仅仅是个卫生问题，还涉及国民经济的很多方面……卫生部做不了，这得要综合部门"②。根据周恩来的指示，最后确定了包括冶金、轻工、卫生、核工业、石油化工、农业、外交等部门共计 40 多人的大型代表团。在对"环境

---

　　① 八大公害事件分别是：比利时马斯河谷烟雾事件、美国多诺拉镇烟雾事件、伦敦烟雾事件、美国洛杉矶光化学烟雾事件、日本水俣病事件、日本富山骨痛病事件、日本四日市气喘病事件、日本米糠油事件。

　　② 中央文献研究室第二编研部：《话说周恩来》，北京：中央文献出版社 2000 年版，第 1247 页。

保护"概念的科学定义还未搞清楚的情况下，中国政府派出如此庞大的代表团参加联合国人类环境大会，"实在是出乎一般人的意料，也出乎国际社会的意料"①。

短短十天的会议给中国带来了崭新的、具有划时代意义的新思想。出席会议的代表团成员之一、原国家环保局第一任局长曲格平回忆说，"这次会议无疑是一次意义深远的环境启蒙"②。这种启蒙表现在三个方面：第一，在认识广度上，我们以前认为环境问题只是工业"三废"污染，而世界谈论的却更多是生物圈、水圈、大气圈、森林生态系统等"大环境"；第二，在概念提炼上，20世纪70年代以前，中国并没有"环境保护"这个词汇，与之关联的只有"环卫""三废"处理等词语，那么对"大环境"的规划和治理，究竟叫什么？与会代表团经过认真研究，最终决定就按英文直译，叫"环境保护"，这是中国人在历史上第一次把"环境"和"保护"两个词组合在一起，如今这个提法在中国已经家喻户晓；第三，在认识深度上，与会代表把大会列举的工业化国家的环境问题与北京官厅水库污染、渤海湾污染、因滥用化学添加剂的食品污染等国内重大环境事件进行对照，发现中国的环境问题在很多方面已很凸显，而环境保护工作却大大落后。

基于以上最新认知，中国代表团回国后向周恩来、李先念、余秋里等领导人如实汇报，"中国城市和江河的污染并不比西方国家轻，而自然生态的破坏程度却远在西方国家之上"③，"鉴于今后有关环境问题的国际事务将日益增多，国内的环境工作也需要适当加

---

① 齐鹏飞、杨凤城：《当代中国编年史（1949.10—2004.10）》，北京：人民出版社2007年版，第412页。

② 《中国环保启动之谜》，载《北京青年报》2001年7月3日。

③ 齐鹏飞、杨凤城：《当代中国编年史（1949.10—2004.10）》，北京：人民出版社2007年版，第412页。

强，建议设立一个专门机构统管这些工作"。① 在那个阶级斗争和意识形态泛化是中国政治主旋律的特殊时代，在周恩来的支持下，中国代表团实事求是、回归常识，以极大的政治勇气正视社会主义中国的环境污染问题，这是解放思想的生动注解，为我们正确认识生态环境问题以及踏实开展环境污染治理扫除了思想障碍。

在西方工业化国家环境公害的强烈警示和联合国人类环境会议的直接启发下，我国将环境保护作为一项专门工作提上了政府议事日程。从 1973 年开始，我国陆续召开了第一次全国环境会议，制定了中国第一部综合性的环境保护行政法规，成立了中国第一个环境管理机构，制定了第一个环境保护规划等，正式拉开了现代意义上中国生态文明制度建设的历史序幕。

---

① 曲格平、彭近新：《环境觉醒——人类环境会议和中国第一次环境保护会议》，北京：中国环境科学出版社 2010 年版，第 217 页。

第一节　颁布第一部环境保护行政法规

通过中国代表团关于联合国人类环境会议的汇报，周恩来对世界环境概况及生态环境对经济社会各方面发展的影响有了较为全面的了解，再加上 20 世纪 70 年代初期，我国连续发生了几起大的污染事件，如大连海湾因陆源污染使 6 处滩涂养殖场关闭，渤海湾、上海港口、南京港口也有类似的情形；卫生部报告说，许多食品饮料因滥用化学添加剂造成严重危害；北京重要水源地官厅水库遭污染，威胁到北京饮水安全等，周恩来指示要召开一次全国性的会议，专题研究和部署我国环境保护问题。

为此，中央政府做了三项前期工作。一是开展了一次全国性的环境状况调查，了解中国环境污染程度。调查显示，随着工业的发展，"三废"增多，环境污染情况有所发展，个别地区比较严重，如渤海、长江、黄河、松花江等主要水系和水源均受到不同程度的污染；大连有 7 处滩涂养殖场，由于污染，6 处已经关闭；胶州湾石油大面积漂浮；工业污水不经任何处理就随意排放，像山东淄博，很深的地下水都被污染了；从东北到华北甚至江南，几乎所有大中城市都存在大气污染，严重影响居民健康和附近农业生产；森林、草原和珍稀野生动植物遭到破坏的情况也很突出。[①] 这些问题被汇集形成 12 期机密简报，转发给各省、市、区和国务院各部门。二是举办了 15 场大型座谈会，充分听取生态学、化学、气象、林业、水产、

---

① 《中国环保启动之谜》，载《北京青年报》 2001 年 7 月 3 日。

海洋等方面专家的意见，草拟了关于开展环境保护工作的几点意见、工业废水废气排放标准、开展环境监测的意见、防止海水污染的管理办法等文件。三是委托科学家钱伟长在随我国科学代表团访问英国、瑞士、加拿大和美国期间，考察这些国家的环境保护政策。

经过将近一年的筹备，1973 年 8 月 5 日到 20 日，国务院在北京召开了第一次全国环境保护会议。各省、市、自治区及国务院有关部委负责人、工厂代表、科学界人士的代表共三百余人出席了会议。会议通报了全国环境污染和生态破坏的情况，指明了环境问题的严重性，介绍了北京、上海、苏州、株洲等城市和沈阳化工厂、吉林造纸厂等单位消除"三废"污染、开发综合利用的经验。

第一次全国环境保护会议审议通过了《关于保护和改善环境的若干规定（试行草案）》，后经国务院转批全国。《关于保护和改善环境的若干规定（试行草案）》制定了"全面规划，合理布局，综合利用，化害为利，依靠群众，大家动手，保护环境，造福人民"的32 字总方针，从十个方面提出了防治环境问题的政策性措施。

第一，做好全面规划。要求各地区、各部门制订发展国民经济计划，要把发展生产和保护环境统一起来，统筹兼顾、全面安排；对自然资源的开发，不能只看局部，不顾全局，只看眼前，不顾长远；各省、市、自治区要制订本地区保护和改善环境的长期规划和年度计划。

第二，工业要合理布局。现有大城市一般不再新建大型工业，必须新建的，要放在远郊区；工厂地址不得设在城镇的上风向和水源上游；城市居民稠密区，不准设立有害环境的工厂，已经设立的要改造，少数危害严重的要迁移；新建工矿区和居住区之间要设置一定的卫生防护地带。

第三，逐步改善老城市的环境。完善城市的排水系统和污水处理设施；消除烟尘和有害气体；及时清除各种废渣、废品、垃圾和粪便；减少噪音，并提出重点抓好北京、上海等 18 个城市的环境保护。

第四，综合利用，除害兴利。革新技术，尽量减少"三废"的排放；对生产中必须排放的"三废"，要开展综合利用；一切新建、扩建和改建的企业，防治污染项目，必须和主体工程同时设计，同时施工，同时投产。

第五，加强对土壤和植物的保护。要多使用有机肥料；努力发展对人畜毒害低的新化学农药。

第六，加强水系和海域的管理。按三种标准进行水质管理：第一种，供人饮用的水源和风景游览区，必须保持水质清洁，严禁污染；第二种，农业灌溉、养殖鱼类和其他水生生物的水源，必须保证动植物生存的基本条件，并使有害物质在动植物体内的积累，不超过食用标准；第三种，工业用水源，必须保证水质符合工业生产的要求。全国主要江河湖泊都要设立以流域为单位的环境保护管理机构，统一制定并推行全流域防治污染的具体方案，监督沿岸工业企业和生活污水的排放。

第七，植树造林，绿化祖国。绿化一切可能绿化的荒山荒地和城市零散空地；加强对森林资源和各种防护林的管理，严禁乱砍滥伐；加强对政府划定的自然保护区的管理，认真保护野生动植物资源；加强对城市林木、公园和风景游览区的管理，不得任意侵占；加强草原保护，不得任意破坏。

第八，认真开展环境监测工作。以现有卫生系统的卫生防疫单位为基础，对人员和仪器设备进行适当调整和充实，担负起监测任务，有的地方也可单独设立监测机构，检查水系、海域、大气、土壤、农副产品、食品等污染情况，并及时向当地主管部门作出报告。

第九，大力开展环境保护的科学研究工作，做好宣传教育。有关大专院校要设置环境保护的专业和课程，培养技术人才；建立各级环境保护研究所，开展环境问题研究和交流；通过电影、电视、广播、书刊等途径普及环境保护科学知识。

第十，环境保护所必需的投资、设备、材料要安排落实。国家每年拿出一笔投资，用于环境保护。

《关于保护和改善环境的若干规定（试行草案）》是新中国第一部环境保护的综合性法规，标志着中国环境保护事业走上了制度化的轨道。《关于保护和改善环境的若干规定（试行草案）》以"规定"和"试行草案"的方式命名，是社会主义探索时期我国谨慎立法的产物，其中的很多制度规定都为后来的立法所接受，特别是环境保护32字总方针和"三同时"制度是在汲取西方发达国家"先污染后治理"巨大代价和教训的基础上总结形成的，使我国环境保护事业从一开始就走上了一条符合中国特色社会主义国情的正确道路，得到了国际舆论的普遍认可，至今仍是我国环境保护工作的一个基本指导思想。因此，《关于保护和改善环境的若干规定（试行草案）》是我国环境保护法的雏形，为环境保护法确立科学的方针、原则和制度奠定了基础。

第二节　成立第一个环境保护政府机构

在1973年以前，负责与环境管理相关职能的主要部门是国家计划委员会，还有一些专门委员会，如黄河水利委员会、治淮委员会等。国家计委管辖的事情本来就多，难以集中精力专门管理环境相关事务，特别是随着环境污染事件的增多和国内外环境保护方面交流活动的日益增多，更是应接不暇、难以应对。1973 年 8 月 29 日，国家计划委员会在向国务院作《关于全国环境保护会议情况的报告》中，建议"设立专门机构，对环境保护工作进行统筹规划，全面安排，组织实施，督促检查。鉴于这项工作涉及工业、农业、水产、交通、城建、卫生、海洋、地质、气象、科研等方面，建议国务院设立环境保护领导小组，下设办公室或局。各省、市、自治区及国务院有关部门，也要设立相应的机构"①。

"由于环境保护涉及工业、城建、农业、水产、卫生、海洋、气象、科研等各个方面的综合性工作，由一个业务部门监管比较困难"②，因此，当时考虑环境管理机构以国务院的名义成立。1974 年 10 月 25 日，经周恩来批准，国务院环境保护领导小组成立，余秋里任组长、谷牧任副组长，这是中国政府机构中第一次出现"环境保护"字样，是今天生态环境部的前身。从此，中国现代环境保护历史上有了第一个环境保护组织机构，意味着环境保护被正式纳入政府议事日程，标志着中国的环境保护事业正式起步。

国务院环境保护领导小组在国务院的领导下，负责制定环境保护的方针、政策和规定，审定全国环境保护的规划，组织协调和督促检查各地区、各部门的环境保护工作。领导小组下设办公室，负责日常工作，简称"国环办"，其任务是组织贯彻环境保护的方针、政策和研究执行过程中存在的问题；提出环境保护的长远奋斗目标和年度要求的建议；组织有关部门制定、修改环境保护方面的有关标准；组织交流环境保护的经验；开展环境保护方面的外事活动，以及领导小组交办的其他事项。国务院环境保护领导小组办公室由

---

① 国家环境保护局办公室编：《环境保护文件选编（1973—1987）》，北京：中国环境科学出版社 1988 年版，第 4 页。

② 曲格平、彭近新：《环境觉醒——人类环境会议和中国第一次环境保护会议》，北京：中国环境科学出版社 2010 年版，第 223 页。

国家建委代管。[①] 1977 年，为集中治理渤海和黄海的污染问题，国家成立渤黄海治理领导小组，并在国务院环境保护领导小组办公室内设立了渤黄海治理领导小组办公室，作为日常的办事机构。

《国务院环境保护机构及有关部门的环境保护职责范围和工作要点》还要求"各有关部门要根据本部门环境保护工作的职责迅速建立起机构，并要确定一位负责同志分管这方面的工作"[②]，并详细规定了国家计委、国家建委、中国科学院、卫生部、农林部、冶金部、燃化部、轻工部、交通部、水电部、国家海洋局、中国气象局等重点部门的环境保护工作任务。

在"国环办"的督促下，各省、自治区、直辖市和国务院有关部门陆续建立起环境管理机构和环保科研、监测机构。一批管理干部和技术人员从国家机关、工业、交通、农业、科研等部门被调到环境管理岗位上，他们一面学习，一面工作，在极为困难的条件下，从事着中国环保事业创业时期的起步工作。

尽管"国环办"是一个不上编制的临时机构[③]，但是在国务院的名义下，对各部门、各地方的统筹协调很有成效，使得诸多涉及跨区域、跨流域的环境保护工作得到顺利开展。如开展了蓟运河、白洋淀、湖北鸭儿湖、渤海、黄海等重要水域的污染调查，开展了北京西郊环境质量评价研究，不仅为城市发展、工业布局、污染防治提供了参考，还为全国范围环境质量评价工作积累了经验。

---

① 国家环境保护局办公室编：《环境保护文件选编（1973—1987）》，北京：中国环境科学出版社 1988 年版，第 27 页。

② 国家环境保护局办公室编：《环境保护文件选编（1973—1987）》，北京：中国环境科学出版社 1988 年版，第 27 页。

③ 《从"局"到部对中国的环保事业意味着什么》，载《中国环境报》 2008 年 3 月 18 日。

第三节 制定环境保护规划

1974 年国务院环境保护领导小组成立后，于 1974 年、1975 年、1976 年连续下发三个关于环境保护的规划文件，对各地各部门编制环境保护规划提出了目标要求，充分体现了社会主义制度的计划性。同时，这个时期政府对水土流失这个关系国家生态安全的重要环境问题进行长期性、整体性的考量，制定了建设大型防护林的长远规划，至今影响深远。

一、编制环境保护十年规划

1974 年 12 月，国务院环境保护领导小组制定《环境保护规划要点和主要措施》。1975 年 5 月 18 日，印发《关于环境保护的 10 年规划意见》，首先介绍了我国环境污染的现状和影响，指出"保护和改善环境，是关系到人民健康，巩固工农联盟和多快好省地发展工农业生产的一个重要问题"，"认真做好这项工作具有重大的政治和经济意义，对于社会主义事业的发展尤其有着长远的意义"[1]，并将保护和改善环境问题上升到了路线的高度，"保护和改善环境问题是个路线问题"，因为"放任自流，污染环境，危害人民，是资产阶级对待劳动人民的态度，是资本主义发展的路线。我们是无产阶级专政的社会主义国家，我们要重视这个问题，要在发展国民经济的同时，解决好环境保护的问题"[2]。为充分发挥社会主义计划经济的优越性，要按照"统筹兼顾、适当安排"的方针，认真做好环境保护的长远

---

[1] 国家环境保护局办公室编：《环境保护文件选编（1973—1987）》，北京：中国环境科学出版社 1988 年版，第 25 页。

[2] 国家环境保护局办公室编：《环境保护文件选编（1973—1987）》，北京：中国环境科学出版社 1988 年版，第 40 页。

规划。

（一）明确规划重点和具体目标

国家按照 5 年内控制、10 年内基本解决环境污染问题的要求，从七个方面明确了环境保护的规划要点和具体目标。

1. 水系。渤海、长江、黄河等全国主要江河湖海的污染，要在 3~5 年内基本上得到控制，10 年内做到根治。为此，各主要水系都要建立管理机构，并会同有关地区和部门制订防治污染的规划，分别纳入各省、市、区和部门的长远规划和年度计划，并组织流域有关工矿企业进行治理，使"三废"的排放，在 3~5 年内都达到国家规定的标准。10 年内，全部水域的水质都要达到国家规定的地面水水质标准，恢复到良好状态。

2. 企业。要求工矿企业，特别是大中型企业，积极开展综合利用、改革工艺，消除污染危害。新建、扩建、改建的企业，应符合国家规定的《工业企业设计卫生标准》《工业"三废"排放标准》和《放射防护规定》。现有污染危害的大中型企业要在 3~5 年内，使有害物质的排放符合国家规定的工业"三废"排放标准。在 10 年内，所有企业都要符合国家规定的各项环境标准，成为不危害职工健康、不污染周围环境的清洁工厂。

3. 城市。北京、上海、天津等 18 个重点城市要在 3~5 年内实现清洁城市的要求，做到工业和生活污水得到治理，按国家规定的标准排放；所有排烟装置都要采取消烟除尘措施，使烟尘的排放达到国家规定的标准；垃圾、粪便、废物要做到及时、妥善处理；大搞植树造林，种植草坪，绿化环境；采取措施，减少城市噪声和汽车废气的污染。10 年内，全部城镇都要达到清洁城镇的要求。

4. 农药。积极发展高效、低毒、残毒少的农药新品种，逐步取代剧毒、残毒大的有机汞、有机氯、有机磷等农药。到 1980 年，在农业生产上，做到基本上不再使用滴滴涕等剧毒农药。同时，适当控制含有硫酸根、硝酸根的化肥的生产。

5. 食品。在近期内，要建立起必要的食品检验机构、制定食品卫生标准和生产、加工、运输、包装、保管等的卫生条例，检查、督促有关部门贯彻执行。当前，对只为装饰而有害的添加剂，要立即停止使用；对必须加入的添加剂，如防腐剂等，要选择无毒或低毒的产品，并严格控制加入量；对考虑出口需要必须加入的添加剂，要选择国际上允许采用的品种。在一两年内，做到各类食品中有害有毒物质不超过国家规定的卫生标准。要积极试验和采用新技术、新原料，不断提高食品质量、防止食品污染。

6. 科研。开展环境保护基础学科和理论的研究，摸清各种环境因素对人体健康和自然资源的影响规律。研究快速、准确、轻便的监测方法和仪器，研究无害或低害的新工艺、新原料。1980年前，要找出治理《工业"三废"排放试行标准》中所列各种污染物质的方向和途径。

7. 监测。在3~5年内，各省、市、区以及重点工业城镇都要建立和健全环境监测机构；工业、农林、交通等部门以及大中型企业，要指定有关机构或设置专职人员，负责本单位、本行业的环境监测工作；卫生部建立全国环境监测中心，负责全国监测工作的资料综合分析、技术指导和科研等任务。到1980年，全国基本上形成健全的环境监测系统，能做到及时查清污染源和污染物质，为环境治理提供依据。

（二）明确环境保护主要措施

《关于环境保护的10年规划意见》明确指出："当前的环境污

染，主要是工矿企业不适当地排放'三废'造成的"①，因此，环境保护主要应抓好三个环节：

1. 把住建设关。一切新建、改建、扩建的工业、交通、科研等项目，必须同时相应地安排防治污染的措施，认真执行"三同时"制度，使之不再产生新的污染。此外，新建工业企业要注意合理布局。

2. 改造老企业。对现在造成污染的工矿企业作出治理规划，纳入各部门、各地区的计划，争取十年内，分期分批地实现消除污染的目标。为此，需要国家每年在工业基本建设投资中拿出5%~7%作为治理费用，并在材料、设备上给予保证。

3. 加强管理。国务院有关部门和各省、市、区都要建立起环境保护机构。要制定保护和改善环境的各种法令和条例，如水源保护、控制空气污染、野生动植物资源保护、自然资源和工业"三废"的综合利用等法令条例。

（三）督促各地编制环境保护规划

1976年初，国家计划委员会和国务院环境保护领导小组联合下发《关于编制环境保护长远规划的通知》，要求按照中央的《环境保护规划要点和主要措施》《关于环境保护的10年规划意见》两个文件中关于五年内控制、十年内基本解决环境污染问题的要求，结合本地区、本部门的实际情况，"在1976年编制出环境保护的十年规划，重点搞好'五五'规划"，提出未来五年的阶段性环境保护规划要点，"从1977年起，切实把环境保护纳入国民经济的长远规划和年度计划"②，改变环境保护纳不进计划、排不上队的状况。

---

① 国家环境保护局办公室编：《环境保护文件选编（1973—1987）》，北京：中国环境科学出版社1988年版，第39页。

② 国家环境保护局办公室编：《环境保护文件选编（1973—1987）》，北京：中国环境科学出版社1988年版，第54页。

《关于编制环境保护长远规划的通知》首先提出"五五"期间（1976—1980年）应实现三个目标：一是大中型工矿企业和严重污染环境的中小企业，要做到按照国家规定的标准排放"三废"；二是在第一次全国环境保护会议上确定的京、津、沪等18个环境保护重点城市，要大力消除污染，做出显著成绩；三是渤海、长江、黄河、淮河、松花江、鸭绿江、珠江等水系和主要港口的污染要得到控制，水质有所改善。

其次，指出各地各部门环境规划要遵循四个指导原则，分别是在发展生产中消除污染；依靠发动群众去解决；预防为主，防治结合；突出重点，集中力量打歼灭战。

最后，对环境保护的资金渠道问题提出了明确要求。新建、扩建、改建项目的"三废"治理工程所需投资，随同主体工程分别由各部门、各地区在建设投资中安排；现有企业治理污染所需的资金，主要在固定资产更新和技术改造资金中解决；工程量大、费用多的治理项目，应分别纳入各部门、各地区的基本建设计划；国务院各部直属、直供企业由各部负责安排解决，地方企业由地方负责安排解决；城市排水管网和污水处理设施的建设，在城市建设费用中安排解决；凡属"三不管"的污染治理项目和事情，其所需资金在国家"五五"规划已分配给各省、市、区的环境保护补助投资中解决。

以上关于环境保护规划的文件提出了"五年控制，十年解决"的环境治理目标，反映了当时人们治理污染的决心和良好愿望，而且具有两个创新的思想：一是提出了工业合理布局的思想，体现了我国环境保护认识的进一步深化，也具象地体现了文件的规划性质。二是首次提出要制定利于环境保护的经济政策，"为了鼓励开展工业'三废'的综合利用，实行对'三废'原料和生产的产品，不收费、不收税，或少收费、少收税的政策"①。然而，由于低估了环境污染的复杂性和治理的艰巨性，再加上"文化大革命"特殊时期各项政府工作发生了非正常的大变动，这些规划目标未能实现。

二、建设大型防护林的规划

长期以来，中国西北、华北及东北西部，气候恶劣，风沙危害和水土流失十分严重，木料、燃料、肥料、饲料俱缺，农业生产低而不稳。三北地区分布着中国八大沙漠、四大沙地和广袤戈壁，总面积达148万平方公里，约占全国风沙化土地面积的85%，形成了东起黑龙江西至新疆的万里风沙线。这一地区风蚀沙埋严重，沙尘暴频繁。据调查，三北地区在20世纪五六十年代，沙漠化土地每年扩展1560平方公里；至七八十年代初，沙漠化土地每年扩展2100平方公里。从20世纪60年代初到70年代末的近20年间，有300多万公顷农田遭受风沙危害，粮食产量低而不稳，有1000多万公顷草场由于沙化、盐渍化，牧草严重退化，有数以百计的水库变成沙库。黄土高原的水土流失尤为严重，每年每平方公里流失土壤万吨以上，相当于刮去1厘米厚的表土，黄河每年流经三门峡16亿吨泥沙，使黄河下游河床平均每年淤沙4亿立方米，下游部分地段河床高出地面10米，成为地上"悬河"，母亲河成了中华民族的心腹之患。②

新中国成立后，为了改善农业生产条件，我国大力开展了植树造林运动，取得一定的成绩。到1975年底，风沙区造林保存面积达2800多万亩，黄河中游水土流失重点县造林保存面积达2100多万亩，对制止当地的风沙危害、保持水土起到了一定作用。但因地域辽阔，黄河中游水土流失重点地区的森林覆被率只有5%，风沙区的

① 国家环境保护局办公室编：《环境保护文件选编（1973—1987）》，北京：中国环境科学出版社1988年版，第43页。

② 李世东、冯德乾：《三北工程：世界上"最大的植树造林工程"》，载《中国绿色时报》2021年6月28日。

森林复被率更低，一般在 2% 以下。由于"文化大革命"的干扰破坏，毁林开荒、滥垦乱牧情况严重，生态性灾难有增无减。内蒙古的沙漠戈壁面积，由 1960 年的 1 亿 1000 多万亩扩大到 1977 年的 1 亿 6000 余万亩，扩大 45%。大面积良田不断被沙漠吞噬，大片草场继续沙化。黄土区的水土流失仍很严重，延安地区 1977 年 7 月一场 150 至 170 毫米的日降水量，便造成了淹及大半个延安市的洪水灾害，冲毁了不少农田和水利工程。①

为从根本上改善"三北"地区农牧业生产条件，改善生态平衡，1978 年 5 月，国家林业总局有关专家向党中央提出了"关于营造万里防护林改造自然的意见"，邓小平等中央领导同志立即作出重要批示。国家林业总局根据中央领导同志的批示精神，在深入调研和反复论证的基础上，编制了《关于在西北、华北、东北风沙危害和水土流失重点地区建设大型防护林的规划》。1978 年 11 月 25 日，《国务院批转国家林业总局关于在三北风沙危害和水土流失重点地区建设大型防护林的规划》印发，标志着三北防护林体系建设工程正式启动，开创了中国大规模生态建设的先河。

三北防护林工程地跨中国东北西部、华北北部和西北大部分地区，包括 13 个省（区、市）的 551 个县（旗、市、区），总面积 406.9 万平方公里，占国土面积的 42.4%。《关于在西北、华北、东北风沙危害和水土流失重点地区建设大型防护林的规划》初步规划，从 1978 年至 1985 年，在以上地区营造防护林 8000 万亩左右。② 该规划要求紧密结合基本农田和基本牧场建设，以集体造林为主，积极进行国营造林，通过乔灌结合，用材、薪炭和经济林结合，大型

---

① 《关于在西北、华北、东北风沙危害和水土流失重点地区建设大型防护林的规划》，载《新疆林业》 1979 年 10 月。

② 《关于在西北、华北、东北风沙危害和水土流失重点地区建设大型防护林的规划》，载《新疆林业》 1979 年 10 月。

固沙林带与基本草牧场防护林、农田防护林、水土保持林、四旁植树、工矿造林相结合，形成一个带、片、网相结合的防御风沙、保持水土的防护林体系，提出了采种育苗、林业队伍建设、加强林业科研、坚决保护好现有植被等具体措施。

1978—1985 年为三北工程一期工程。改革开放后，我国将三北工程规划至 2050 年，分三个阶段八期进行。第一阶段分三期工程：1978—1985 年为一期工程，1986—1995 年为二期工程，1996—2000 年为三期工程；第二阶段分两期工程：2001—2010 年为四期工程，2011—2020 年为五期工程；第三阶段分三期工程：2021—2030 年为六期工程，2031—2040 年为七期工程，2041—2050 年为八期工程。2020 年，三北五期工程完成，现在正在进行六期工程。

三北工程实施 40 多年来取得了巨大成就，累计完成造林保存面积 3014 万公顷，工程区森林覆盖率由 5.05% 提高到 13.57%，工程区沙化土地面积连续缩减，实现了从"沙进人退"到"绿进沙退"的历史性转变，[①] 为维护国家生态安全发挥了重要作用。三北工程始终坚持走生态经济型防护林体系建设之路，在坚持生态优先的前提下，建设了一批用材林、经济林、薪炭林、饲料林基地，促进了农村产业结构调整，推动了农村经济发展，有效增加了农民收入，实现了生态建设与经济发展双赢。此外，三北工程的实施，充分体现了中国改善国土生态面貌的意志，激发了建设区广大干部群众投身建设绿色家园的积极性，涌现了许多可歌可泣的英雄事迹，造就了以石光银、牛玉琴、王有德等为代表的英雄模范人物，培育了陕西榆林、内蒙古通辽等先进典型，铸就了"艰苦奋斗、顽强拼搏，团结协作、锲而不舍，求真务实、开拓创新，以人为本、造福人类"

---

① 李世东、冯德乾：《三北工程：世界上"最大的植树造林工程"》，载《中国绿色时报》2021 年 6 月 28 日。

中国三北防护林体系建设总体规划图

塞罕坝：让荒漠变绿洲

山西右玉："不毛之地"变"塞上绿洲"

的三北精神，在国内外产生了重大影响，被国际上誉为"世界生态工程之最"。1987 年以来，三北防护林建设局等十多个单位被联合国环境规划署授予"全球 500 佳"称号。三北工程已成为中国政府认真履行国际公约的标志性工程，充分展示了中国政府对全球生态保护高度负责的担当。

第四节　制定"三废"治理标准和举措

在 1973 年以前，我国也制定了一些关于工业污染的防治规定，但是主要针对的是废水处理。1973 年以后，我国的工业污染防治制度包括废水、废气和废渣（简称"三废"），体现了我国污染防治制度的拓展，同时制定了工业"三废"的排放标准，为限期开展工业污染治理提供了量化指标。

一、制定工业"三废"排放标准

为了改变环保工作尤其是对企业排放"三废"的管理工作无章可循的局面，1973 年 11 月 17 日，由国家计划委员会、国家基本建设委员会、卫生部联合批准颁布了中国现代环境保护历史上的第一个环境保护标准——《工业"三废"排放试行标准》，为我国工业污染防控提供了可量化的具体依据。该标准自 1974 年 1 月起试行。

《工业"三废"排放试行标准》是对工业污染源排出的废气、废水和废渣的容许排放量、排放浓度等所作的规定，共 4 章 19 条。这项标准是以《工业企业设计卫生标准》为依据，参考世界各国排放标准，结合中国当时的实际情况而制定的，其特点是易于掌握，简便易行，便于管理，力求做到既能防止危害，又在技术上可行。

其中，废气排放标准是应用大气扩散公式计算推导出不同排放高度的排放量和排放浓度,然后根据实践经验给予适当修正定出的。废气排放标准对5种工业部门定出13类有害物质的容许浓度和排放量,这些有害物质是:二氧化硫、二硫化碳、硫化氢、氟化物、氮氧化物、氯、氯化氢、一氧化碳、硫酸雾、铅、汞、铍化物、烟灰及生产性粉尘。

废水排放标准是根据有害物质的毒性、河流的稀释比和现实可行的处理技术制定的。废水排放标准对工业废水的排放,提出了不同的要求。对饮用水水源和风景游览区的水质要求严禁污染;对渔业和农业用水,要求保证动植物的生长条件,使动植物体内的有害物质残毒量不得超过食用标准;对工业水源,要求不得影响生产用水。工业废水最高容许排放浓度分为两类19项有害物质指标:第一类包括能在环境或动物体内蓄积、对人体健康产生长远影响的汞、镉、六价铬、砷、铅5种有害物质,规定了比较严格的指标;第二类包括长远影响较小的14项有害物质指标。

对工业废渣作出了一些原则性规定,要求对含汞、镉、砷、六价铬、铅、氰化物、黄磷及其他可溶性剧毒废渣,必须专设具有防水、防渗措施的存放场所,并禁止埋入地下和排入地面水体。

二、建立消除"三废"的激励约束机制

1977年4月,国家计划委员会、国家基本建设委员会、财政部和国务院环境保护领导小组联合下发了《关于治理工业"三废"开展综合利用的几项规定》(以下简称《规定》)的通知,提出"尽量把'三废'消灭在生产过程之中"[①] 的思想,这是我国环境保护理念的一个飞跃,初步体现了将环境保护融入经济建设的意识。为此,国家制定了以下措施,体现了激励与约束并重。

---

① 国家环境保护局办公室编:《环境保护文件选编(1973—1987)》,北京:中国环境科学出版社1988年版,第65页。

第一，严格执行"三同时"制度。凡没有包括"三废"治理设施，没有经过环境保护部门和主管部门同意的，计划部门不纳入计划，设计部门不承担设计，城建部门不予拨地，建设银行不予拨款，施工部门不给施工。

第二，将消除污染作为考核工矿企业的一项重要指标。《规定》明确指出，其他指标完成计划而"三废"放任自流、不积极开展综合利用、不积极进行治理、污染环境、危害人民健康的，不算全面完成国家计划，不能评选为先进单位。这可以看作我国环保一票否决制的雏形。

第三，对"三废"综合利用的激励机制。对于工业企业利用"三废"生产的产品，可以给予定期减税、免税照顾；企业为消除污染用更新改造资金进行的治理"三废"项目，其所产产品应单独计算盈亏，这些产品的盈亏相抵后如有盈余，在投产后三年内，经同级财政部门审查批准，可以留给企业继续用于"三废"治理，不得挪作他用；环境保护基本建设项目所需的钢材、水泥、木材，各级物资部门在分配时，应保证不得低于国家分配的基建投资万元定额指标；对各部门、各地区通过"三废"综合利用生产的产品，各级计划和物资部门在分配时应优先照顾。

三、制定和实施限期治理要求

限期治理，是政府机关作出决定，下达指令，要求责任单位对某种污染源和某项污染物在规定的时间内达到环境标准的强制性措施。1978年10月，国家计划委员会、国家经济委员会、国家基本建设委员会、国务院环境保护领导小组联合下发《关于基建项目必须严格执行"三同时"的通知》，要求1978年计划投产的项目一定要严格按照"三同时"的规定进行验收，凡是没有治理污染措施的，一律不准投产，限期解决，解决了再投产。1979年起，凡没有防治污染措施的项目，不予列入计划。同时，对污染危害突出的太原钢铁公司四号六十五孔焦炉、太原化工厂、甘肃光学仪器厂八点七五毫米放映机工程以及八个电厂要求限期内建成污染处理设施，[①] 否则不允许投产。

1978 年 10 月 17 日，国务院环境保护领导小组提出了第一批严重污染环境的重点工矿企业名单。第一批限期治理项目的选择，主要遵循了四条原则：一是污染危害严重，不限期治理将给环境、身体健康带来严重后果的污染项目，如重金属污染、高浓度有机废水污染；二是量大面广，影响景观及群众反映强烈的污染项目，如水泥粉尘、氟气污染，造纸废水和印染废水污染，这类污染不仅影响群众的生活，而且使江河湖库水体景观及质量受到损害；三是"三废"综合利用项目，如焦炉高炉煤气回收、炭灰回收、硫回收、锌回收、碱回收、白泥回收、废水回用项目等；四是技术上成熟，资金基本落实，很快可以见效的项目。这批限期治理的项目包括冶金、石油、轻工、纺织、建材、五机部等 7 个部门、167 个企业、227 个重点项目，重点是解决重金属、酚、氰、油、高浓度有机物污染。各省、市、自治区也相继下达了多批地方级限期治理项目，总数达 12 万个之多。[②] 经过限期治理，重金属、酚、氰等毒物污染得到明显控制。

---

① 国家环境保护局办公室编：《环境保护文件选编（1973—1987）》，北京：中国环境科学出版社 1988 年版，第 82 页。

② 《中国环境保护行政二十年》，北京：中国环境科学出版社 1994 年版，第 17 页。

第五节　建立海洋环境污染防治制度

20 世纪 60 年代以来，渤海、南黄海的水产资源明显减退，渔业产量急剧下降，有些经济鱼种已近绝迹，这同海域受到工业污染密切有关。渤海、南黄海的石油污染，主要是受沿海 3 个油田、7 个炼油厂排出的含油污水、落地原油以及油轮排出的压舱水造成的。①1974 年 1 月，国务院通过《防治沿海水域污染暂行规定》，这是我国防治海洋环境污染的第一个规范性法律文件。该文件指出，"防止沿海水域污染，对保证港口和海上交通安全，保护水产资源，维护国家主权，都是一项重要措施，要认真对待"，"为防止中华人民共和国沿海水域被油类或油性混合物，以及其他有害物质污染，确保沿海水域和港口的清洁与安全，特制定本暂行规定"。②

《防治沿海水域污染暂行规定》要求无论中国籍船舶和外国籍船舶，都禁止在中华人民共和国沿海水域任意排放油类或油性混合物，以及其他有害的污染物质和废弃物。为此，文件首先对船舶及沿海工矿企业排放油类或油性混合物以及其他有害物质作了七个具体的规定，包括不同吨位的船舶如需排放油类或油性混合物必须符合的条件；沿海岸的厂矿必须严格遵守国家"三废"排放标准；要求

---

① 国家环境保护局办公室编：《环境保护文件选编（1973—1987）》，北京：中国环境科学出版社 1988 年版，第 68 页。

② 国家环境保护局办公室编：《环境保护文件选编（1973—1987）》，北京：中国环境科学出版社 1988 年版，第 9 页。

"凡使用燃油的船舶和油轮，应备有油类记录簿"①。其次，对造成海域污染的行为依据情节轻重，分别处以罚款、赔偿金和监禁的惩罚性措施；最后，对各部门的沿海水域保护工作进行了分工。

从 1973 年到改革开放前，我国还对海域油运污染和主要水系的污染治理作了关于加强领导、加强企业管理、改进技术等规定，并在 1976 年和 1977 年分别成立渤海、黄海海域保护领导小组和长江水源保护局，增加北京市、河北省为蓟运河水源保护领导小组成员，体现了流域保护的整体性和系统性。

表 2-1　主要海域和水系的污染防治文件（1973—1978 年）

《国务院批转国家计划委员会关于研究解决天津市蓟运河污染等问题的情况报告》，1974 年 7 月
《国务院环境保护领导小组批转南黄海北部海域石油污染调查座谈会纪要》，1974 年 11 月
《国务院关于迅速解决白洋淀污染问题的批复》，1975 年 1 月
《交通部关于切实做好油运防污，制止海域继续污染的紧急通知》，1975 年 6 月
《对〈关于图们江水系污染状况的报告〉的批复》，1975 年 6 月
《对"河北省革委会关于北戴河浴场继续受到原油污染的紧急报告"的批复》，1975 年 10 月
《关于渤海、南黄海污染情况及治理意见的报告》，1977 年 10 月
《国务院关于批转防治渤海、黄海污染会议纪要的通知》，1977 年 11 月
《关于防治松花江水系污染的请示报告》，1978 年 8 月

---

① 国家环境保护局办公室编：《环境保护文件选编（1973—1987）》，北京：中国环境科学出版社 1988 年版，第 10 页。

第六节　恢复和发展生物资源保护制度

以前我国对动植物资源的保护，主要是为了"改善人民生活和换取外汇"①，本质上与生态文明建设的目标背道而驰。1972年，我国参加联合国人类环境大会后，对生态环境的认识在深度和广度上都上了一个新台阶，特别是对动植物资源的认识更加深刻，最突出的就是发出了停止收购和出口珍贵野生动物的通知，并恢复和发展自然保护区制度。

表2-2　动植物资源保护的相关文件（1973—1978年）

《森林采伐更新规程》，1973年10月

《野生动物资源保护条例（草案）》，1973年10月

《自然保护区暂行条例（草案）》，1973年11月

《外贸部关于停止珍贵野生动物收购和出口的通知》，1973年12月

《停止收购和出口国家禁令猎捕的珍贵动物及其毛皮的通知》，1974年2月

《农林部、四川省革委会关于四川省珍贵动物保护管理情况的调查报告》，1975年3月

《全国供销合作总社关于配合有关部门做好珍贵动物资源保护工作的通知》，1975年4月

《农林部关于保护、发展和合理利用珍贵树种的通知》，1975年12月

《全国林木种子发展规划》，1977年8月

《造林技术规程》，1978年8月

《国家林业总局关于加强大熊猫保护、驯养工作的报告》，1978年12月

《林木种子经营管理试行办法》，1978年12月

---

① 《建国以来重要文献选编》（第十五册），北京：中央文献出版社1997年版，第560页。

一、恢复和发展自然保护区制度

1973 年底，全国第一次环境保护工作会议通过了《自然保护区暂行条例（草案）》，提出把自然地带的典型自然综合体、特产稀有种源与具有其特殊保护意义的地区作为建立保护自然区的依据，为制定自然保护区管理法规奠定了基础。但因多种原因，《自然保护区暂行条例（草案）》未能正式发布。1974 年，农林部保护司设立自然保护处。

1975 年，农林部、四川省革委会对四川省珍贵动物保护管理情况进行了调查，发现由于管理工作没有跟上，破坏自然保护区的现象比较突出。第一，自然保护区形同虚设，经省划定的五个自然保护区中，汶川县卧龙自然保护区因森工开发和县社放牧而被严重破坏；天全县喇叭河自然保护区也因县伐木场采伐遭破坏；平武县王朗、南坪县白河两个自然保护区，常有放牧、狩猎和挖药等生产活动；木里县鸭嘴自然保护区已被取消。第二，乱捕滥猎珍贵动物的现象很严重。有的动物园擅自到产区直接设点收捕珍贵动物，1954 年以来，北京动物园在宝兴县运走大熊猫 60 多只；1973 年，重庆动物园在自然保护区圈了扭角羚 7 头，借口体型过大，不便装运，枪毙 4 头在圈内。有的商业部门一直在收购珍贵动物皮张，雅安地区自 1961 年以来，收购金丝猴皮 130 张，扭角羚皮 516 张。尤其严重的是，产区有的单位，包括部队和县、社、队的个别干部带头猎杀珍贵动物。绵阳地区青川伐木场，仅 1973 年就猎杀大熊猫 8 只，引发一些群众见到珍贵动物就捕就打的严重局面。据不完全统计，1963 年以来，全省共猎杀大熊猫 120 多只，金丝猴 300 多只，扭角羚 1300 多头。其中，1972 年以来就猎杀大熊猫 27 只，金丝猴 41

只，扭角羚 250 头。① 由于自然保护区遭到破坏和严重的乱捕滥猎，致使珍稀动物资源大大减少，有的地区甚至灭绝。

针对以上严重问题，1975 年 6 月，国务院对自然保护区作出重要指示，强调在珍贵动物主要栖息、繁殖地区，要划为自然保护区；加强保护区的建设，本着精简的精神，充实保护区的管理机构，所需经费、物资、设备等纳入国家计划；严禁乱捕滥猎，严禁破坏自然保护区，切实做好资源保护管理工作。② 同年 12 月，农林部发布《关于保护、发展和合理利用珍贵树种的通知》，明确要求在珍贵树种主要的原始生长地或集中成片的地区，适当划出自然保护区或禁伐区。从此，我国自然保护区的建设工作逐步恢复开展起来，一些被撤销的原保护区得以恢复重建，如万木林自然保护区即在 1973 年重新建立，浙江、安徽、广东、四川等省（区）相继建立了 25 个新的自然保护区。到 1978 年底，全国共建立自然保护区 34 个，总面积 126.5 万公顷，约占国土面积的 0.13%。③

改革开放后，我国颁布了《森林法》《草原法》《环境保护法》《森林和野生动物类型自然保护区管理办法》《野生动物保护法》，1994 年 9 月 2 日，《中华人民共和国自然保护区条例》经国务院第 24 次常委会会议讨论通过，并于 1994 年 12 月 11 日起正式实施，极大地促进了自然保护区事业的发展。截至 2017 年底，全国共建立各种类型、不同级别的自然保护区 2750 个，总面积 147.17 万平方千米，④ 基本覆盖了我国绝大多数重要的自然生态系统和自然遗产

---

① 《关于四川省珍贵动物保护管理情况的调查报告》，载《新疆林业》 1975 年第 6 期。

② 《关于四川省珍贵动物保护管理情况的调查报告》，载《新疆林业》 1975 年第 6 期。

③ 金勇进：《数字中国 60 年》，北京：人民出版社 2009 年版，第 310 页。

④ 《2018 中国生态环境状况公报》， https://www.mee.gov.cn/hjzl/sthjzk/zghjzkgb/201905/P020190619587632630618.pdf.

资源。

二、完善珍稀动植物资源分类保护制度

1973 年 6 月，我国出台《野生动物资源保护条例（草案）》，明确了野生动物资源的保护对象，并依据稀缺程度，将野生动物分为三类。其中，大熊猫等我国特产稀有或世界性稀有珍贵动物，被定为国家第一类保护动物，严禁猎捕，如因特殊需要，须经农林部批准。在国家第一类保护动物的主要栖息繁殖地区，由省、市、区划为珍贵动物自然保护区，报国务院备案；保护区应建立相应的机构，加强管理；保护区内，禁止采伐、狩猎、垦殖、放牧、采集和军事演习等影响动物繁殖生长的生产和非生产活动。小熊猫、东北虎等我国很少的珍贵动物或濒于灭绝的经济价值高的动物，被定为国家第二类保护动物，禁止猎捕，如因科研、展出、繁殖饲养等需要猎捕时，须经产区省、市、区农林部门批准，报农林部备案。雪兔、穿山甲等尚有一定数量的我国珍贵动物或分布区很小的经济价值高的动物，被定为国家第三类保护动物，控制猎取，每年猎取多少，由省、市、区农林部门，在保证资源不断增长的情况下有计划地安排。①

相比 1962 年的《关于积极保护合理利用野生动物资源的指示》，1973 年的《野生动物资源保护条例（草案）》将野生动物从两类细化为三类，更加科学合理，最大的进步则体现在禁止野生动物随意买卖和出口的规定。首先，禁止收购珍贵野生动物。条例要求各地商业和外贸部门不得收购国家第一、二类保护动物及其非饲养情况下而获得的狩猎产品，饲养产品出售应有证明。1975 年 4 月，全国供销合作总社专门下发《关于配合有关部门做好珍贵动物资源保护工

---

① 《野生动物资源保护条例（草案）》，载《新疆林业》 1975 年第 6 期。

作的通知》，要求"所有商业收购单位，未经批准，都不得挂牌收购国家禁猎的珍贵、稀有动物及其毛皮"①。其次，禁止野生动物出口贸易。条例作出了"国家第一、二、三类保护动物，均不准出口贸易"的规定，"只在必要时，国家第一类保护动物可作国礼赠送，由中央控制，第二、三类保护动物，经中央授权部门批准，可供国际文化交流"②。同年12月，外贸部专门下发《关于停止珍贵野生动物收购和出口的通知》，强调"凡属国家资源保护条例内的珍贵野生动物今后一律停止收购出口"③，这些制度规定对于保护我国生物基因资源具有极端重要的意义。1973年以前，野禽野味和野生皮张的出口连年增加，为国家换取了不少外汇，因此，1973年的野生动物保护制度一定程度上体现了国家"宁要绿水青山，不要金山银山"的决心。

此外，1975年，农林部还下发了《关于保护、开展和合理利用珍贵树种的通知》，首次列出了国家重点保护的第一、二类树种的名单，一些珍贵树种得到了保护。

---

① 城乡建设环境保护部环境保护局编：《国家环境保护法规文件汇编（1973—1983年）》，北京：中国环境科学出版社1983年版，第193页。

② 《野生动物资源保护条例（草案）》，载《新疆林业》1975年第6期。

③ 城乡建设环境保护部环境保护局编：《国家环境保护法规文件汇编（1973—1983年）》，北京：中国环境科学出版社1983年版，第192页。

本章总结

我国的生态文明制度建设是在"文化大革命"这一特定的历史时期起步的，而且是在改革开放前我国政府最早与国际接轨的工作领域。在国家一切事业都几乎处于凋敝状态的时期，在周恩来总理的大力支持下，环境保护作为一项全新的工作被提出，中央政府克服种种困难，在组织、协调方面做了许多工作，建立了环境管理机构和环境保护科研、监测机构，出台了法规和标准，开展了一些重点区域的污染调查及治理，在特殊的政治气候下，做到这一点是很不容易的。从制度规定的影响来看，这一时期颁布的环境保护制度确定了环境保护的基本方针和基本原则，为我国生态文明制度建设提供了基本遵循，并且制定了一些规划，提出了一些设想，为以后的生态环境保护制度建设提供了启发，同时也意味着中国的环境保护事业从此融入世界环境保护的潮流，成为人类社会积极应对全球环境问题的重要力量，对于我国塑造积极为全球问题负责任、做贡献的国家形象具有历史性的开创意义。

但是，在政治气候被干扰破坏的情况下，再加上当时人们对保护环境的重要性了解不深，国家经济有困难，拿不出更多的钱防治污染，很多环境保护制度没有得到监督执行，大中型项目"三同时"制度的执行率不到44%，[①] 大部分环境管理机构不健全，配套法规制度也不完善，因此，很多环境污染问题不仅未能得到应有的解决，

---

① 城乡建设环境保护部环境保护局编：《国家环境保护法规文件汇编（1973—1983 年）》，北京：中国环境科学出版社 1983 年版，第 48 页。

反而日益恶化，比如，城市工业盲目扩张布局，形成工业污染的积重难返局面，特别是对环境和人类健康有严重危害并有蓄积作用的重金属污染逐年增加；中国最大的淡水湖——"八百里洞庭"，70年代末比 1954 年面积减少 30%；滥伐林木、超载放牧、围湖造田等生产活动降低了自然生态调节功能，导致旱灾、风灾、水灾频繁，据统计，从 1950 年到 1958 年，全国受灾面积不到 3 亿亩，而从1972 年到 70 年代末，全国受灾面积达 5 亿亩；土壤退化、沙化、盐碱化趋势加剧，每亩草原的平均产量 70 年代末比 50 年代下降了1/3～1/2；农村的水域、土壤、农作物、水生生物等较普遍地受到不同程度的污染，堆积工业"废渣"占用农田达 10 万亩。[①] 这些严峻的问题迫切要求我国进一步强化生态环境保护意识，强化生态环境保护制度规范。

---

① 《中国环境保护行政二十年》，北京：中国环境科学出版社 1994 年版，第18、19 页。

第三章

初步形成生态文明制度体系的基本框架

（1979—1991）

　　1978 年底召开的党的十一届三中全会，重新确立了解放思想、实事求是的思想路线，实现新中国成立以来党的历史上具有深远意义的伟大转折，开启了改革开放和社会主义现代化的伟大征程。邓小平在《解放思想，实事求是，团结一致向前看》的主题报告中，总结"文化大革命"中"无法无天"混乱局面的惨痛教训，强调"为了保障人民民主，必须加强法制。必须使民主制度化、法律化，使这种制度和法律不因领导人的改变而改变，不因领导人的看法和注意力的改变而改变。现在的问题是法律很不完备，很多法律还没有制定出来"，"应该集中力量制定各种必要的法律，例如……森林法、草原法、环境保护法，等等，经过一定的民主程序讨论通过，并且加强检察机关和司法机关，做到有法可依，有法必依，执法必严，违法必究"①。为落实党的十一届三中全会关于制度建设的精神，我国陆续出台了很多有关环境保护的法律法规，相应的环境管理机构和工作机制也随之建立完善，法律法规、制度机制、组织体制这三大要素的具备标志着生态文明制度体系的基本框架初步形成。1983 年 12 月，国务院召开第二次全国环境保护会议，将保护环境确

---

　　① 中共中央文献研究室：《新时期环境保护重要文献选编》，北京：中央文献出版社 2001 年版，第 1 页。

定为基本国策，制定了经济建设、城乡建设、环境建设，同步规划、同步实施、同步发展，实现经济效益、社会效益和环境效益相统一的指导方针，以及预防为主、防治结合，"谁污染谁治理"，强化环境管理这三大环境保护政策,[①] 开拓了一条符合中国国情的环境保护道路。

[①] 中共中央文献研究室：《十四大以来重要文献选编（下）》，北京：人民出版社 1999 年版，第 1971、 1972 页。

第一节　建构环境保护法律体系

法律体系是指由一国现行的全部规范性法律文件按照不同法律部门分类组合形成的一个呈现体系化的有机联合的统一整体。环境保护法律体系是由宪法关于环境保护的规定、环境保护基本法、以保护自然资源和防治环境污染为宗旨的一系列单行法律、法规、规章、标准以及国际条约所组成的一个完整而又相对独立的法律体系。

一、宪法关于环境保护的条款

1978 年 2 月，第五届全国人民代表大会通过了修订后的《中华人民共和国宪法》，其中第十一条明确规定："国家保护环境和自然资源，防治污染和其他公害"，这是新中国历史上第一次把环境保护的要求写入宪法，确立了环境保护的法律地位。我国现行宪法为 1982 年宪法，该宪法第 9 条规定："国家保障自然资源的合理利用，保护珍贵的动物和植物。禁止任何组织或者个人用任何手段侵占或者破坏自然资源。"第 26 条规定："国家保护和改善生活环境和生态环境，防治污染和其他公害。国家组织和鼓励植树造林，保护林木。"这些规定明确了国家的环境保护职责和任务，构成了环境保护立法的宪法基础，为环境保护法律体系的建立提供了根本的法律依据。

二、环境保护基本法

《中华人民共和国环境保护法》是中国环境保护的基本法，在环境法体系中占有核心地位。它对环境保护的基本要求、基本制度、法律责任等重大问题作出了全面的原则性规定，是构成其他单项环境立法的依据。

（一）《中华人民共和国环境保护法（试行）》

1978 年上半年，国务院环境保护领导小组办公室为起草环境保护法进行了立法调研，广泛征求了各地区、各部门的意见，在结合我国以前关于环保工作的措施，并吸收国外保护环境的经验教训的基础上，以试行草案的形式提交国务院和全国人大审议。1979 年 9 月，第五届全国人大常委会第十次会议通过了《中华人民共和国环境保护法（试行)》。《中华人民共和国环境保护法（试行)》共 7 章 33 条，包括总则、保护自然环境、防治污染和其他公害、环境保护机构和职责、科学研究和宣传教育、奖励和惩罚、附则。

第一，初步确立了中国环境保护涉及的领域。

《中华人民共和国环境保护法（试行)》规定了自然环境保护、污染与其他公害防治两大领域。自然环境保护包括土地、水、矿藏、森林、草原、野生动物、野生植物等资源的利用与保护。污染与其他公害的防治包括大气污染、水污染、噪声污染、放射性物质污染等污染类型的防治以及水土保持等内容。这个界定明确了环境保护事务的范围，为中国此后制定一系列防治环境污染和保护资源的单行法律提供了依据。

第二，确定了环境保护的基本原则。

《中华人民共和国环境保护法（试行)》对 1973 年《关于保护和改善环境的若干规定（试行草案)》提出的环境保护 32 字方针进行了确认。第四条规定："环境保护工作的方针是：全面规划，合理布局，综合利用，化害为利，依靠群众，大家动手，保护环境，造福人民。"在 32 字方针的基础上，进一步确定了环境保护的一些基本原则。它们分别是：

经济建设与环境保护协调发展原则。第五条规定："在制定发展国民经济计划的时候，必须对环境的保护和改善统筹安排，并认真组织实施。"

预防为主、防治结合原则。虽然《中华人民共和国环境保护法（试行）》并没有明确这一原则，但是该法第六条、第七条规定的"环境影响报告书的审批制度"、"三同时"制度、"有害物质排放标准制度"、环境监测制度等要求都蕴含了"预防为主、防治结合"的思想。

开发利用与保护相结合原则。第十条至第十五条分别规定了土地资源、水资源、矿产资源、森林资源、牧草资源、野生动物资源、野生植物资源的开发利用与保护，把开发利用与保护相结合原则贯彻到资源开发利用的多个方面。

谁污染谁治理原则。第六条规定："已经对环境造成污染和其他公害的单位，应当按照谁污染谁治理的原则，制定规划，积极治理，或者报请主管部门批准转产、搬迁。"这一原则有利于促进企业加强技术改造，开展综合利用。谁污染谁治理原则后来发展为"污染者负担原则"。

公众参与原则。第四条规定："依靠群众，大家动手。"公众要参与环境管理，必须掌握一定的环境知识，为此，第三十条规定："文化宣传部门要积极开展环境科学知识的宣传教育工作，提高广大人民群众对环境保护工作的认识和科学技术水平。"

第三，明确了环境保护的基本制度。

这些基本制度包括环境影响评价制度、"三同时"制度、环境规划制度、排污收费制度、限期治理制度、环境监测和监督检查制度。

《中华人民共和国环境保护法（试行）》的颁布和实施在中国环境保护立法的历史上具有里程碑的意义，我国以往有关环境保护的法律文件大多属于规范性法律文件，它们既没有经过审慎的立法程序，也缺乏来自立法机关的权威。《中华人民共和国环境保护法（试行)》的颁布使得中国的环境法制正式进入国家立法的层次，为中国环境与资源保护法律体系的建立描绘了蓝图，中国此后制定的一系列防治环境污染和保护资源的单行法律，基本上是该法所规定的"保护自然环境"和"防治污染和其他公害"两章所规定内容的扩展，同时为环境保护管理机构的设立提供了法律依据，为环境管理提供了基本的制度和行政手段。

（二）《中华人民共和国环境保护法》

《中华人民共和国环境保护法（试行）》作为"试行"法的地位本身就已经说明了它的不完善，是一部粗线条的法律草案，对法律责任规定不太明确，一些条文也过于抽象，用更完善的立法取代《中华人民共和国环境保护法（试行）》是历史的必然。在试行法颁布并实施后，我国先后颁布了大量环境保护法律和法规，立法部门积累了很多环境立法经验，环境保护机构逐步得到健全，全社会的环境意识有了很大提高，人民群众对享有良好生活环境的呼声也愈来愈强烈，而且环境保护的实践积累了不少可以上升为法律的经验，这些都需要在环境法中有所表达。

《1982—1986年经济立法规划》将修订《中华人民共和国环境保护法（试行）》列入规划。1983年3月，城乡建设环境保护部牵头，邀请国务院有关部委、部分省环境保护局和有关大专院校、科研单位的专家、法律工作者组成了《中华人民共和国环境保护法（试行）》修改起草领导小组，确定了"坚持实事求是的原则，依据宪法和社会主义现代化建设的总方针、总任务，把成熟的环境保护政策法律化、条文化，通过修改，使环境保护法更加科学、充实和完善、实效"[1] 的指导思想。历时三年半的时间，征求意见、实地调

---

① 金鉴明、曹叠云、王礼嫱：《〈环境保护法〉述评》，北京：中国环境科学出版社1992年版，第14页。

研、召开座谈会以及反复修改,《中华人民共和国环境保护法》（以下简称《环境保护法》）在 1989 年 12 月 26 日的第七届全国人民代表大会常务委员会第十一次会议通过，自公布之日起施行，《中华人民共和国环境保护法（试行）》同时废止。

《环境保护法》包括总则、环境监督管理、保护和改善环境、防治环境污染和其他公害、法律责任、附则六章，共计 47 条。与试行法相比，有如下重大变化。

一是明确了"环境"的定义。试行法只是采用了列举环境要素的方式，对"环境"作了描述。《环境保护法》采用概括规定与要素列举相结合的方式，首次明确界定了核心词汇"环境"。该法第二条规定："本法所称环境，是指影响人类生存和发展的各种天然的和经过人工改造的自然因素的总体，包括大气、水、海洋、土地、矿藏、森林、草原、野生生物、自然遗迹、人文遗迹、自然保护区、风景名胜区、城市和乡村等。"

二是强化了环境管理。《环境保护法》设专章规定环境监督管理制度，除继承试行法中的制度外，还对试行法实施后在实践中逐渐发展起来的几项制度进行了规定，如环境保护责任制度、污染事故应急制度、环境公报制度。根据中国的国情，该章确立了具有中国特色的统一监督管理与分级、分部门监督管理相结合的体制。中国的环境监管体制不同于以法国、印度为代表的环境与资源保护一体化的管理模式，也不同于以美国为代表的环境污染防治单一化的管理模式。

三是细化了法律责任的规定。试行法只有第三十二条笼统地规定了违法者应被批评、警告、罚款，或者责令赔偿损失、停产治理，严重违法者要承担行政责任、经济责任、刑事责任，没有区分具体的情节，缺少可操作的标准。《环境保护法》专设"法律责任"一章，分不同情形对不同违法者应当承担的法律责任进行了规定，有利于保障《环境保护法》的贯彻实施。

总之，《中华人民共和国环境保护法》无论在内容上还是结构上，都较试行法更为合理和科学。这部法律沿用了 25 年，至 2014 年才修订。

三、环境保护单行法

环境保护单行法是全国人民代表大会常务委员会针对特定的资源保护对象和特定的污染防治对象而制定的单项法律。20 世纪 80 年代，环境立法是国家法治建设中最为活跃的领域之一。这个时期的环境保护单行法分为两大类：一类为自然资源保护立法，目前主要包括森林法、草原法、渔业法、矿产资源法、土地管理法、水法、野生动物保护法、水土保持法八部法律，它们对自然资源的开发利用行为作出规定，初步确立了自然资源管理法律体系；另一类为污染防治立法，主要包括水污染防治法、大气污染防治法和以防治海洋污染为基本内容的海洋环境保护法三部法律。

表 3-1　环境保护单行法（1979—1991 年）

《中华人民共和国海洋环境保护法》，1982 年 8 月
《中华人民共和国水污染防治法》，1984 年 5 月
《中华人民共和国森林法》，1984 年 9 月
《中华人民共和国草原法》，1985 年 6 月
《中华人民共和国渔业法》，1986 年 1 月
《中华人民共和国矿产资源法》，1986 年 3 月
《中华人民共和国土地管理法》，1986 年 6 月
《中华人民共和国大气污染防治法》，1987 年 9 月
《中华人民共和国水法》，1988 年 1 月
《中华人民共和国野生动物保护法》，1988 年 11 月
《中华人民共和国水土保持法》，1991 年 6 月

四、环境保护行政法规

环境保护行政法规是由国务院制定并公布或经国务院批准而由

有关主管部门公布的环境保护规范性文件。行政法规还包括国务院或国务院办公厅发布的某些具有规范性的决定和通知，如国务院关于环境保护工作的决定、国务院办公厅转发国家环保局关于国家级自然保护区申报审批意见报告的通知等。至 1991 年底，国务院发布或者批准发布的环境保护行政法规和法规性文件共计 22 件，其中主要是污染防治法的实施细则，尤其是关于海洋环境保护的法律体系已基本形成。

表 3-2　环境保护行政法规（1979—1991 年）

《国务院关于在国民经济调整时期加强环境保护工作的决定》，1981 年 2 月

《征收排污费暂行办法》，1982 年 2 月

《国务院关于结合技术改造防治工业污染的几项规定》，1983 年 2 月

《中华人民共和国海洋石油勘探开发环境保护管理条例》，1983 年 12 月

《中华人民共和国防止船舶污染海域管理条例》，1983 年 12 月

《国务院关于环境保护工作的决定》，1984 年 5 月

《国务院关于加强乡镇、街道企业环境管理的规定》，1984 年 9 月

《中华人民共和国海洋倾废管理条例》，1985 年 3 月

《对外经济开放地区环境管理暂行规定》，1986 年 3 月

《国务院办公厅转发城乡建设环境保护部关于加强城市环境综合整治报告的通知》，1987 年 5 月

《防止拆船污染环境管理条例》，1988 年 5 月

《污染源治理专项基金有偿使用暂行办法》，1988 年 7 月

《中华人民共和国水污染防治法实施细则》，1989 年 7 月

《中华人民共和国环境噪声污染防治条例》，1989 年 9 月

《放射性同位素与射线装置放射防护条例》，1989 年 10 月

《中华人民共和国防治陆源污染物污染损害海洋环境管理条例》，1990 年 6 月

《中华人民共和国防治海岸工程建设项目污染损害海洋环境管理条例》，1990 年 6 月

《中国人民解放军环境保护条例》，1990 年 7 月

《国务院办公厅转发国务院环境保护委员会关于积极发展环境保护产业的若干意见的通知》，1990 年 11 月

《国务院关于进一步加强环境保护工作的决定》，1990 年 12 月

《国务院办公厅转发国家环保局关于国家级自然保护区申报审批意见报告的通知》，1991 年 3 月

《中华人民共和国大气污染防治法实施细则》，1991 年 5 月

五、环境保护部门规章

环境保护部门规章是由国务院环境保护行政主管部门单独或与有关部门联合发布的环境保护规范性文件。它是以有关的环境保护法律和行政法规为依据而制定的，如根据国务院的行政法规《征收排污费暂行办法》，国家环保局配套制定了《关于增设"排污费"收支预算科目的通知》《征收超标准排污费财务管理和会计核算办法》等。在环境管理实践中，部门规章也对某些尚无相应法律和行政法规调整的领域作出规定，如国家环保局 1990 年 6 月 22 日通过的《放射环境管理办法》。

六、环境保护地方性法规和地方政府规章

根据中国宪法和地方组织法规定的立法体制，各省、自治区、直辖市、省会市、较大市及计划单列市的人民代表大会或其常务委员会制定了大量的环境保护地方性法规，各省、自治区、直辖市、省会市、较大市及计划单列市的人民政府也制定了大量的环境保护地方政府规章。这些地方性法规和地方政府规章都是以实施国家环境保护法律或行政法规为宗旨，以解决本地区某一特殊环境问题为目标，如《北京市实施〈中华人民共和国大气污染防治法〉办法》《上海市黄浦江上游饮用水源保护条例》等，体现了各地对国家环境保护法和行政法规的贯彻落实。据统计，截至 1991 年底，环境保护地方性法规和地方政府规章已逾千件。[①]

七、环境标准

1979 年颁布的《中华人民共和国环境保护法（试行）》中明确规定了环境标准的制订、审批和实施权限，使环境标准工作有了法律依据，成为我国环境保护法律体系的组成部分。环境标准用具体的

---

① 《中国环境保护行政二十年》，北京：中国环境科学出版社 1994 年版，第 31 页。

数量来体现环境质量和污染物的排放控制限额，为环境管理部门从事环境管理和认定排污者排污行为的合法与否提供了科学的、可测度的限值数据，也使得排污者的排污限度有了可资参照的技术标准。

我国第一个环境标准是 1973 年颁布的《工业"三废"排放试行标准》，但是这个标准比较笼统。自 1979 年以后，特别是 1983 年 10 月《中华人民共和国环境保护标准管理办法》发布实施后，我国环境标准工作迅速发展，按功能区分类分级制定了具体细化的行业排放标准，如地面水环境质量标准、污水综合排放标准以及钢铁、化工、轻工等不同部门的工业污染物排放标准，并制定了水质浓度指标和水量指标，加强了对水质和排污总量的双重控制。

环境标准有国家和地方两级。国家级环境标准由国务院环境保护行政主管部门制定，地方级环境标准由省一级人民政府制定，并须报国务院环境保护行政主管部门备案。中国的环境标准包括环境质量标准、污染物排放标准、环保基础标准和环保方法标准等。环保质量标准和污染物排放标准分国家标准和地方标准两级，环保基础标准和环保方法标准只有国家标准。

1983 年的《中华人民共和国环境保护标准管理办法》明确了我国环保标准的制定和修订原则以及实施要求，极大地推动了我国环境标准的制定工作。我国还与主要发达国家、重要发展中国家、主要国际组织开展广泛交流合作，深入了解各国、地区以及国际组织的环保标准体系设置、制定方法、实施机制与评估方法等，跟踪并参与全球环境保护技术法规相关工作，不断推进我国环保标准与国际接轨。截至 1992 年底，国家一级的各类环境标准已达 263 项，其中环境质量标准 11 项，污染物排放标准 50 项，基础标准 5 项，方法标准 150 项，样品标准 29 项，其他标准 18 项，初步形成了种类比较齐全、结构基本完整的环境标准体系。[①]

1999 年，原国家环境保护总局修改通过《环境标准管理办法》，增加了国家环境监测方法标准，进一步完善了环境标准的制定程序和实施要求。目前，我国已有环境标准 2000 余项，为支撑打赢污染防治攻坚战、促进经济社会发展及全面绿色转型发挥了重要作用。

八、环境保护国际条约

为了加强环境保护领域的国际合作，维护国家的环境权益，同时也承担应尽的国际义务，中国先后缔结和参加了《保护臭氧层维也纳公约》《控制危险废物越境转移及其处置巴塞尔公约》以及《联合国气候变化框架公约》和《生物多样性公约》等 29 项环境保护国际条约。根据我国宪法的有关规定，这些经过批准和加入的条约、公约和议定书与国内环境法具有同等法律效力。《环境保护法》第 46 条还规定，如遇国际条约与国内环境法有不同规定时，应优先适用国际条约的规定，但我国声明保留的条款除外。

第二节　建立八项环境管理制度

在改革开放前，我国一直把环境保护的重点放在工业污染的治理上，解决了一些群众反映强烈的环境问题，取得了一定的成绩。但这种政策也逐渐暴露出严重问题，那就是我国的经济实力比较薄弱，国家难以投入很多资金来治理环境，而且，环境问题主要是由于管理不善造成的，如果仅靠当时国家每年下拨的非常有限的资金，环境污染将治不胜治，环境恶化的趋势也难以控制。1979 年，国务

---

① 《中国环境保护行政二十年》，北京：中国环境科学出版社 1994 年版，第35 页。

院环境保护领导小组在成都召开全国环境保护工作会议，就"治理"还是"管理"进行了充分讨论，提出了"加强全面环境管理，以管促治"① 的理念。1983 年底，第二次全国环境保护会议明确提出，要把环境管理作为环境保护工作的中心环节，时任国务院副总理的李鹏在会议上指出："环境管理很重要，大量的环境问题都与我们对环境缺乏管理或管理不善有关。在目前我国财力有限、技术条件比较落后的情况下更要通过加强管理来解决许多环境问题。而且，有许多环境问题不一定要花很多钱，通过加强管理就能够解决。"② 1986 年 2 月 5 日，国务院环境保护委员会第六次会议指出，中国的环境保护要一靠政策，二靠管理，三靠科学技术进步，并强调环境保护要狠抓管理，严字当头。1989 年 4 月，第三次全国环境保护工作会议根据各地近年来环境保护的实践经验，决定在全国推行环境保护目标责任制、城市环境综合整治定量考核、排放污染物许可证制度、污染集中控制和污染源限期治理五项新的制度，加上原有的环境影响评价、"三同时"、排污收费制度，这八项制度构成了新时期我国环境管理的基本内容。尽管一些制度在实践中没有得到很好的贯彻实施，但这些制度理念在当时是比较先进的，成为新世纪我国生态文明制度的源头。

一、"三同时"制度

"三同时"制度亦被称为"环境保护设施配套制度"，指在工程建设项目中，环境保护配套设施应当与主体工程同时设计、同时施工、同时投产使用。"三同时"制度是在我国出台最早的一项环境管理制度，早在 1972 年国家计划委员会、国家基本建设委员会发布的

① 《中国环境保护行政二十年》，北京：中国环境科学出版社 1994 年版，第 27 页。

② 《中国环境保护行政二十年》，北京：中国环境科学出版社 1994 年版，第 27 页。

《关于官厅水库污染情况和解决意见的报告》中就提出了"三同时"制度，1973 年颁布的《关于保护和改善环境的若干规定（试行草案）》是中国首部规定该项制度的行政法规。但是，在改革开放前，"三同时"制度没有得到严格执行，建设项目的"三同时"制度实际执行率不到一半。有的项目根本就没有安排污染治理设施工程，而有些项目虽有设计，但由于资金不足或者其他原因，环保设施跟不上。老企业的污染治理进展缓慢，新污染源又不断产生，这成为环境污染继续恶化的主要原因。

1979 年，"三同时"制度在《环境保护法（试行）》第 6 条中得到确认，使之从行政法规上升为具有强制性的法律制度，此后，在有关建设项目的文件中得到进一步强化和拓展，有力地推动了开发建设"三同时"制度的贯彻执行。

表 3-3 "三同时"制度的相关文件（1979—1991 年）

《关于基建项目、技措项目要严格执行"三同时"的通知》，1980 年 11 月
《基本建设项目环境保护管理办法》，1981 年 5 月
《建设项目环境保护管理办法》，1986 年 3 月
《建设项目环境保护设计规定》，1987 年 3 月
《关于建设项目环境管理问题的若干意见》，1988 年 3 月
《关于资源综合利用项目与新建和扩建工程实行"三同时"的若干规定》，1989 年 11 月
《建设项目环境保护管理程序》，1990 年 6 月

首先，"三同时"制度的管理范围不断扩大。1980 年《关于基建项目、技措项目要严格执行"三同时"的通知》指出，"三同时"制度的适用范围是由国家审批的大中型基建项目；1981 年《基本建设项目环境保护管理办法》扩大至地方审批的小型项目和社队企业、街道企业、农工商联合企业的建设项目以及挖潜、革新、改造的项目；1984 年国务院发布的《关于环境保护工作的决定》则扩大至一切工程项目、技术改造项目和自然资源开发项目，即在我国国土上

的全部开发建设活动都必须严格执行"三同时"的规定，且把环境保护所需资金与主体工程一样，纳入固定资产投资计划。"建成项目的竣工验收，要把检查污染治理工程作为一项重要内容。凡污染治理工程没有建成的，不予验收，不准投产。强行投产的，要追究责任，并要限期建成，逾期不建成的项目停建。工程验收，要通知当地环境保护和有关部门参加"①，形成了从中央到地方行业主管部门同环保部门齐抓共管的局面，保证了"三同时"制度执行率步步上升。1985 年"三同时"执行率达到 85%。② 1992 年，我国还发出《关于加强外商投资建设项目环境保护管理的通知》，专门强调外商投资的建设项目也必须严格执行"三同时"制度，没有任何例外。

其次，"三同时"制度的管理程序不断明确。1990 年《建设项目环境保护管理程序》分别对建设项目五个阶段的"三同时"制度实施要求以及各个环节的主管部门逐一作了明确规定，详细列出了项目建议书阶段或预可行性研究阶段、可行性研究设计任务书阶段、设计阶段、施工阶段、试生产和竣工验收阶段的执行原则和相应举措，确保"三同时"制度在实践中便于执行。

最后，"三同时"制度的法律责任不断强化。1989 年的《中华人民共和国环境保护法》第 26 条和第 36 条对"三同时"管理制度作了严格规定，明确了执行中的法律责任，"建设项目的防治污染设施没有建成或者没有达到国家规定的要求，投入生产或者使用的，由批准建设项目的环境影响报告书的环境保护行政主管部门责令停止生产或使用，可以并处罚款"，进一步增强了贯彻"三同时"制度的法律强制性。从 1989 年起，"三同时"执行率连续保持在 98%

① 国家环境保护局办公室编：《环境保护文件选编（1973—1987）》，北京：中国环境科学出版社 1988 年版，第 122 页。

② 《中国环境保护行政二十年》，北京：中国环境科学出版社 1994 年版，第 102 页。

以上的水平。[①]

1998 年，建设项目环境保护管理由"办法"上升至"条例"，"三同时"制度在《建设项目环境保护管理条例》中得以进一步明确。2017 年新修订的《建设项目环境保护管理条例》中，专门用了八个条款对"三同时"制度作出详细的规定。

"三同时"制度是我国独创的一项环境保护管理制度，着眼于从源头上消除工业发展可能产生的污染，是我国将生态文明建设融入经济建设的最早实践。

二、排污收费制度

鉴于环境污染主要是企事业单位造成的，如果他们不采取积极的措施加以防治，把治理责任都推给政府和社会，不仅缺乏足够的治理资金，而且还会导致全社会在环境问题上"搭便车"，造成环境污染和破坏越来越严重的后果。20 世纪 70 年代，一些西方国家为了制止环境被破坏，在"污染者承担责任"和"污染者治理"原则的指导下，逐步实行向排污者征收排污费的制度。70 年代末期，中国借鉴国外经验，提出"谁污染谁治理"政策，建立了排污收费制度。

表 3-4　关于排污收费制度的文件（1979—1991 年）

《征收排污费暂行办法》，1982 年 2 月

《关于增设"排污费"收支预算科目的通知》，1982 年 4 月

《征收超标准排污费财务管理和会计核算办法》，1984 年 5 月

《关于环境保护资金渠道的规定的通知》，1984 年 6 月

《关于征收排污费工作几个问题的通知》，1986 年 1 月

《关于对〈城市维护建设资金预算管理办法〉中有关超标排污费收入使用问题解释的复函》，1989 年 4 月

《关于加强环境保护补助资金管理的若干规定》，1989 年 5 月

《关于调整超标污水和统一超标噪声排污费征收标准的通知》，1991 年 6 月

《超标污水排污费征收标准》，1991 年 6 月

---

① 《中国环境保护行政二十年》，北京：中国环境科学出版社 1994 年版，第 103 页。

（一）排污收费制度的提出及试行

1978 年 12 月，国务院环境保护领导小组的《环境保护工作汇报要点》中提出，"必须把控制污染源的工作作为环境管理的重要内容，向排污单位实行排放污染物的收费制度，由环境保护部门会同有关部门制定具体收费办法"。这是我国第一次提出排污收费制度。

1979 年 9 月，《中华人民共和国环境保护法（试行）》明确规定："超过国家规定的标准排放污染物要按照排放污染物的数量和浓度根据规定收取排污费"，为建立排污收费制度提供了法律依据。当月，江苏省苏州市就开始在 15 个企业开展征收排污费的试点工作。12 月 8 日《河北省关于对排放有毒有害污水实行收费的暂行规定》发布，确定全省于 1980 年 1 月 1 日起实行，这是中国在全省范围内试行排污收费制度最早的省。排污收费制度也受到其他各地领导的重视，如时任湖北省委书记陈丕显亲自督促黄石市大冶有色金属公司和大冶铁矿交足了排污费和污染罚款。至 1981 年底，全国 27 个省、自治区、直辖市颁布了征收排污费的试行办法。[①]

（二）排污收费制度的普遍实施

通过总结各地试点的经验，在征求各地区、各部门及专家学者意见的基础上，1982 年 2 月 5 日，国务院发布了《征收排污收费暂行办法》，并于当年 7 月 1 日起在全国执行，标志着排污收费制度在全国范围内正式实施。

《征收排污收费暂行办法》对征收排污费的目的、对象、收费标准及其管理与使用作出了规定，如排污单位缴纳排污费，并不免除其应承担的治理污染赔偿损害的责任和法律规定的其他责任；对缴纳排污费后仍未达到排放标准的排污单位，从开征第三年起，每年

---

① 《中国环境保护行政二十年》，北京：中国环境科学出版社 1994 年版，第 135 页。

提高征收标准百分之五；排污费按月或按季征收；排污单位应当根据当地环境保护部门的缴费通知单，在 20 天内向指定银行缴付排污费，逾期不缴的，每天增收滞纳金千分之一；征收的排污费纳入预算内，作为环境保护补助资金，用于补助重点排污单位治理污染以及环境污染的综合性治理措施。

《征收排污收费暂行办法》颁布后，军队系统率先响应，开了个好头。各地结合本地实际情况制订了实施细则，开了贯彻《征收排污收费暂行办法》的宣传动员大会。鉴于征收排污费工作政策性强，牵涉面广，国家环保局于 1985 年 11 月设立"征收排污费管理办公室"，统一归口管理全国征收排污费工作。截至 1986 年，全国按行政区划，省级单位排污费开征面为 91.5%，县级单位开征面为 67.4%，全国共向 15 万个单位征收排污费累计达 46.24 亿元。[①] 西藏自治区受限于经济发展等多种因素，直到 1991 年才执行国务院《征收排污费暂行办法》，自此，全国除台湾地区以外的 30 个省、自治区、直辖市全面执行了排污收费制度。

排污收费作为一项经济政策和管理手段，体现了"谁污染谁治理"的公平原则，不仅提高了企业的环境保护意识，促进了企业的技术改造，控制了新污染源的产生，而且为防治工业污染开辟了一条可靠的资金渠道，促进了老污染源的治理，减轻或控制了部分地区的环境污染，推动了环境保护事业的进步。

（三）排污收费制度的进一步完善

排污收费制度在实践中也暴露出一些问题，如部分省市没有把排污费纳入预算管理，一些环保部门重征收、轻管理和使用，使得排污费被积压或使用效益不高。据 1986 年底统计，全国排污费财务

---

① 《中国环境保护行政二十年》，北京：中国环境科学出版社 1994 年版，第 141、142 页。

方面结存资金约 12 亿元，除去其中 50% 以上的合理积存外，仍有近 6 亿元排污费不能及时发挥效益，[①] 挪用乱用排污费现象时有发生。针对排污费使用中的问题，我国对排污收费制度进行了改革完善。

首先，将排污费纳入预算管理。1984 年 8 月，财政部、建设部联合发布《征收超标排污费财务管理和会计核算办法》，统一了排污费资金预算管理预算科目、收支结算及会计核算办法，明确指出"征收排污费应分别纳入各级地方预算，实行收支两条线管理，收入按征收环节全部上缴地方金库，不参与地方体制分成；支出本着量入为出、专款专用的原则，由地方财政部门从收取的排污费中按环保部门的治理环境污染计划拨款"，确保了环境保护专项资金的来源。

其次，排污费使用"拨改贷"。国家 1984 年《征收超标排污费财务管理和会计核算办法》规定，"对某些环境效益、经济效益显著的个别重点治理项目，如资金缺口较大治理单位有偿还能力，经环保部门和主管部门协商同意，可向建设银行申请低息优惠贷款，建设银行可使用财政拨入的环保资金贷给，所收利息（低息）作为建设银行收入"。截至 1987 年 6 月底，全国共有 7 个省、直辖市和 68 个城市开展了对排污费使用方式的改革试点，累计发放贷款 1.4 亿元，安排贷款项目 2000 多个，促进了企业防治污染工作的开展。[②]

1988 年 7 月，国务院发布《污染源治理专项基金有偿使用暂行办法》，规定污染源治理专项基金从环境保护补助资金中提取，比例为 20%~30%；基金实行有偿使用，委托银行贷款，贷款对象是缴纳超标准排污费的企业；基金的使用范围是重点污染源治理项目，"三废"综合利用项目，污染源治理示范工程，并、转、迁企业的污染

---

① 《中国环境保护行政二十年》，北京：中国环境科学出版社 1994 年版，第 142 页。

② 《中国环境保护行政二十年》，北京：中国环境科学出版社 1994 年版，第 142 页。

源治理设施；贷款实行低息，经环保部门审查，还可给予一定数额的豁免。排污费使用"拨改贷"，实质是将排污费的无偿使用变为有偿使用，解决了资金分散使用问题，使排污费更能集中用于重点污染源的治理，增强了企业的用款责任心，提高了排污费的使用效益，保证了专款专用，防止将排污费挪作他用，也有利于为社会积累更好的环境保护投资。

依据国务院环境保护委员会第十一次会议提出的"建立基金制""实行排污费有偿使用"的原则，1988年1月，国家环保局发文确定沈阳市作为设立环保投资公司试点单位。同年4月，全国第一家环保投资公司在沈阳成立。沈阳市财政部门按年度每年足额将规定用于污染源治理的资金及时拨入环保基金专户，环保投资公司每年根据市政府提出的治理方向和治理重点，将基金专户存款全数转作贷款计划指标安排，并在年内发贷当年指标的95%以上，其余部分也能在下年一季度内全部发付使用。环保投资公司的建立，解决了污染治理资金积压、投资效益不高等问题，提高了污染治理的成效。数据显示，按照市政府下达的计划要求，每万元环保贷款平均削减污染物273吨，环保投资公司实际每万元环保贷款削减污染物达到563吨，超过计划指标1.7倍。[①]

最后，规范排污费使用用途。针对各地普遍发生大额挤占排污费的情况，国家环保局与财政部于1989年4月发文《关于对"城市维护建设资金预算管理办法"中有关超标排污费收入使用问题解释的函》，1990年5月下发了《关于加强环境保护补助资金管理的若干规定》，强调环保补助资金不得用于城市建设环境卫生和绿化项目，不准挪用于与环保无关的其他用途；上级环保部门应会同财政、

---

① 《中国环境保护行政二十年》，北京：中国环境科学出版社1994年版，第141—145页。

审计部门，对下级环保补助资金使用计划进行检查，对挤占、挪用环保补助资金的，有权终止其使用计划的执行，收回资金，并追究有关人员的责任。

此外，在实践中，国家还调整排污收费标准，开征新的收费项目。如 1991 年国务院批准《超标污水排污费征收标准》，《征收排污费暂行办法》附表中的废水部分相应废止；1989 年 6 月国务院颁布《环境噪声污染防治条例》，新增环境噪声污染防治费，随后国家环保局发布了《建筑施工场界噪声限值》和《工业企业厂界噪声标准》，制定了全国统一的环境噪声收费标准；1992 年，制定《征收工业燃煤二氧化硫排污费试点方案》，开征工业燃煤二氧化硫排污费。

进入 21 世纪，排污收费制度继续改革完善，如 2003 年国务院颁布的《排污费征收使用管理条例》中规定，由超标收费转变为排污收费，由浓度收费转变为浓度总量收费，由单因子收费转变为多因子收费。2014 年，国家进一步调整了排污费征收标准，在原有标准基础上，总体向上调整一倍，并允许污染重点防治区和经济发达地区适当上调征收标准。2007 年 10 月，环境保护部出台《排污费征收工作稽查办法》，保证足额征收排污费，纠正排污费征收过程中的违法违规行为。通过收费这一经济手段促使企业加强环境治理、减少污染物排放，对我国防治环境污染、保护环境起到了重要作用。但在实际执行中也存在一些问题，如执法刚性不足、地方政府和部门干预等，影响了该制度功能的有效发挥。2016 年 12 月，中华人民共和国第十二届全国人民代表大会常务委员会第二十五次会议通过《中华人民共和国环境保护税法》，自 2018 年 1 月 1 日起开始施行，这是我国第一部推进生态文明建设的单行税法，通过环境保护"费改税"，在我国实施了 40 多年的排污收费制度退出历史舞台。

三、城市环境综合整治定量考核制度

城市是我国经济的重要基础，也是人口集中的地区，城市环境状况的优劣对于改善投资环境、提高人民生活水平具有重要影响。同时，工业化与城镇化是一个同步进行的过程。新中国成立初期，我国工业企业主要分布在城市，因而城市是最早遭受工业污染的地区，开展城市环境治理既具有根本的必要性，也具有现实的紧迫性。在我国环境保护事业起步之时，就把城市环境治理作为重点任务，在 1973 年《关于保护和改善环境的若干规定》、1974 年《环境保护规划要点和主要措施》、1975 年《关于环境保护 10 年规划意见》等文件中都强调了要改善城市环境，提出五至十年内解决北京、上海、天津等重点城市的环境污染，实现清洁城市的要求。改革开放前的城市环境治理主要是防治大气、水污染，改革开放后，我国提出要开展城市环境综合整治。1984 年 10 月，《中共中央关于经济体制改革的决定》明确提出城市政府的主要职责是："城市政府应该集中力量做好城市的规划、建设和管理，加强各种公用设施建设，进行环境的综合整治。"① 所谓城市环境综合整治，就是把城市环境作为一个整体，运用系统工程的理论和方法，采取多功能、多目标、多层次的综合手段和措施，对城市环境进行综合规划、综合管理、综合控制，以最小的投入换取城市质量优化，做到经济建设、城乡建设、环境建设同步规划、同步实施、同步发展，从而使复杂的城市环境问题得以解决。②

---

① 《改革开放以来历届三中全会文件汇编》，北京：人民出版社 2013 年版，第 35、36 页。

② 姜爱林：《城市环境综合整治的概念和内涵》，载《河北环境保护》 2008 年第 5 期。

表 3-5　关于城市环境综合整治的文件（1979—1991 年）

《关于加强城市环境综合整治的报告》，1987 年 5 月
《关于加强城市环境综合整治的决定》，1987 年 7 月
《关于城市环境综合整治定量考核的决定》，1988 年 9 月
《城市环境综合整治定量考核实施办法（暂行)》，1988 年 12 月

1985 年 10 月，国务院环境保护委员会在洛阳召开第一次全国城市环境保护工作会议，会议通过了《关于加强城市环境综合整治的决定》，确定直辖市、省会城市、自治区（州）首府城市、沿海开放城市、国务院确定的著名风景旅游城市以及过去确定的环境保护重点城市，为环境综合整治重点城市（共 51 个环境保护重点城市）；把防治废气、废水、固体废弃物、噪声污染作为综合整治的主要内容；首次提出市长对全市环境质量负责的理念，要求城市每年必须办成几件环境综合整治的实事，并于年初和年终将计划和执行结果向全市人民公布。这次会议的召开标志着城市环保工作进入了由城市各部门共同负责的综合整治时期。为配合城市环境综合整治，1987 年 7 月国务院环境保护委员会颁布了《城市烟尘控制区管理办法》和《发展民用型煤暂行办法》等文件。

自 1985 年以来，各地在开展城市环境综合整治方面做了大量工作，取得了一定成绩，有些城市的环境质量有所提高，但从总体来看，我国城市的大气、水体、固体废物及噪声等方面的污染仍很严重，已成为影响社会主义现代化建设的一个突出问题。1988 年 4 月，吉林省提出了一个城市环境综合整治定量考核方案，国家环保局认为，这是一种很有意义的尝试，立即组织各地环保局进行研究，到 1988 年 9 月，在吉林省方案的基础上，经过修改补充，制定了《关于城市环境综合整治定量考核的决定》和《城市环境综合整治定量考核实施办法（暂行）》及有关技术文件，决定自 1989 年 1 月起开展

城市环境综合整治定量考核工作,① 使城市环境综合整治由定性管理转向定量管理的新阶段。

首先,确定定量考核的城市。国家直接考核北京、上海、天津等 32 个城市,各省、自治区考核的城市由该省级人民政府自行确定。

其次,明确定量考核的指标。考核指标包括大气环境保护、水环境保护、噪声控制、固体废弃物处置和绿化五个方面,共 20 项指标。国家考核城市对 20 项指标全部考核,省、自治区考核城市有 8 项指标必须考核,其他指标由各省、自治区根据管辖城市实际情况,做出决定取舍和增删。

再次,规定定量考核的时限。城市环境综合整治定量考核,每年考核一次。各省、自治区人民政府要在次年 2 月底以前,将国家考核的城市环境综合整治定量考核各项指标的完成情况与计分结果报国务院环境保护委员会办公室;次年 3 月底以前,将本省、自治区考核城市(包括国家考核的 32 个城市)的各项指标完成情况与计分结果报国务院环境保护委员会办公室。国务院环境保护委员会对国家考核的 32 个城市的考核结果进行审核并公布。

最后,建立定量考核激励机制。省级人民政府将每年的城市环境综合整治定量考核结果向群众公布,接受群众的监督。市长对城市的环境质量负责,把这项工作列入市长的任期目标,并作为考核政绩的重要内容。

1989 年以来,国家连续 3 年对 32 个重点城市认真进行了考核。各省、自治区在 230 多个城市开展定量考核工作,极大地推动了全国范围的城市环境综合整治。1992 年 11 月,国务院环境保护委员会

---

① 《中国环境保护行政二十年》,北京:中国环境科学出版社 1994 年版,第 141—183 页。

对 3 年来城市环境综合整治定量考核总分前 10 名的城市授予"1989—1991 年城市环境综合整治十佳城市"称号，这 10 个城市是：大连、北京、杭州、天津、广州、武汉、长沙、苏州、海口、南京。同时，国家环保局对 3 年来在城市环境综合整治工作中有较大进展的太原、福州、西安、成都、哈尔滨 5 个城市予以通报表扬。①

城市环境综合整治定量考核制度的实施，促进了城市工业污染防治和城市基础设施建设的发展，明显提高了城市环境质量。数据显示，1985—1990 年间，在工业稳定增长的情况下，全国工业废水排放量稳定在 249 亿吨左右，工业烟尘和工业粉尘排放量由 2600 万吨下降到 2100 万吨，万元产值工业废水排放量由 310 吨下降到 180 吨，万元产值固体废弃物产生量从 6 吨下降到 4.2 吨，工业废水排放达标率由 40.5% 增至 50.1%，工业固体废物综合利用率由 26.2% 增加到 29.3%。② 我国在实践中也总结了很多关于城市环境综合治理的经验，包括：治理城市煤烟型污染必须坚持"五化一创"，即城市煤气化、集中供热化、型煤化、绿化、道路硬化和创建烟尘控制区；城市污水治理必须抓住"保、截、治、管、用、引、排" 7 个环节；城市固体废物必须依据"减量化、无害化、资源化"原则来进行处理和处置；城市噪声控制必须坚持"一创四抓"，即以创建噪声达标区为中心，同时抓好工业噪声、交通噪声、社会生活噪声和建筑施工噪声方面的污染防治工作。③

城市环境综合整治定量考核制度明确了城市环境整治的内容和

---

① 《中国环境保护行政二十年》，北京：中国环境科学出版社 1994 年版，第 141—185 页。

② 《中国环境保护行政二十年》，北京：中国环境科学出版社 1994 年版，第 141—185 页。

③ 《中国环境保护行政二十年》，北京：中国环境科学出版社 1994 年版，第 141—185 页。

标准，这是我国首次将环境保护纳入政府"一把手"政绩考核体系，但由于城市环境整治目标完成情况的奖惩办法不明确，特别是没有建立对未完成目标的惩罚机制，因此在实践中，城市环境综合整治的市长负责制没有得到很好落实，环境保护在政府各项工作中依然处于边缘地位。此后，随着国家对生态环境保护的日趋重视以及公众对城市环境的更高需求，城市环境综合整治定量考核的指标体系和实施细则得到不断拓展和完善。

四、建设项目环境影响评价制度

环境影响评价制度是对规划和建设项目实施后可能造成的环境影响进行分析、预测和评估，提出预防或者减轻不良环境影响的对策。它是控制新污染的第一道关口，是建立预防机制、减少环境污染和生态破坏的重要手段。我国第一次提出"环境影响"的概念是在 1973 年的《关于保护和改善环境的若干规定（试行草案）》，该文件提出"做好全面规划，自然资源的开发利用，要考虑到环境影响"。1978 年《环境保护工作汇报要点》提出，"选择厂址要注意到保护环境，合理布局"，工程项目要考虑"建成后环境质量状况的预计"。同年，北京师范大学等高校在国务院环境保护领导小组办公室的支持下，率先在江西永平铜矿进行了环境影响评价工作。[①]

1979 年 9 月《中华人民共和国环境保护法（试行）》颁布，共有两条条款对环境影响评价作出规定，使之第一次在法律层面被确认。这两条条款分别是第 6 条"一切企业事业单位的选址设计建设和生产，都必须充分注意防止对环境的污染和破坏。在进行新建改建和扩建工程时，必须提出对环境影响的报告书，经环境保护部门和其他有关部门审查批准后才能进行设计"；第 7 条"在老城市改造和新

---

① 《中国环境保护行政二十年》，北京：中国环境科学出版社 1994 年版，第
141—185 页。

城市建设中，应当根据气象、地理、水文、生态等条件，对工业区、居民区、公用设施、绿化地带等作出环境影响评价全面规划，合理布局，防治污染和其他公害，有计划地建设成为现代化的清洁城市"。此后，环境影响评价制度出现在中国制定和修改的有关建设项目的诸多法规中，如1981年的《基本建设项目环境保护管理办法》对环境影响评价的适用范围、评价内容、工作程序等作了较为明确的规定，把环境影响评价制度纳入项目审批程序；1986年的《建设项目环境保护管理办法》，扩大了环境影响评价制度的适用范围，对建设项目环境影响评价的审批和报告书编制格式都作了明确规定，较好地解决了环评工作和报告书的审批程序以及评价内容要求等问题，使环境影响报告制度的执行增强了可操作性。这个时期，我国陆续颁布了一系列文件，细化了我国环境影响评价制度的实施办法。

表3-6　建设项目环境影响评价制度（1979—1991年）

《基本建设项目环境保护管理办法》，1981年5月
《建设项目环境保护管理办法》，1986年3月
《关于建设项目环境影响报告书审批权限问题的通知》，1986年3月
《建设项目环境影响评价收费标准的原则与方法（试行）》，1989年5月
《建设项目环境影响评价证书管理办法》，1989年9月

第一，明确了环境影响评价制度的管理范围。要求工业、交通、水利、农林、商业、卫生、文教、科研、旅游、市政等对环境有影响的一切基本建设项目和技术改造项目以及区域开发建设项目，也包括引进的"三资"项目，都要执行环境影响评价报告书制度。

第二，确定了环评工作和报告书审批的程序。要求环境影响报告书要在可行性研究阶段完成，规定了环评大纲（或环评实施方案）的编报和审查、环评工作的开展、环境影响报告书的编报和预审、审批各个环节的衔接和工作内容要求。

第三，规定了国家和地方各级环保部门对环评报告书的审批权

限，明确了建设单位、行业主管部门、环保部门以及计划、土地管理、基建、技改、银行、物资、工商行政管理各部门的职责分工。其中，大中型基本建设项目由项目所在地的省级环境保护部门审批；特殊的建设项目（如核设施、绝密工程等）、特大型的建设项目以及跨越省、自治区、直辖市界区的建设项目的环境影响报告书须报国家环境保护局进行审批。

第四，建立环境影响评价"一票否决"制。对未经批准的环境影响报告书或环境影响报告表的建设项目，计划部门不办理设计任务书的审批手续，土地管理部门不办理征地手续，银行不予贷款；凡环境保护设计篇章未经环境保护部门审查的建设项目，有关部门不办理施工执照，物资部门不供应材料、设备；凡没有取得《环境保护设施验收合格证》的建设项目，工商行政管理部门不办理营业执照。建设项目在正式投产或使用前，建设单位必须向负责审批的环境保护部门提交《环境保护设施竣工验收报告》，说明环境保护设施运行的情况、治理的效果、达到的标准。经验收合格并发给《环境保护设施验收合格证》后，方可正式投入生产或使用。

第五，规定对从事环评单位实行资格审查，并发放《建设项目环境影响评价证书》，必须持证承担环评工作并对评价结论负责。

以上制度措施增强了环境影响报告制度的权威性和强制性，从1987年起，大中型以上建设项目的环境影响报告制度执行率基本达到100%，而且，许多已进入设计或施工阶段的在建工程，也补充履行了环境评价和报告书的审批工作。[1] 环境影响评价制度作为我国贯彻"预防为主"方针的重要制度，在控制新污染方面取得了明显效果，特别在保证建设项目合理选址上起到了突出作用，把许多严重

---

[1] 《中国环境保护行政二十年》，北京：中国环境科学出版社1994年版，第141—185页。

破坏环境和生态平衡以及影响地区长远发展的建设项目拒之门外，促进了经济建设和环境保护的协调发展。

1995 年以后，国家开始对建设项目的环境影响进行分类管理，陆续发布了《环境影响评价技术导则》"总纲""地面水""大气环境""声环境""生态环境"等文件，从技术上规范环境影响评价的工作，明确了环评的技术思路、工作内容以及工作方法，使环境影响报告书的编制更加标准化和细致化。

五、排放污染物许可证制度

1985 年 4 月，《上海市黄浦江上游水源保护条例》规定"一切有废水排入上述水域的单位应在本条例生效后三个月内，向所在区、县环境保护部门提出污染物排放申请，由环境保护部门按照污染物排放总量控制的要求进行审核、批准，统一颁发《排污许可证》。各排污单位应按规定排放污染物，并交纳排污费。未经许可，不准擅自排放污染物"[1]。这是我国第一部明确提出使用"排污许可证"管理的地方性法规，标志着我国排污许可制度的产生。

1988 年 3 月 22 日发布的《水污染物排放许可证管理暂行办法》是第一部在国家层面规范排污许可证管理的规范性文件。该办法第二条规定，"在污染物排放浓度控制管理的基础上，通过排污申报登记，发放水污染物《排放许可证》，逐步实施污染物排放总量控制"。

1989 年，第三次全国环境保护会议上提出了环境保护三大政策和八项管理制度，"排污申报登记和排污许可证制度"是八项管理制度之一。然而，由于排污申报登记和排污许可证制度还处在探索过程中，1989 年的《中华人民共和国环境保护法》中并未对排污申报登记和排污许可证制度进行规定。

---

[1] 《上海市黄浦江上游水源保护条例》，https://code.fabao365.com/law_ 441096. html

1989 年 7 月，国务院批准了《中华人民共和国水污染防治法实施细则》，其中第九条规定，"企业事业单位向水体排放污染物的，必须向所在地环境保护部门提交《排污申报登记表》。环境保护部门收到《排污申报登记表》后，经调查核实，对不超过国家和地方规定的污染物排放标准及国家规定的企业事业单位污染物排放总量指标的，发给排污许可证"，"对超过国家或者地方规定的污染物排放标准，或者超过国家规定的企业事业单位污染物排放总量指标的，应当限期治理，限期治理期间发给临时排污许可证"，"新建、改建、扩建的企业事业单位污染物排放总量指标，应当根据环境影响报告书确定"，"已建企业事业单位污染物排放总量指标，应当根据环境质量标准、当地污染物排放现状和经济、技术条件确定"，"排污许可证的管理办法由国务院环境保护部门另行制定"。这是排污申报与排污许可证制度首次写入部门规章。自 1990 年起，许多地市陆续制定了专门的排放水污染物许可证的管理办法。例如，《沈阳市排放水污染物许可证管理暂行办法》（1990 年）、《济南市排放水污染物许可证管理办法》（1990 年）、《合肥市实施排放水污染物许可证管理暂行办法》（1990 年）、《厦门市水污染物排放许可证管理实施办法》（1991 年）等。

1989 年，排污许可制首次涉足大气污染防治领域，国家环境保护局下发了《排放大气污染物许可证制度试点工作方案》，分两批组织 23 个环境保护重点城市及部分省辖市环保局开展试点工作。[①]

1996 年，《水污染防治法》中首次规定了排污申报登记制，这是排污许可制的前身，并且第一次写入环保单行法。1999 年修订的《海洋环境保护法》和 2000 年修订的《大气污染防治法》也相继对

---

① 贺蓉等：《我国排污许可制度立法的三十年历程——兼谈〈排污许可管理条例〉的目标任务》，载《环境与可持续发展》2020 年第 2 期。

污染物申报和排放许可作了规定。2001 年，国家环境保护总局发布《淮河和太湖流域排放重点水污染物许可证管理办法（试行）》，这是国家制定的第一部重点流域许可证专项规章。2004 年，国家环境保护总局对唐山市、沈阳市、杭州市、武汉市、深圳市、银川市发出《关于开展排污许可证试点工作的通知》，开展综合排污许可证试点，开始综合许可的探索。

综上所述，我国排污许可制度最早应用于水污染防治领域，然后延伸至大气污染防治领域，再拓展至探索综合许可；排污许可制主要与排污收费制挂钩；在推行范围上，在地方开展了一系列试点，尚未在全国范围推行。

六、环境保护目标责任制

实行各级政府行政首长环境保护目标责任制是第三次全国环境保护会议提出的五项新制度的第一项。党中央、国务院领导同志充分肯定并大力倡导这项制度。李鹏总理在第三次全国环境保护会议上指出，"各级政府的主要负责人要在自己的任期内，提出环境保护的责任目标，为群众多办几件实实在在的事情，为改善本地区、本部门的环境质量尽到责任，作出贡献。……省长、市长、县长、乡长，都要对本地区的环境质量负责。实践证明，凡是政府的主要领导重视环境保护工作，亲自过问环境管理和环境建设，环境恶化状况就逐步减轻，经济发展也富有成效。反之，不注意保护环境，环境污染就会日益发展甚至积重难返，经济建设也难以顺利进行"①。

环境保护目标责任制首先明确了政府环境保护主管部门和其他相关部门统一管理和协同分管、环境管理和环境建设的责任。环境保护部门是依法代表政府对环境进行统一监督管理的主管部门，对

---

① 国家环境保护局：《第三次全国环境保护会议文件汇编》，中国环境科学出版社 1989 年版，第 11 页。

全国的环境保护工作负责；海洋、水利、地质矿产、农牧渔业和林业等资源管理部门依法协管各自所属环境资源；而各工业部门则对所辖行业的环境建设负责。

其次，明确政府行政首长和环保部门的职责。一个地区的环境质量是该地区社会经济发展的综合体现，只能由有权决定该地区社会经济生活运行的政府行政首长即省长、市长、县长、乡长对本地区的环境质量负责，环保部门应为政府出谋划策，穿针引线，组织协调和监督实施，这就明确了环境责任的主体。只有转变了职能，明确了责任，推行环境保护目标责任制才有可能。

最后，制订合理可行的环境保护目标。这里有两个层次的问题。第一是制订长期规划。环境规划是环境建设的蓝图和依据，只有做好科学的规划，才能使工作摆脱盲目性，减少失误。第二是根据规划制订短期目标。一般是以一届政府任期为限，可以分解为年度计划。

在党中央的要求下，环境保护目标责任制在全国广泛地推开。如江苏省推行环境保护目标责任制，由省长、市长和县区长之间签订责任状发展到县区长与乡镇长、厂长间签订，由省长和部门主管领导签订发展到部门领导与下属单位签订，由同污染直接相关的工业主管部门签订发展到与公安、宣传、教育等部门签订。签订面由6个部门增至11个，还有许多部门主动要求加入这个行列。从对主要城市的目标考核发展到对小城镇、农村的全面考核，责任考核成绩逐年提高，南京、苏州两市跨入"全国环境十佳城市"行列。行业先进典型不断涌现，庞庄煤矿荣获"全国工业污染防治十佳企业"称号，南通机床厂、常州皮革机械厂、江苏三得利食品有限公司等单位被评为全国环保先进企业。① 但是，由于没有量化的考核评价和奖惩机制，在 GDP 增长的指挥棒下，环境保护目标责任制没有得到有效执行，很多地方流于形式。

七、污染集中控制制度

污染集中控制制度是相对污染分散治理而言的，是指在一定区域，建立集中的污染处理设施，运用政策的、管理的、工程技术的手段，对同类型的多个项目污染源进行集中控制和处理，以达到污染控制效果和经济效益最佳。这一含义有三层意思：一是集中控制必须在一个经济合理的范围内，对同类型污染采取有针对性的、行之有效的集中控制手段和措施；二是集中控制的手段是多元的，既有管理手段，又有工程技术手段；三是集中控制的目的是实现规模效益，达到环境经济效益最佳。

实践经验表明，污染集中控制与单位的分散治理相比，具有许多突出的优越性。污染集中控制通过规模效应可以用较少的投入取得较大的环境经济效益，从而减少企业污染治理负担，使企业集中精力发展生产。如吉林化工污水处理厂，规模为日处理 20 万吨，每吨污水处理投资约 400 元，处理费约 0.20 元，出水水质全部达标，而规模较小的深圳滨河水质净化厂，规模为日处理 5 万吨，按吉林化工污水处理厂建设同期价格算，每吨污水处理投资约 450~500 元，运行费 0.25~0.30 元，出水水质基本达标。②

同时，污染集中控制可采用先进的治理技术和控制手段，解决分散治理采用先进技术费用较高、拖延治理时间的问题，从而达到节约资源、减轻污染、改善生活环境的目的。以采暖为例，传统的

---

① 朱德明、柴汉明：《完善环境保护目标责任体系的若干思考》，载《环境导报》 1994 年第 8 期。

② 杨作精：《积极推行污染集中控制》，载《中国环境管理》 1992 年第 3 期。

做法是一家一个炉灶或一座楼一个锅炉，以散煤为燃料，煤的利用率低，劳动强度大，"三废"排放多，污染严重。实行集中供热以后，情况有了明显改善，据调查，集中供热比分散供热每平方米供热面积一年可节煤 4519 公斤，每万平方米节约劳动力 6 人，按全国集中供热面积 19400 万平方米计算，每年可节约煤 870 多万吨，价值 13 亿元，节省劳力 5220 人，节省工资费用 1250 万元。[①]

八、污染源限期治理制度

1979 年 9 月公布的《中华人民共和国环境保护法（试行）》中第十七条规定："在城镇生活居住区、水源保护区、名胜古迹、风景游览区、温泉、疗养区和自然保护区，不准建立污染环境的企业事业单位。已建成的要限期治理、调整或者搬迁。"第十八条又规定"积极试验和采用无污染和少污染的新工艺、新技术、新产品。加强企业管理，实行文明生产，对于污染环境的废气、废水、废渣，要实行综合利用，化害为利，需要排放的，必须遵守国家规定的标准，一时达不到国家标准的要限期治理，逾期达不到国家标准的，要限制企业的生产规模"。

1989 年 10 月，国务院召开第三次全国环境保护会议，根据《中华人民共和国环境保护法（试行）》的规定，在总结了近年来的限期治理污染工作的基础上，把限期治理污染作为我国环境管理制度的重要组成部分。

1989 年 12 月《中华人民共和国环境保护法》颁布实施，对限期治理污染正式作了法律规定，使限期治理污染有了重要的法律依据。其中第二十九条规定："对造成环境严重污染的企业事业单位限期治理。中央或省、自治区、直辖市人民政府管理的企事业单位的

---

① 杨作精：《积极推行污染集中控制》，载《中国环境管理》 1992 年第 3 期。

限期治理由省、自治区、直辖市人民政府决定。市、县或市、县以下人民政府管辖的企业事业单位的限期治理，由市、县人民政府决定。被限期治理的企业事业单位必须如期完成治理任务。"《中华人民共和国水污染防治法》《中华人民共和国大气污染防治法》和《中华人民共和国环境噪声污染防治条例》都有相应的关于限期治理污染的规定条款，为保证这项制度的执行和实施提供了法律上的依据。

污染源限期治理制度集中有限的资金解决突出的环境污染问题，在短期内可见明显成效，可以使群众反映强烈、污染危害严重的突出污染问题逐年得到解决，有利于改善厂矿与群众关系以及社会的安定团结。但是，由于限期治理制度没有具体的统一实施的细则办法，存在很大的随意性、盲目性，使得执行实践与预期目标存在较大差距。如湖南省湘潭市依法要求限期治理的项目为 97 项，但有44%的项目没有完成限期治理，主要原因在于一些单位对环境保护工作认识不高，法律意识淡薄，未主动努力以致多年没完成，还有一些项目下达后，技术难度太大，所耗资金巨大，企业的任务和压力也大，使项目难以落实。[①]

第三节　完善环境管理体制

1979 年 9 月颁布的《中华人民共和国环境保护法（试行）》设置了专门的一章，要求从国务院到县级人民政府都要加强环境保护机构建设，为我国建立和完善环境管理体制提供了根本的法律保障。

[①] 夏治安：《对实施限期治理法律制度的浅析》，载《环境保护》 1993 年第5 期。

这一时期，我国成立了独立的环境保护政府机构、环境监测机构和环境监督执法队伍，建立了相对完整的环境管理体制，改变了在此之前全国各地的环境保护办公室没有正式编制、没有执法权而不便开展工作的缺陷。

一、建立独立的环境保护管理机构

1982 年 3 月，国务院开展了改革开放以来以精简机构为核心的第一次大规模机构改革。由国家城市建设总局、国家建筑工程总局、国家测绘总局和国家基本建设委员会的部分机构，与国务院环境保护领导小组办公室合并，成立城乡建设环境保护部，部内设环境保护局，主管全国范围内的环境保护事务。环境保护局成为隶属于部委管辖的国务院正式职能部门。曲格平担任环境保护局首任局长。

1984 年 5 月，国务院作出《关于加强环境保护工作的决定》，决定成立国务院环境保护委员会，以加强部门之间的环保协调。委员会由国务院领导成员和有关部、委、局、直属机构及有关事业单位的领导成员组成。委员会主任由国务院领导成员兼任，时任国务院副总理的李鹏担任首任主任。委员会副主任和委员由国务院 24 个部、委、局负责人兼任。委员会办公室设在城乡建设环境保护部，主要任务是研究、审定、组织贯彻国家环境保护方针、政策和措施，由环境保护局负责国务院环境保护委员会的日常工作。

1984 年 12 月，国务院正式批准将城乡建设环境保护部下属的环境保护局改为国家环境保护局，作为国务院环境保护委员会的办事机构，负责全国环保的规划、协调、监督和指导工作。国家环境保护局凭借国务院环境保护委员会这个平台，冲破机构局限，有力地推动了中国的环境保护事业。

1988 年 7 月，国务院新一轮的机构改革将城乡建设环境保护部整合为建设部，原所属环境保护部门分出成立国家环境保护局（副部级），作为国务院的直属机构，不再隶属部委管辖。至此，我国有了独立的环境保护政府部门。

此后，我国环境保护管理机构历经多次改革。1998 年，国家环境保护局升格为正部级的国家环境保护总局。2008 年，国家环境保护总局升格为环境保护部。2018 年的国务院机构改革将生态文明建设职能分给两大部门：一方面，整合组建生态环境部，统一行使从天空到陆地的所有污染排放监管与执法职责；另一方面，组建新的自然资源部，专门负责自然资源的用途管制和合理开发。总之，生态环境保护机构的地位越来越高，在国家经济社会发展中的决策话语权也由边缘"配角"逐渐成为核心"主角"，乃至新时代的"一票否决"制，充分体现了我国对生态文明建设的重视程度。

二、建设环境监测机构

环境监测是了解、掌握、评估、预测环境质量状况的基本手段，是环境信息的主要来源。没有技术先进、科学、有效的环境监测，环境质量的好坏就无从评价，因此，环境监测是环境保护工作的"耳目"，是防治环境污染的依据。改革开放前，中国的环境监测只是由水文、地质、卫生等少数部门和一些地方从其专业工作需要出发，做过一些监测工作。如 1973 年春，北京市"三废"治理办公室组织了由 30 多个单位近 200 名科学技术人员组成的"北京市西郊环境质量评价探索研究协作组"，对北京西郊的大气、地面水、地下水和土壤污染状况进行了全面监测，取得了 10 多万个数据，掌握了西郊的环境质量状况，查明了污染的主要原因，并提出了解决办法。[①]1973 年 8 月，全国第一次环境保护会议以后，环境监测工作开始得到重视。然而，由于当时对环境监测工作认识上的局限，环境监测工作及建设的投资都放在卫生部门的防疫单位。

1978 年 12 月，国务院环境保护领导小组办公室的《环境保护工

---

① 《中国环境保护行政二十年》，北京：中国环境科学出版社 1994 年版，第113 页。

作汇报要点》提出："目前我国的环境监测工作力量薄弱、技术落后，不能及时正确地反映污染现状原因及危害程度，因此，必须下决心逐步地把各级环境保护部门的监测机构充实和建立起来，组成一个现代化的全国环境监测网络。"[①] 从 1979 年起，我国开始有计划、有组织地建设全国环境监测机构，环境监测工作进入发展较快的时期。

表3-7　有关环境监测的制度文件（1979—1991 年）

《全国环境监测管理条例》，1983 年 7 月
《环境监测质量保证管理规定（暂行）》，1991 年 1 月
《环境监测人员合格证制度（暂行）》，1991 年 1 月
《环境监测优质实验室评比制度（暂行）》，1991 年 1 月
《全国环境监测报告制度（暂行）》，1991 年 2 月
《工业污染源监测管理办法（暂行）》，1991 年 2 月
《全国环境监测仪器设备管理规定（暂行）》，1991 年 2 月
《环境监测为环境管理服务的若干规定（暂行）》，1991 年 2 月
《全国机动车尾气排放监测管理制度（暂行）》，1991 年 2 月

（一）中国环境监测总站的建成

为了建设全国的环境监测系统，必须首先建成牵头的中国环境监测总站。1979 年 5 月，国务院环境保护领导小组在《关于组建环境科学研究院和环境监测总站的报告》中提出，要抓紧建设中国环境监测总站，"组织和开展环境科学研究和环境监测工作日感迫切，越往后拖越不利，越被动"[②]。经过"六五"期间的努力，总站基本建成，截至 1992 年底，总站已经发展到 110 人，监测及科研实验用房 4000 余平方米，引进了一批精密分析测试仪器，建起了超净实验

---

① 国家环境保护总局、中共中央文献研究室：《新时期环境保护重要文献选编》，北京：中央文献出版社 2001 年版，第 15 页。

② 国家环境保护局办公室编：《环境保护文件选编（1973—1987)》，北京：中国环境科学出版社 1988 年版，第 109 页。

室和计算机房，建立了标准样品研制基地，[①] 组织编制了全国统一的环境监测方法、环境监测技术规范以及年度全国环境质量状况报告，对下属各级环境监测站起到了技术指导中心、网络中心和数据中心的作用。

（二）形成四级环境监测体系

1981 年 2 月，在《国务院关于国民经济调整时期加强环境保护工作的决定》中要求，"环境保护部门要抓紧各级监测站的建设，争取尽快把全国环境监测总站和 64 个省级、重点城市的环境监测站装备起来，形成工作能力"[②]。这 64 个环境监测站包括北京、上海、天津、黑龙江、吉林、辽宁、河南、河北、山东、山西、陕西、甘肃、青海、宁夏、湖南、湖北、广东、广西、云南、贵州、江西、福建、江苏、浙江、四川、新疆、内蒙古、安徽、西藏这 29 个省级环境监测中心，沈阳、广州、杭州、南京等 26 个省会市监测站，以及苏州、大连、吉林、唐山、包头、青岛、重庆、桂林、秦皇岛这 9 个城市监测站。经过国家和地方的共同努力，除西藏与拉萨合并建站在"七五"期内完成外，其他都在"六五"期间先后完成建站任务，基本形成了国家、省（自治区直辖市）、市（地区、州、盟）和县四级环境监测体系，在少数有条件的乡镇也建立了环境监测站。

各级环境监测站受同级环境保护主管部门的领导，业务上受上一级环境监测站的指导。它们对环境中各项要素进行经常性监测，对各有关单位排放污染物的情况进行监控，及时掌握和评价环境质量状况及发展趋势，为政府部门执行各项环境法规、标准化全面开展环境管理工作提供了准确、可靠的监测数据和资料。

---

① 《中国环境保护行政二十年》，北京：中国环境科学出版社 1994 年版，第 114 页。

② 《中国环境保护行政二十年》，北京：中国环境科学出版社 1994 年版，第 115 页。

（三）建立全国环境监测网络

20 世纪 80 年代初期，除环境保护行政主管部门系统建立环境监测站外，农业、林业、水利、地矿、气象、海洋等资源管理部门也陆续分别建立了部、厅水系、海区环境监测体系；各有关工业、交通、民政、卫生和军队部门也建立了本行业的部、厅、公司三级环境监测体系。据统计，截至 1992 年，国务院环境保护主管部门、资源管理部门、工业交通管理部门、军队环境管理部门等根据各自的职责分工分别开展了大气、地表水、噪声、海洋、生态、放射性等环境质量监测和各类污染源监测，已形成 4000 多个监测站，近 7 万人的监测队伍。[①]

虽然监测人员众多，但分属于不同部门，各自分散工作，整体力量很难发挥，客观上需要在统一的章程、统一的技术规范、统一的信息管理下组建网络分工协作，共同开展环境监测工作。根据 1981 年《国务院关于在国民经济调整时期加强环境保护工作的决定》中关于"由环境保护部门牵头，把各有关部门的监测力量组织起来，密切配合，形成全国监测网络"[②] 的要求，部分省、市已初步建立起包括各有关部门环境监测机构在内的省级和市级横向环境监测网。1990 年，我国开始筹建国家级环境监测网。1991 年，在沈阳、太原、南昌、天津、乌鲁木齐等 11 个城市组建城市环境监测网试点工作的基础上，逐步建立起国家级、省级和市级三级横向环境监测网。

国家网由中国环境监测总站、各省（自治区、直辖市）环境监测中心站、国务院有关部（委、局、总公司）所属环境监测中心站、

---

① 《中国环境保护行政二十年》，北京：中国环境科学出版社 1994 年版，第 117 页。

② 国家环境保护总局、中共中央文献研究室：《新时期环境保护重要文献选编》，北京：中央文献出版社 2001 年版，第 25 页。

军队环境监测中心站等成员单位组成；省网由各省（自治区、直辖市）环境监测中心站、省辖市（地、州、盟）环境监测站、各省有关厅（局、公司）所属的环境监测站组成；市网由各省辖市（地、州、盟）环境监测站、各县（区、旗）环境监测站、市（地、州、盟）辖范围内有关部门和企业环境监测站组成。中国环境监测总站及地方的省级环境监测中心站、市级环境监测站分别为国家网、省级网和市级网的业务牵头单位。环境监测网中的各成员单位互为协作关系，其业务、行政的隶属关系不变。环境监测网的任务是联合协作，开展各项环境监测活动，汇总资料、综合整理，为向各级政府全面报告环境质量状况提供基础数据和资料。

此外，国家还建立了环境监察员制度。环境监察员是环境监测站对各单位及个人排放污染物的情况和破坏或影响环境质量的行为进行监测和监督检查的代表。各级环境监测站设环境监察员，凡监测站工作人员经考试合格后被授予国家各级环境监察员证书，保证了环境监测的权威性和规范性。

进入新世纪，我国环境监测机构及其管理制度不断创新完善，相继制定了《污染源自动监控管理办法》（2005 年）、《环境监测管理办法》（2007 年）、《污染源自动监控设施运行管理办法》（2008年）、《近岸海域环境监测规范》（2008 年）、《污染源自动监控设施现场监督检查办法》（2012 年）等规章、标准和政策文件。目前，我国生态环境监测整体能力已经达到国际先进水平，陆海统筹、天地一体、上下协同、信息共享的生态环境监测网络基本建成，综合集成、测管联动、支撑保障能力明显增强，监测数据质量得到有效保证，实现了生态环境监测领域全覆盖、要素全覆盖、区域全覆盖，为环境管理提供有力的技术支撑发挥了不可替代的作用。

三、建立环境监理机构

此处的环境监理指的是环境监察，早期环境监察称为环境监理，也就是环境保护的监督管理，是环境保护行政部门实施统一监督、强化执法的主要途径之一。我国的环境执法是从征收排污费开始的。自全国开展征收排污费工作以来，各地陆续建立了专职的排污收费机构，共计10000人左右，[①] 这支队伍以排污收费为主，因为要经常深入到排污单位，一些地方环保部门也赋予了这支队伍监督环保治理设施运行、排污许可证发放、污染事故纠纷处理等微观监督管理职能。根据地方环境执法从排污收费逐步拓展至环境监理这一实际情况，国家环保局决定以现有排污收费专职机构为主，建立并规范环境监理队伍。

1986年5月，国家环保局先后发文，确定广东省顺德县、山东省威海市为全国镇环境监理工作试点单位。同年11月，国家环保局又批准安徽省马鞍山市为环境监理员制度试点单位。三个试点的市、县政府非常重视，给予大力支持。试点工作富有成效，表现在：通过环境现场执法，提高了污染防治设施运转率，由过去的50%提高到82%；严格执法后，排污收费有较大幅度增加；污染事故、纠纷、来信来访得到了及时的处理，结案率、回访率均达到95%。[②] 从1990年起，环境监理工作在全国推广。

国家环保局于1991年8月印发了《全国环境监理工作暂行办法》，1992年7月发布了《环境监理执法标志管理办法》，对环境监理的目的、任务，环境监理机构的职责和环境监理员的职责及应具备的条件、执行任务时的权力等均作出了明确规定，标志着我国环境监理队伍的正式建立，并走上了规范化、制度化发展阶段。

第一，要求县及县级以上地方各级人民政府环境保护部门应设

---

① 《中国环境保护行政二十年》，北京：中国环境科学出版社1994年版，第152页。

② 《中国环境保护行政二十年》，北京：中国环境科学出版社1994年版，第153页。

立环境监理机构。环境监理机构内设立环境监理员，在有条件的地方，乡镇、街道也应设立专职环境监理员，建立、健全环境保护执法队伍，充实加强环境保护执法力量。

第二，明确环境监理机构的职责。在各级人民政府环境保护部门领导下，依法对辖区内污染源排放污染物情况和对海洋及生态破坏事件实施现场监督、检查，负责环境污染事故、纠纷的调查处理，负责排污费的征收工作。

第三，规范环境监理员的执法行为。要求环境监理人员执行其他公务时，必须佩戴由国务院环境保护行政主管部门统一颁发的"中国环境监理"证章，出示"中国环境监理"证件。县级以上环境保护行政主管部门，对本辖区内持有执法标志的环境监理人员，应定期组织审核，对不适合环境监理执法工作的应予调整，并报请原签发机关收回其环境监理执法标志。

环境监理制度不仅加强了各级环保部门的环境监理执法工作和执法队伍建设，而且在统一全国环境的执法标志的基础上，树立了良好的环保执法形象。截至 1991 年底，全国 79% 的省、80% 的市和39% 的县均建立了环境监理机构，全国共有监理机构 1363 个，人员达 1.6 万人。[①]

在这个时期，我国还建立了一些其他环境管理方面的组织机构。如，为加强对全民义务植树活动的组织领导，1982 年 2 月，国务院决定成立中央绿化委员会，1988 年改称为全国绿化委员会。全国绿化委员会具有法定的行政管理职能，对全国开展义务植树和城乡造林绿化进行宣传发动、组织协调、督促检查和评比表彰。还有"五讲四美三热爱"委员会、爱国卫生运动委员会也涉及污染防治、资源节约和生态保护等工作。

---

① 《中国环境保护行政二十年》，北京：中国环境科学出版社 1994 年版，第154 页。

本章总结

经过"文化大革命"的惨痛教训，我国充分认识到制度建设的现实紧迫性和极端重要性。在改革开放新时期，我国环境保护制度建设实现了里程碑式的突破。一是建构了完整的环境保护制度体系，出台了一系列环境保护法律，颁布了一些与之配套的行政法规，制定了一批强化环境监督管理的政策和制度，初步形成一套环境标准体系，可以说，这个时期我国生态文明制度的创建工作才真正完成，实现了我国环境保护工作从治理到管理的根本性转变。二是深化了环境保护制度的内涵。如，1983 年末的第二次全国环境保护会议提出了"经济建设、城乡建设与环境建设同步规划、同步实施、同步发展"，达到"经济效益、社会效益与环境效益统一"的"三同步""三统一"战略方针，赋予"三同时"制度更深更广的内涵，也对"三同时"管理工作提出了更高的要求。三是提升了环境保护政策的地位。环境保护被确立为基本国策，所谓国策，就是立国之策、治国之策，只有那些对国家经济建设、社会发展和人民生活具有全局性、长期性和决定性影响的谋划和策略，才可称为国策。基本国策的定位极大地增强了全民的环境保护意识，对于我国环境保护制度的执行、监督以及公众参与都具有深远的影响。四是初步尝试了用经济政策激励污染治理，这是我国环境保护市场机制的萌芽。

在"预防为主、防治结合""谁污染、谁治理"和"强化环境管理"三大对策和各项环境管理制度的推动下，工业污染防治作为中国环保工作的重点，取得了很大进展。在整个 80 年代国民生产总值翻番的情况下，污染物没有相应成倍增加。据统计，1991年我国燃料燃烧废气消烟除尘率85.7%，生产工艺废气净化处理率68.9%，工业锅炉烟尘排放达标率75%，工业废水处理率68.6%，工业固体废物处置量和废物综合利用量均有大幅增长。[①]

然而，这个时期我国环境保护制度还存在着一些问题，主要体现在以下几个方面。第一，环境保护制度的关注重点主要集中为"三废"治理，如1989年制定的《本届政府环境保护目标与任务（1988—1992年）（讨论稿）》，提出了13项量化的具体指标，其中11项与工业"三废"直接相关。[②] 第二，环境制度的行政色彩非常浓厚。在很多中央和地方性法规中，经常会看到"停止建设""停止生产使用""责令限期整改""责令停业关闭""逾期罚款"等词汇。行政命令的优点是能够政令畅通，党和国家的环境保护意志很快得以贯彻，但是，一些地方政府在解决环境问题时简单粗暴，不管企业的实际情况和愿望诉求，任意划定限期治理的时间表，对规定时间内完不成限期治理指标或任务的企业要么罚款，要么勒令搬迁，要么强制关闭，一定程度上挫败了企业经营的积极性，也影响了地区社会秩序的稳定。

---

① 《1991年中国环境状况公报》，载《环境保护》1992年第7期。

② 国家环境保护局：《第三次全国环境保护会议文件汇编》，北京：中国环境科学出版社1989年版，第34页。

第四章

生态文明制度建设的深化拓展

（1992—2002）

　　1992 年是我国经济社会发展史上的重要年份。在这一年，邓小平南方谈话后，党的十四大明确提出建立社会主义市场经济体制的改革目标；联合国环境与发展大会在巴西里约热内卢召开，提出了"可持续发展"的创新理念，通过了《里约热内卢环境与可持续发展宣言》和《21 世纪议程》两个纲领性文件，要求各国制定和组织实施相应的可持续发展战略、计划和政策；我国在《关于出席联合国环境与发展大会的情况及有关对策的报告》中尖锐指出，"我国经济发展基本上仍然沿用着以大量消耗资源和粗放经营为特征的传统发展模式，这种模式不仅会造成对环境的极大损害，而且使发展本身难以持久"，"转变发展战略，走持续发展道路，是加速我国经济发展、解决环境问题的正确选择"，并结合中国国情提出了中国环境与发展领域的十大对策；我国编制了世界上第一个国家级的可持续发展议程《中国 21 世纪议程——中国 21 世纪人口、环境与发展白皮书》，确立了中国可持续发展的总体战略框架和各领域主要目标，体现了中国政府以强烈的历史使命感和责任感，去完成对国际社会应尽的义务和不懈地为全人类共同事业做出更大贡献的决心。在可持续发展战略理念和社会主义市场经济体制改革目标的指导下，我国环境保护制度建设从管理视野、管理范围、管理手段、管理强度均发生了重大变化。

第一节 环境立法和监管执法并重

在 20 世纪 80 年代，虽然我国出台了一系列环境法律法规，但是在环境法的执行落实中大打折扣，这与当时法律制度的实施细则不完善、标准不明确以及执法队伍不健全等有很大关系。进入 90 年代后，面对城市环境污染仍在加剧并向农村蔓延，生态破坏的范围在扩大的严峻形势，江泽民指出，要环境立法和执法两手抓，两手都要硬，"要为环保部门严格执法创造良好的条件，建立健全的、行之有效的环保监督管理机制。各级领导干部要带头遵守环境保护法律法规，并为环保部门严格执法撑腰"①。这个时期我国掀起了环保执法风暴，在健全完善执法机制方面取得明显进展。

一、完善环境法律体系

1993 年 3 月，第八届全国人民代表大会第一次会议决定设立全国人大环境保护委员会，1994 年 3 月，全国人大环境保护委员会改为全国人大环境与资源保护委员会，极大地推动了我国环境法的起草和监督实施工作。

（一）制定和修订环境法

从 1993 年到 2002 年，我国新制定了环境单行法 11 部，修订完善了土地管理法、森林法、海洋环境保护法等法律。

---

① 国家环境保护局：《第三次全国环境保护会议文件汇编》，北京：中国环境科学出版社 1996 年版，第 4 页。

表 4-1　我国新制定的环境法（1992—2002 年）

《中华人民共和国固体废物污染环境防治法》，1995 年 10 月

《中华人民共和国煤炭法》，1996 年 8 月

《中华人民共和国环境噪声污染防治法》，1996 年 10 月

《中华人民共和国节约能源法》，1997 年 11 月

《中华人民共和国气象法》，1999 年 10 月

《中华人民共和国大气污染防治法》，2000 年 4 月

《中华人民共和国防沙治沙法》，2001 年 8 月

《中华人民共和国海域使用管理法》，2001 年 10 月

《中华人民共和国清洁生产促进法》，2002 年 6 月

《中华人民共和国水法》，2002 年 8 月

《中华人民共和国环境影响评价法》，2002 年 10 月

　　以上环境保护法规与之前最大的不同，就是将可持续发展的理念渗透到法律之中，立法目的突出了人口、经济、社会和资源环境协调发展的要求。20 世纪 90 年代以前的环境法在立法宗旨方面更多地强调"促进社会主义现代化建设的发展""保障人民群众的身体健康和生活需要""改善生态环境，发展生产"，也就是说以前的环境法将防止污染、保护环境的目的确定在发展经济和现代化建设方面，而这一时期的环保法则把目标性要求转化为过程性要求，提出实现人口再生产、物质再生产和环境再生产的协调发展，这是环境立法的重大进步。如 2000 年修订的《中华人民共和国大气污染防治法》第一条将可持续发展作为立法目的之一，该条规定："为防治大气污染，保护和改善生活环境和生态环境，保障人体健康，促进经济和社会的可持续发展，制定本法。"2001 年的《中华人民共和国防沙治沙法》第一条规定，制定该法的目的为"预防土地沙化，治理沙化土地，维护生态安全，促进经济和社会的可持续发展"；2002年的《中华人民共和国清洁生产促进法》第一条指出："为了促进清洁生产，提高资源利用效率，减少和避免污染物的产生，保护和改善环境，保障人体健康，促进经济与社会可持续发展，制定本

法。"其他制定和修订的环境法也作出了类似的规定。

（二）运用刑法强力保障生态环境

以前，我国对于破坏生态环境的行为采取的是罚款、责令整改和修复等行政处罚措施，1997 年修订的《中华人民共和国刑法》在第二编第六章第六节专门增加了"破坏环境资源保护罪"，其中共规定了 14 个具体罪名，根据侵犯对象和行为方式的不同，可以分为两类：一类是污染环境方面的犯罪，包括重大环境污染事故罪，非法处置进口的固体废物罪，擅自进口固体废物罪。另一类是破坏环境资源方面的犯罪，包括非法捕捞水产品罪，非法猎捕、杀害珍贵、濒危野生动物罪，非法收购、运输、出售珍贵、濒危野生动物、珍贵、濒危野生动物制品罪，非法狩猎罪，非法占用耕地罪，非法采矿罪，破坏性采矿罪，非法采伐、毁坏珍贵树木罪，盗伐林木罪，滥伐林木罪，非法收购盗伐、滥伐的林木罪。对于严重破坏生态环境的不法分子，处以最高达十年的有期徒刑，并处罚金。用刑罚的威严震慑犯罪分子，明显起到了保护生物资源、自然资源和生态环境的现实成效。

在这个时期，我国还制定了人口、资源、环境、灾害方面的行政规章和部门规章 100 余部，如《淮河流域水污染防治条例》《乡镇企业环境管理条例》《资源综合利用认定管理办法》《废物进口环境保护管理暂行规定》等，为法律的实施提供了一系列切实可行的细则保障。我国在农业法、民法、经济法、行政法、劳动法等部门法中增加或完善了有关环境与资源保护的内容，各地区根据实际情况，制定了一批适合本地情况的地方环境法规和地方环境标准。此外，我国还加入或签署了一系列环境与资源保护的国际条例。

二、强化环境监督管理

1998 年国务院新一轮机构改革将国家环境保护局升格为正部级

的国家环境保护总局，且国家核安全局也调整建制划入国家环保总局，新增了核与辐射安全监管、农村生态环境保护、生物安全、机动车污染防治等 6 项职能，确立了环境污染防治、生态保护、核与辐射安全监管三大职能领域，同时，撤销国务院环境保护委员会，有关组织协调的职能交由国家环保总局承担。2000 年，中央编办批复在国家环保总局设立国家生物安全管理办公室，牵头负责生物安全管理工作。2001 年，国家环境保护总局设立了直属事业单位性质的环境应急与事故调查中心。这个时期，在中央政府环保机构职能加强的同时，地方环境监管也不断增强，基本形成从中央到省、市、县的四级环境监督管理机构体系，环境执法监督逐步形成了以集中式执法检查活动为推动，以日常监督执法为基础，以环境执法稽查为保证，以公众和舆论监督为支持的现场监督执法工作体系，对打击环境违法行为、维护群众环境权益发挥了重要作用。

（一）探索建立环保派出机构监管模式

环保派出机构的管理模式，即由市环保部门在市辖区设立派出机构。从 1992 年至 2002 年，全国已经有 16 个省（自治区）的 27 个地级以上的城市，实行了环保派出机构的管理模式。[1] 相比市、区分级管理的环境管理体制，实行环保派出机构管理模式，对于强化城市环境管理的统一性和协调性，加大环保执法力度，理顺关系，减少矛盾，提高办事效率具有多重意义。

一方面，有利于对城市环境实施统一监督管理。由于城市区与区之间分散执法，环保工作很难形成合力，经常出现同一个区域，甚至同一条街道就有几个环保部门交叉管理的情况，导致职责不明、政出多门，有利的事情抢着干，无利或不利的事情没人管，容易出

---

[1] 徐善春：《城市实行环保派出机构管理体制》，载《环境导报》 2003 年第 19 期。

现管理"死角"。实行环保派出机构后，市局对各分局有直接的领导和调度权，打破了区一级行政管理的局限，可以对整个城区的环境保护工作实行统一规划、统一标准和统一行动，对市民反映强烈的施工噪声、烟尘污染和"白色污染"等扰民问题进行集中整治，及时有力打击各种环境违法行为。

另一方面，有利于加大整个城市的环境执法力度，减少或避免行政干预和地方保护主义。由于缺少统一的标准和规范，对新项目的审批及环境违法行为的处罚，仅是依据法律、法规的原则规定，各级环保部门具体掌握的执法度有很大差异，容易引起矛盾。实行派出机构后，市局与分局、各分局之间的沟通比较顺畅，市局根据本市的特点制定执法人员岗位规范，统一执法。此外，区一级环保部门由于受区域管理的限制，容易受到来自同级政府和有关部门的行政干预，在新项目审批、污染源监督管理及排污收费等问题上，常常执法不能到位，产生了消极影响。实行派出机构后，分局直接接受市局领导，与区政府是协调和配合的工作关系，从而不必过多顾虑各方面的人情关系，敢于依法办事，工作力度明显加大。区政府领导也会逐步转变观念，环境意识逐步提高，对环保工作的主动性和重视程度也会明显增强。

（二）加强环境保护执法检查

1993 年，国务院下发《关于开展加强环境保护执法检查严厉打击违法活动的通知》，要求"强化环境执法监督，采取切实有力措施，大张旗鼓地进行宣传和检查环境保护法律、法规的贯彻落实，严厉打击那些造成严重污染和破坏生态环境、影响极坏的违法行为"[①]。1996 年《国务院关于环境保护若干问题的决定》再次强调，

---

① 《国务院关于开展加强环境保护执法检查严厉打击违法活动的通知》，载《中华人民共和国国务院公报》1993 年 2 月 6 日。

"严格环保执法，强化环境监督管理"，要求"加强环境监理执法队伍建设，严格环保执法，规范执法行为，完善执法程序，提高执法水平"，"要进一步健全环境保护的法律法规体系和管理体系，开展经常性的环境保护行政执法检查活动，严肃查处有法不依、执法不严、违法不究和以言代法、以权代法、以罚代刑等违法违纪行为。构成犯罪的，应依法追究其刑事责任"①。1996 年，我国相继颁布《环境监理工作制度（试行）》《环境监理工作程序（试行）》等文件，环境保护执法检查更加规范。

第一，要求各级人民政府要迅速行动起来，组织力量开展加强环境保护执法检查，将违法排污和非法经营珍稀、濒危野生动物作为检查重点，力争用两三年的时间扭转有法不依、执法不严、违法不究的局面。

第二，在开展加强环境保护执法检查、严厉打击违法行为的活动中，环保部门要依法行使职权，对重大的违法案件，要一查到底，公开处理；对执法不力、工作懈怠的单位要给予严肃批评和必要整顿；对玩忽职守、徇私舞弊的单位和个人，必须依法严肃查处，情节严重构成犯罪的，司法机关要追究其刑事责任。

第三，环保部门要与林业、农业、水利、建设、工商、外贸、海关、商业、公安、司法和新闻宣传部门要积极协调配合，共同做好环境保护执法检查工作。新闻宣传部门要充分运用舆论工具提高全民环境法治观念和环境意识，对那些严重违法的单位和个人，要公开揭露、点名批评。

1997 年至 2000 年，国家环保总局联合全国人大环境与资源保护委员会、全国政协人口资源环境委员会、监察部、国务院有关部委

① 《十四大以来重要文献选编》（下），北京：人民出版社 1999 年版，第 1993、1994 页。

连续四年开展了环保执法检查。检查团通过听取各级政府、部门、企业的汇报、查阅档案材料、实地抽查排污企业、调阅监测数据，采取驻厂督查、互查、暗查和夜间、节假日突击检查等多种形式，对排污单位进行定期、不定期的现场检查，四年共检查省（市、区）63 次，地区（市）211 次，县（市）243 次，现场检查单位 1000 多个，使浙闽矾矿污染纠纷等一批环境热点问题得到初步解决。同时，及时处理了安徽省阜阳市"5·18"特大污染事故、福建省龙岩市氰化钠翻车事故、福建省沙溪河农药翻车事故、河北省沧州市硫酸二甲酯翻车事故等一批重大、特大污染事故，这些事故由于采取措施得力，均得到及时有效处理，没有给人民生命财产带来重大损失。此外，重点流域污染源执法监督力度不断加大，2000 年，仅淮河流域四省环境监理机构就对污染源进行了 4 万多次现场检查，对重点污染源的现场检查坚持做到了每月 3 次，污染治理设施正常运转率保持在 90% 以上。[①] 环境保护执法检查对污染和破坏环境的行为进行严肃查处，对环境违法犯罪行为进行严厉打击，坚决查处了各种违法犯罪行为，环境保护法律的权威性显著提高。

在这个时期，我国环保监督管理还有一个重大变化，即 1999 年《关于地方政府机构改革的意见》将环保部门领导管理体制确定为国家环保总局和地方政府双重领导，以地方政府为主，进一步明确和强化了环境质量地方政府负责的制度。但是在这个行政体制下，环保部门既受制于同级政府，又接受上级环保部门的业务指导，这种双重领导体制的弊端导致环保部门的监督权、执法权势必要承受多方面的压力，造成环保部门不能放开手脚，独立运行。

---

① 《国家环保总局关于全国环境保护执法监督工作情况的报告》，https：//china. findlaw. cn/fagui/p_ 1/193216. html？download＝doc.

第二节　探索建立面向市场的环境经济制度

新中国成立以来，国家曾长期以行政手段无偿提供土地资源、水资源等自然资源给企业、事业单位使用，本应归公有的大量资源收益留在使用者手中，国家缺乏调剂余缺的力量，难以实现自然资源在社会化生产中的优化配置，自然资源的利用效率非常低下，同时造成自然资源的公有制在很大程度上被虚化，滋生行政腐败等乱象。1992 年，党的十四大明确提出建立社会主义市场经济体制的目标，在环境保护领域引入市场机制，成为党的十四大以来环保制度建设的突出特点。1992 年通过的《关于出席联合国环境与发展大会的情况及有关对策的报告》列出的十条对策和措施中，专门提到"随着经济体制改革的深入，市场机制在经济生活中的调节作用越来越强，各级政府应更多地运用经济手段来达到保护环境的目的"①。其中，提到的经济手段包括：逐步开征资源利用补偿；研究并试行把自然资源和环境纳入国民经济核算体系；制定不同行业污染物排放的时限标准；对环境污染治理、废物综合利用和自然保护等社会公益性明显的项目给予必要的税收、信贷和价格优惠；引进项目时，要切实把住关口，防止污染向我国转移。1992 年《中国 21 世纪议程》提出了一系列促进可持续发展的经济政策。1993 年通过的《关于调整"八五"计划若干指标的建议》，强调在能源产品的政策调整方面要大力开展市场经济改革，比如煤炭工业方面，提出"要深

---

① 国家环境保护总局、中共中央文献研究室：《新时期环境保护重要文献选编》，北京：中央文献出版社 2001 年版，第 198 页。

化价格改革，把统配煤矿指令性价格，分三年全部转为市场价"；电力工业方面，调动地方办电的积极性，"通过发行债券、股票等形式，吸引社会资金用于电站建设"；石油工业方面，"积极推动油气价格改革"[①]。1994 年环保局颁布的《全国环境保护工作纲要（1993—1998）》则明确提出今后 5 年环境保护工作的指导思想是适应建立社会主义市场经济体制的新形势，"继续进行环境和自然资源核算的研究工作，力争将其纳入国民经济核算体系，促使市场价格能够准确反映经济活动造成的环境代价"[②]，并在"运用环境保护经济手段，拓宽环境保护资金渠道"部分详细阐释了环保财政政策、融资政策、投资政策、收费政策，特别提出要试点征收资源开发生态环境补偿费，探索成立环境保护投资公司，积极争取国际环境保护赠款和贷款，促进环境治理资金渠道的多元化。以上关于环保经济政策的理念比较全面和先进，在 20 世纪末期，依据当时的基础和条件，除了完善排污费以外，我国主要开展了征收矿产资源补偿费和资源税的探索实践。

一、征收矿产资源补偿费

矿产资源补偿费，是指采矿权人为补偿国家矿产资源的消耗而向国家缴纳的一定费用。矿产资源补偿费是一种财产性收益，它是矿产资源国家所有权在经济上的实现形式。为了保障和促进矿产资源的勘查、保护和合理开发，维护国家对矿产资源的财产权益，1994 年 2 月国务院发布《矿产资源补偿费征收管理规定》，对矿产资源补偿费的征收对象、范围、费率、程序和使用与管理提出了一整套措施和方法。

---

① 《十四大以来重要文献选编》（上），北京：人民出版社 1996 年版，第 106、107 页。

② 《全国环境保护工作纲要（1993—1998）》，载《环境保护》1994 年第 3 期。

第一，征收对象和费率。矿产资源补偿费由采矿权人缴纳。矿产资源补偿费实行从价计征的方式，按照矿产品销售收入的一定比例计征，费率为 0.5%—4%。矿产资源补偿费是中央和地方共享收入，其中，中央与省、直辖市的分成比例为 5∶5，中央与自治区的分成比例为 4∶6。

第二，征收范围。所有经过地质成矿作用而形成的，天然赋存于地壳内部或地表埋藏于地下或出露于地表，呈固态、液态或气态的，并具有开发利用价值的矿物。从废石、尾矿、低品位矿产资源等中回收矿产品可以免缴或减缴费用。

第三，征收程序。采矿权人在缴纳矿产资源补偿费时，应当同时提交已采出的矿产品的矿种、产量、销售数量、销售价格和实际开采回采率等资料，并在限定日前缴纳费用，否则处罚滞纳金。

第四，使用管理。矿产资源补偿费由县级以上政府部门征收。矿区在县级行政区域内的，由矿区所在地的县级人民政府负责地质矿产管理工作的部门负责征收；矿区范围跨县级以上行政区域的，由所涉及行政区域的共同上一级人民政府负责地质矿产管理工作的部门负责征收；矿区范围跨省级行政区域的和在中华人民共和国领海与其他管辖海域的，由国务院地质矿产主管部门授权的省级人民政府地质矿产主管部门负责征收。矿产资源补偿费纳入国家预算，实行专项管理，主要用于矿产资源勘查。

1996 年修改的《矿产资源法》对矿产资源探矿权、采矿权有偿取得进行了规定，随后国务院相继出台了《矿产资源勘查区块登记管理办法》和《矿产资源开采登记管理办法》，对探矿权、采矿权使用费作出明确规定。因此，除了补偿费以外，矿业企业还要缴纳矿产资源勘查登记费、采矿登记费等中央部门行政性收费，以及各地设立的行政事业性收费和基金项目，如水资源费、土地复垦费、防止水土流失费、森林植被恢复费、育林基金、林业建设基金、排污费、价格调节基金等，充分体现了自然资源的价值，对于遏制国家矿产资源的乱采滥挖、采富弃贫、采易弃难等现象具有显著效果。

在矿产资源补偿费的征收过程中，我们也发现了一些突出问题，如征管队伍不稳定、征收程序不规范、矿产资源补偿费被截留或挪用的情况，据有关资料统计，1997 年全国矿产资源补偿费违纪金额达 7634 万元，占当年实征矿产资源补偿费的 8.7%。[1] 对此，2013 年 7 月，国土资源部发布《关于进一步规范矿产资源补偿费征收管理的通知》，以推进矿产资源补偿费征收管理科学化、规范化，切实保护采矿权人合法权益，维护国家财产权益，促进合理开发利用。

二、开征资源税

资源税是能源有偿使用制度的又一表现形式，是对纳税义务人在我国境内开采应税矿产品所课征的一种税。我国的资源税开征于 1984 年，当年 9 月，国务院发布《中华人民共和国资源税条例（草案)》，对开采原油、天然气和煤炭的企业开征资源税，税基为企业销售利润率超过 12% 的利润部分，实行超率累进征收，这表明资源税制建立之初是以调节级差收益为目的的。1986 年，我国对煤炭、原油和天然气实行从量定额征收资源税改革。

1993 年 12 月，国务院发布《中华人民共和国资源税暂行条例》，实行"普遍征收、级差调节"的税制，征税范围扩大到原油、天然气、煤炭、黑色金属矿原矿、有色金属矿原矿、其他非金属矿原矿和盐共 7 个税目大类。在计征方式上实行从量定额征税的办法，考虑资源条件的优劣对不同资源确定了幅度的单位税额。资源税为促进资源节约开采利用、提高资源使用效率和保护环境起到了重要

---

[1] 赵耀：《现行矿产资源补偿费征收存在问题浅议》，载《四川财政》 1999 年第 12 期。

作用。

此后，随着自然资源定价机制的改革完善，2011 年我国对资源税条例进行了修订，对原油、天然气资源税由从量计征改为从价计征，并相应提高了原油、天然气的税负水平，税率为 5% 至 10%，并统一内外资企业的油气资源税收制度，取消了对中外合作油气田和海上自营油气田征收的矿区使用费，统一改征资源税，以充分发挥资源税的调节作用。

第三节 污染物总量控制与清洁生产制度

在 20 世纪 90 年代以前，中国的污染控制政策一直是以浓度控制为核心的，例如，排污收费是依据污染物浓度排放标准来进行收费的，"三同时" 和环境影响评价等制度也都是以浓度排放标准为主要评价标准。但是，浓度控制忽视了污染源的排污行为在空间、时间和排放方式上的差异，由于浓度控制缺乏对排放时间的规定，就某一企业而言，即使所有污染源普遍达标排放，污染物总量仍将继续增加，污染加剧的趋势仍不可避免，而且除非安装连续监测装置，否则很难知道污染源的最高排放浓度是否超标，此外，不同气象条件、水文特征、地形等对污染物的吸纳和降解能力是不同的，统一的污染源排放标准有可能造成资金分配的不合理，降低资金的使用效率。为了解决实践中浓度控制的弊端，我国提出排放浓度标准与排放总量指标相结合的方式来控制污染物排放，并由此催生了清洁生产制度。

一、污染物总量控制制度

在 1989 年 4 月召开的第三次全国环境保护会议上，国家环保局提出了同时实行浓度控制和总量控制的污染控制对策，确定了由浓度控制向总量控制发展的方向。1996 年 3 月，全国人大通过《国民经济和社会发展"九五"计划和 2010 年远景目标纲要》提出"创造条件实施污染物排放总量控制"，"到 2000 年，力争使环境污染和生态破坏加剧的趋势得到基本控制，部分城市和地区的环境质量有所改善"①。1996 年 5 月修订的《水污染防治法》《淮河流域水污染防治暂行条例》等法律法规对达不到国家规定水质标准的水体或特定流域污染物的总量控制作出了相应规定。1996 年 8 月《国务院关于环境保护若干问题的决定》提出"要实施污染物排放总量控制，抓紧建立全国主要污染物排放总量指标体系和定期公布的制度"②，同年 9 月，国务院批准了《"九五"期间全国主要污染物排放总量控制计划》，对环境危害较大的 12 种污染物实行总量控制，意味着我国污染治理正式进入总量控制管理的新阶段。

第一，在各省、自治区、直辖市申报的基础上，核实省级 1995 年排放量基数；经全国综合平衡，编制全国污染物排放总量控制计划；把"九五"期间主要污染物排放量分解到各省、自治区、直辖市，作为国家控制计划指标。

第二，各省、自治区、直辖市依据行政区域面积、产业结构、经济和社会发展规划等因素，把省级控制计划指标分解下达市、区（县）或者行业，逐级实施总量控制计划管理。

第三，各省、市、区（县）或者行业分别编制年度计划。

第四，年度检查、考核，定期公布各地总量控制指标完成情况。

---

① 《中华人民共和国第八届全国人民代表大会第四次会议文件汇编》，北京：人民出版社 1996 年版，第 98 页。

② 《十四大以来重要文献选编》（下），北京：人民出版社 1999 年版，第 1986 页。

表 4-2 "九五"期间主要污染物排放总量控制计划汇总表①

名称	1995 年	2000 年	2000 年比 1995 年增长率（%）
烟尘排放量（万吨）	1744	1750	0.37
工业粉尘排放量（万吨）	1731	1700	-1.80
二氧化硫排放量（万吨）	2370	2460	3.82
化学需氧量排放量（万吨）	2233	2200	-1.49
石油类排放量（吨）	84370	83100	-1.5
氰化物排放量（吨）	3495	3273	-6.4
砷排放量（吨）	1446	1376	-4.8
汞排放量（吨）	27	26	-3.7
铅排放量（吨）	1700	1670	-1.9
镉排放量（吨）	285	270	-5.4
六价铬排放量（吨）	670	618	-7.7
工业固体废物排放量（万吨）	6170	5995	-2.9

　　主要污染物排放总量控制制度至今是我国环境保护的一项重要制度，以五年规划的形式下发各级各部门，如《"十一五"期间全国主要污染物排放总量控制计划》《"十二五"期间全国主要污染物排放总量控制计划》等，随着环境保护形势的发展变化，主要污染物的内容和总量控制指标在不断完善细化。

　　二、清洁生产制度

　　20 世纪中后期，西方国家在治理环境污染的实践中，越来越清晰地看到，环境问题的产生，不仅仅是生产终端的问题，在整个生产过程及其各个环节中都有产生环境问题的可能，因此，只对生产终端进行污染控制是远不能解决现存的环境问题的，只有发展清洁技术，推行清洁生产，对生产全过程进行污染控制，才能实现以尽

---

　　① 《"九五"期间全国主要污染物排放总量控制计划》，http://www.reformdata.org/1996/0903/16954.shtml.

可能小的环境代价和最少的能源资源消耗，获取最大的经济发展效益。清洁生产是对资源综合利用理念的延伸和升华，它将资源节约、环境保护的要求纳入生产全过程，要求实现生产源头、过程和末端的趋向零排放和零浪费。

清洁生产的理念最早起源于 20 世纪 60 年代的美国，当时美国化工行业提出的污染预防审计可以算是清洁生产的雏形。20 世纪 70 年代，欧洲共同体召开了无废工艺与无废生产国际研讨会，宣布推行清洁生产政策。1984—1987 年间，欧洲共同体环境事务理事会拨款支持建立清洁生产示范项目。1989 年，联合国环境规划署工业与环境规划活动中心制定的《清洁生产计划》，是世界上第一个关于清洁生产的规划。1990 年以来，联合国环境规划署先后举办了多次清洁生产国际研讨会，清洁生产的理念逐渐得以被人们了解和熟悉。1992 年，在巴西里约热内卢召开的联合国环境与发展大会把清洁生产确定为实现工业可持续发展的关键因素，并写入《21 世纪议程》。

1992 年联合国环境与发展大会后，我国积极响应国际社会倡导的清洁生产战略。1992 年的《中国环境与发展十大对策》提出，要广泛开展创造清洁文明工厂和环保先进企业活动，建立现代工业新文明。同年，国家环保局与联合国环境规划署联合举办了首届国际清洁生产研讨会，推出了《中国清洁生产行动计划（草案）》，该行动计划提出了实施清洁生产的四大要素：一是需要有一个可行的削减工业污染物排放量的规划目标，二是需要有一个结合中国国情的控制主要工业污染物排放量的技术政策或指南，三是需要有一系列鼓励推广清洁生产的政策和制度，四是需要有一个更加健全的工业污染防治的管理体系。这是中国首次就清洁生产问题作出系统性的规划安排。

1993 年 10 月，全国工业污染防治工作会议召开，明确提出实行清洁生产是国内外二十多年来工业污染防治的有益经验，是实现可持续发展的必然要求。这次会议分析了工业污染防治存在的执法不严、资金渠道不畅、环保产业发展缓慢等问题，提出工业污染防治必须实行清洁生产，实现三个转变：由末端治理向生产全过程控制转变，由浓度控制向浓度与总量控制相结合转变，由分散治理向分散和集中控制相结合转变。这次会议标志着在国家层面确定了清洁生产在工业污染防治中的地位和作用。

此后，我国重要的环境保护文件如《中国 21 世纪议程——中国 21 世纪人口、环境与发展白皮书》（1994）、《关于环境保护若干问题的决定》（1996）以及新颁布或修订的环境保护法律均对清洁生产作出了明确规定。而且，1994 年，我国成立了国家清洁生产中心，专门从事清洁生产的推行、研究和咨询工作。

1997 年 4 月，国家环保局制定并发布了《关于推行清洁生产的若干意见》，从提高认识、加大宣传、做好人员培训、建立现代企业制度、环境管理制度改革、环境经济政策、科学研究、国际合作等九个方面对全国推行清洁生产进行了部署安排，特别强调了以下三点举措。

第一，推进重点地区和重点行业的清洁生产。要求国务院划定的二氧化硫污染控制区和酸雨控制区，国家重点治理的淮河、海河、辽河和太湖、巢湖、滇池所在地的环境保护行政主管部门，要加快推行清洁生产的进程。"两区"和"三河""三湖"内的重点排污企业，必须开展清洁生产审计。电力、煤炭、建材、化工等行业的重点排污企业，要通过实施清洁生产削减污染物排放量。

第二，为了推进清洁生产，环保部门要逐步改革和完善现行的环境管理制度。包括：建设项目的环境影响评价应包含清洁生产有关内容，对于使用限期淘汰的落后工艺和设备，不符合清洁生产要求的建设项目，环境保护行政主管部门不得批准其建设项目环境影响报告书，所提清洁生产措施要与主体工程"同时设计、同时施工、同时投产使用"。排污许可证的发放程序应包括清洁生产审计，在排污申报登记的基础上，重点排污企业和进行总量控制的企业要有清洁生产评价报告和实施清洁生产进展报告，没有进行清洁生产审计的企业可暂不发给排污许可证。限期治理要优先采用清洁生产，被责令限期治理的企业，要通过采用清洁工艺和实施经过清洁生产评价产生的污染防治方案，达到限期治理要求。在条件成熟的地区，鼓励重点污染企业和清洁生产示范企业向社会公布企业清洁生产审核计报告。

第三，制定有利于清洁生产的环境经济政策。各级环境保护行政主管部门掌握的污染治理专项基金，要优先用于清洁生产项目。对于申请使用污染治理专项基金进行污染治理的企业，要在立项前进行清洁生产评价，在评价报告基础上产生的污染治理方案才能予以批准。通过清洁生产评价产生的污染防治项目应优先立项，所需资金优先安排。在国家和地方技改项目贷款和节能、综合利用等专项贷款中优先安排经济效益、环境效益显著的清洁生产示范项目。

为指导企业开展清洁生产工作，国家环保总局还会同有关工业部门编制了《企业清洁生产审计手册》以及啤酒、造纸、有机化工、电镀、纺织等行业的清洁生产审计指南。1999年5月，国家经济贸易委员会发布了《关于实施清洁生产示范试点的通知》，选择北京、上海等10个试点城市和石化、冶金等5个试点行业开展清洁生产示范和试点。与此同时，陕西、辽宁、江苏、山西、沈阳等许多省市也制定和颁布了地方性的清洁生产政策和法规。1999年10月《太原市清洁生产条例》是我国第一部清洁生产地方性法规。

各级环境保护行政主管部门按照积极稳妥的原则，以开展清洁生产审计试点工作为基础，按照培训人员、建立队伍、试点示范、总结推广的步骤开展工作，普遍取得了良好的经济效益和环境效益。截至 1997 年底，全国已有 219 家企业实施了清洁生产审核，清洁生产方案的实施取得了约 5 亿元/年的经济效益，环境效益也很明显，减排废水量 126 万吨/年，减排废气 8 亿立方米/年。[①] 有些企业因污染严重已经处于即将被关闭的境地，由于实施清洁生产，在较短的时间内实现了达标排放，同时达到了扭亏为盈的目标。截至 2000 年 5 月，国内通过不同途径已组织了 550 个清洁生产培训班，共有 16000 多人次接受了清洁生产培训，不同层次的管理者了解了清洁生产，清洁生产技术人员也获得了专门的清洁生产知识和技能。至 2000 年末，全国已建立了 21 个行业或地方的清洁生产中心，其中包括 1 个国家级中心、4 个工业行业中心（石化、化工、冶金和飞机制造业）和 16 个地方中心。[②]

通过大量试点工作的经验证明，实施清洁生产，可以节约资源，削减污染，降低污染治理设施的建设和运行费用，提高企业经济效益和竞争能力；实施清洁生产，将污染物消除在源头和生产过程中，可以有效地解决污染转移问题；实施清洁生产，可以挽救一大批因污染严重而濒临关闭的企业，缓解就业压力和社会矛盾；实施清洁生产，可以从根本上减轻因经济快速发展给环境造成的巨大压力、降低生产和服务活动对环境的破坏，实现经济发展与环境保护的"双赢"。再加上，在我国已加入 WTO 的新形势下，推动实施清洁生产具有更为紧迫的意义。因为在当前的国际贸易中，同环境相关的贸易壁垒已成为一个重要的非关税贸易壁垒。按照 WTO 有关例外措

---

① 罗吉：《我国清洁生产法律制度的发展和完善》，载《中国人口·资源与环境》 2001 年第 9 期。

② 李蒙：《关于〈中华人民共和国清洁生产促进法（草案）〉的说明》，载《中华人民共和国全国人民代表大会常务委员会公报》 2002 年 8 月 15 日。

施的规定，进口国可以以保护人体健康、动植物健康和环境为由，制定一系列相关的环境标准或技术措施，限制或者禁止外国产品进口，从而达到保护本国产品和市场的目的。我们要在国际贸易中维护自己的合法权益，必须做好多方面的准备，实施清洁生产，提供符合环境标准的清洁产品，从而在激烈的国际市场竞争中立于不败之地。因此，在国内试点经验和国际贸易形势的双重背景下，2002年6月，我国通过了《中华人民共和国清洁生产促进法》，于2003年1月1日正式开始实施。这是我国第一部关于清洁生产的专门性法律，也是世界上第一部以"清洁生产法"命名的专门法律，标志着我国清洁生产实现了完全的制度化和规范化。

进入新世纪后，清洁生产制度建设得到进一步完善，我国相继发布《关于贯彻落实〈清洁生产促进法〉的若干意见》《关于加快推行清洁生产的意见》《清洁生产审核暂行办法》以及清洁生产指标体系、清洁生产技术目录等文件。2012年，我国修订后的《中华人民共和国清洁生产促进法》提出了"强化政府编制和组织实施清洁生产推行规划责任"和"强化清洁生产审核"的要求，改变长期以来清洁生产规划仅具有指导性而无约束性的状况，提高规划的法律效力，扩大了实施强制性清洁生产审核的企业范围，进一步增强了清洁生产法律的操作性和强制性。

第四节　建立生态保护工程的支持政策

1998年我国发生了多起严重的洪涝灾害，长江发生了自1954年以来的又一次全流域性大洪水，嫩江、松花江发生了超历史纪录的特大洪水，珠江流域的西江、福建的闽江发生了百年一遇的特大洪水，淮河上游出现超警戒水位，黄河发生一般性洪水，西藏、浙江等地部分中小河流也发生了超过历史纪录的最大洪水。在党中央、国务院的坚强领导和直接指挥下，经过广大军民的奋力拼搏，战胜了一次次洪峰，夺取了抗洪斗争的伟大胜利。据统计，全国共有 30 个省（区、市）受灾、洪涝受灾面积 33 亿亩，成灾面积 2.07 亿亩，受灾人口 1.86 亿人，死亡 4150 人，倒塌房屋 685 万间，直接经济损失 2550.9 亿元。[1] 我国水患频繁的一个重要原因是国土生态环境遭到严重破坏。长期以来，中国东北、内蒙古国有林区和长江上游、黄河上中游地区，为国家建设和人民生活提供了大量木材，与此同时，造成天然林资源锐减、国有林区出现森林资源危机和林区经济危困。20 世纪 90 年代，仅长江上游、黄河上中游地区，每年因水土流失进入长江、黄河的泥沙量达 20 多亿吨，[2] 导致下游江河湖库日益淤积抬高，水患不断加重，严重影响广大人民群众的生产和生活。为此，1998 年《中共中央、国务院关于灾后重建、整治江湖、兴修水利的若干意见》指出，"森林植被是陆地生物圈的主体，是维持水、土、大气等生态环境的屏障。积极推行封山植树，对过度开垦的土地，有步骤地退耕还林，加快林草植被的恢复建设，是改善生态环境、防治江河水患的重大措施"，提出"实行封山植树、退耕还林，防治水土流失，改善生态环境"的重大战略，包括"全面停止长江、黄河流域上中游的天然林采伐，森工企业转向营林管护"，大力实施营造林工程，扩大和恢复草地植被，加大退耕还林和"坡改梯"力度等举措，[3] 标志着我国生态环境保护从单纯的污染治理走向

---

① 万群志：《1998 年洪涝灾情报告》，载《防汛与抗旱》 1998 年第 12 期。

② 李世东、金旻：《世界著名生态工程——中国"天然林资源保护工程"》，载《浙江林业》 2021 年第 10 期。

③ 《十五大以来重要文献选编》（上），北京：人民出版社 2000 年版，第 581—583 页。

污染治理和生态保护并举的新阶段。

一、中国天然林资源保护工程

1998 年特大洪涝灾害发生后，党中央、国务院从中国社会经济可持续发展的战略高度，作出了实施天然林资源保护工程的重大决策。依据原国家林业局 1998 年编制的《重点国有林区天然林资源保护工程实施方案》，当年在 12 个省（区、市）的重点国有林区开展试点工作。该工程旨在通过天然林禁伐和大幅减少商品木材产量，有计划分流安置林区职工等措施，解决中国天然林的休养生息和恢复发展问题。2000 年 10 月，国务院批准了《长江上游、黄河上中游地区天然林资源保护工程实施方案》和《东北、内蒙古等重点国有林区天然林资源保护工程实施方案》，天然林资源保护工程（以下简称天保工程）在全国 17 个省（区、市）全面启动，到 2010 年底按计划完成一期工程任务。"天保工程"的启动实施，是中国林业从以木材生产为主向以生态建设为主转变的历史性标志。

（一）天然林资源保护一期工程（2000—2010 年）

天然林资源保护一期工程（2000—2010 年）的范围是长江上游地区（以三峡库区为界）包括云南、四川、贵州、重庆、湖北、西藏 6 省（区、市），黄河上中游地区（以小浪底库区为界）包括陕西、甘肃、青海、宁夏、内蒙古、河南、山西 7 省（区），东北、内蒙古等重点国有林区包括内蒙古、吉林、黑龙江、海南、新疆（含新疆生产建设兵团），共 17 个省（区、市），涉及 724 个县、160 个重点企业、14 个自然保护区等。

天然林资源保护一期工程建设任务为：一是控制天然林资源消耗，实行木材停伐减产，全面停止长江上游、黄河上中游地区天然林的商业性采伐，东北、内蒙古等重点国有林区的木材产量由 1997年的 1853.6 万立方米调减到 2003 年的 1102.1 万立方米，停伐减产到位后，整个工程区年度商品材产量比工程实施前减少 1990.5 万立方米，减幅 62.1%。二是加快长江上游、黄河上中游工程区宜林荒山荒地的造林绿化，到 2010 年规划新增森林面积 1.3 亿亩，森林覆盖率由原来的 17.5% 提高到 21.2%，增加 3.7 个百分点。三是妥善分流安置国有林业企业富余职工，需要分流安置 76.5 万人，其中东北、内蒙古等重点国有林区 50.9 万人，长江上游、黄河上中游地区 25.6 万人。①

天然林资源保护一期工程主要采取了以下政策措施：一是开展对森林建设和管护的资金补助。如，人工造林一期工程投入标准为长江上游地区每亩 200 元，黄河上中游地区每亩 300 元；封山育林一期工程投入标准是每亩 70 元；飞播造林一期工程投入标准是每亩 50 元；国有林的森林管护一期工程补助标准为每亩 1.75 元，集体所有的国家公益林安排森林生态效益补偿基金每亩 10 元，集体所有的地方公益林按照每亩 3 元的标准补助森林管护费等。二是妥善分流安置森工职工，将"砍树人"变成"护林人"和"种树人"，为他们安排职工社会保险、教育、医疗卫生等经费补助，开展国有林区职工住房建设以及林区基础设施建设等。

以天保工程实施为载体，天然林保护取得了巨大的生态、经济和社会效益，成为改革开放的重大成果之一。我国森林资源总量不断增加，工程一期建设累计少砍木材 2.2 亿立方米，森林面积净增 1.5 亿亩，森林覆盖率增加 3.7 个百分点。天然林区蓄水保土能力显著增强，生物多样性日益丰富，东北林区绝迹多年的野生东北虎、东北豹时常出现，西南林区大熊猫、金丝猴等国家级重点保护野生动物的种群数量增加。林区打破了以木材生产为主的经营格局，经

① 李世东、金旻：《世界著名生态工程——中国"天然林资源保护工程"》，载《浙江林业》 2021 年第 10 期。

济结构得到调整，富余职工得到安置，初步实现了由"独木支撑"向"多业并举"、"林业经济"向"林区经济"的转变，工程区职工年平均工资由 2000 年的 4437 元提高到 2008 年的 12645 元，增幅达 185%。[①]

（二）天然林资源保护的进一步发展

从 2011 年开始，我国启动天然林资源保护二期工程，积极采取"停伐、提标、扩面"等强有力的政策措施，切实加大天然林保护力度，推动天然林保护向更广、更深、更高层次发展。

2014 年 3 月 14 日，习近平在中央财经领导小组第 5 次会议上指出："上世纪 90 年代末，我们在长江上游、黄河上中游以及东北、内蒙古等地实行了天保工程，效果是显著的。要研究把天保工程范围扩大到全国，争取把所有天然林都保护起来。"[②] 2017 年，中央 1 号文件中对"完善全面停止天然林商业性采伐补助政策"作出部署，将全国所有国有天然林都纳入停伐补助范围，非国有天然商品林停伐分步骤纳入管护补助范围，历时 3 年，完成了对天然林由区域性、阶段性保护到全面保护的跨越式转变。

2019 年 7 月 12 日，中办、国办印发了《天然林保护修复制度方案》，明确了对天然林保护修复工作的总体要求，提出了建立全面保护、系统恢复、用途管控、权责明确的天然林保护修复制度体系的重大举措和支持保障政策。

随着 2020 年天保二期工程的完成，《全国天然林保护修复中长期规划（2021—2035 年）》开始推进，天保工作将成为全国林草工作中一项常态化、制度化的工作，不再以工程措施推进，规划的编制

---

① 田新程：《天保工程：中国生态复兴之路——天然林资源保护工程一期建设成就综述》，载《中国林业》 2011 年第 5 期。

② 李世东、金旻：《世界著名生态工程——中国"天然林资源保护工程"》，载《浙江林业》 2021 年第 10 期。

就是天然林保护修复工作正常化的顶层设计和行动指南。

二、退耕还林还草工程

1998 年 10 月，基于对长江、松花江特大洪水的反思和我国生态环境建设的需要，中共中央、国务院制定《关于灾后重建、整治江湖、兴修水利的若干意见》，把"封山植树、退耕还林"放在灾后重建"三十二字"综合措施的首位。所谓退耕还林还草，就是从保护和改善生态状况出发，将水土流失严重的耕地，沙化、盐碱化、石漠化严重的耕地以及粮食产量低而不稳的耕地，有计划、有步骤地停止耕种，因地制宜地造林种草，恢复植被。1999 年 8 月至 10 月，国务院主要领导先后视察陕西、云南、四川、甘肃、青海、宁夏 6 省区，提出"退耕还林（草）、封山绿化、以粮代赈、个体承包"十六字方针，决定 1999 年在四川、陕西、甘肃 3 省率先开展试点，拉开了中国退耕还林还草的序幕。2002 年，在试点成功的基础上，退耕还林还草工程全面启动。2002 年 12 月国务院颁布了《退耕还林条例》，将退耕还林工作真正纳入了法治化轨道。

表4-3　关于退耕还林还草工程的政策文件（1992—2002 年）

《关于开展长江上游、黄河上中游地区退耕还林（草）试点示范工作的通知》，2000 年 3 月 《关于进一步做好退耕还林还草试点工作的若干意见》，2000 年 9 月 《退耕还林工程规划（2001—2010 年）》，2001 年 10 月 《关于进一步完善退耕还林政策措施的若干意见》，2002 年 4 月 《退耕还林条例》，2002 年 12 月

这一时期关于退耕还林还草工程的政策文件主要包括以下几个方面内容。

第一，明确退耕还林的范围。凡是水土流失严重和粮食产量低而不稳的坡耕地和沙化耕地，应按国家批准的规划实施退耕还林。对需要退耕还林的地方，只要条件具备，应扩大退耕还林规模，能退多少退多少。对生产条件较好，粮食产量较高，又不会造成水土流失的耕地，农民不愿退耕的，不得强迫退耕。

第二，建立完善林权制度，调动和保护农民退耕还林的积极性。实施退耕还林后，必须确保退耕农户享有在退耕土地和荒山荒地上种植的林木所有权，并依法履行土地用途变更手续，由县级以上人民政府发放权属所有证明。在确定土地所有权和使用权的基础上，实行"谁退耕、谁造林、谁经营、谁受益"的政策。农民承包的耕地和宜林荒山荒地造林以后，承包期一律延长到50年，允许依法继承、转让，到期后可按有关法律和法规继续承包。鼓励在有条件的地区实行集中连片造林，鼓励个人兴办家庭林场，实行多种经营。

第三，建立粮食补助制度，确保农民口粮供应。国家无偿向退耕户提供粮食、现金补助。粮食和现金补助标准为：长江流域及南方地区，每亩退耕地每年补助粮食（原粮）150公斤；黄河流域及北方地区，每亩退耕地每年补助粮食（原粮）100公斤。每亩退耕地每年补助现金20元。粮食和现金补助年限，还草补助按2年计算；还经济林补助按5年计算；还生态林补助暂按8年计算。

第四，建立种苗和造林费补助政策。退耕还林、宜林荒山荒地造林的种苗和造林费补助款由国家提供，国家计委在年度计划中安排。种苗和造林费补助标准按退耕地和宜林荒山荒地造林每亩50元计算。

第五，建立退耕地还林的农业税征收减免政策。凡退耕地属于农业税计税土地，自退耕之年起，对补助粮达到原常年产量的，国家扣除农业税部分后再将补助粮发放给农民；补助粮食标准未达到常年产量的，相应调减农业税，合理减少扣除数量。退耕之前的常年产量，按土地退耕前五年的常年产量平均计算。退耕地原来不是农业税计税土地的，无论原来产量多少，都不得从补助粮食中扣除农业税。

第六，实行目标任务资金责任"四到省"。退耕还林还草实行省级政府负总责和市、县政府目标责任制，并规定目标、任务、资金、责任"四到省"。国家林业和草原局每年与省级人民政府签订工程建设责任书，省级主管部门编制年度实施方案，县级主管部门编制作业设计，县级人民政府或者其委托的乡镇人民政府与土地承包经营权人签订退耕还林还草合同，退耕农户首次成为国家重点生态工程的基本单元和建设主体。

2007年，国务院发出了《关于完善退耕还林政策的通知》，继续延长对退耕农户给予的适当补助，并建立巩固退耕还林成果专项资金，主要用于西部地区、京津风沙源治理区和享受西部地区政策的中部地区退耕农户的基本口粮田建设、农村能源建设、生态移民以及补植补造，并向特殊困难地区倾斜。2014年开始实施新一轮退耕还林还草，《关于印发新一轮退耕还林还草总体方案的通知》明确提出，到2020年将全国具备条件的坡耕地和严重沙化耕地约4240万亩退耕还林还草。2017年国务院同意核减17个省（区、市）3700万亩陡坡基本农田用于扩大退耕还林还草规模。2019年国务院同意扩大11个省（区、市）贫困地区陡坡耕地、陡坡梯田、重要水源地15—25度坡耕地、严重沙化耕地、严重污染耕地退耕还林还草规模2070万亩。新一轮退耕还林还草的总规模超过1亿亩。[①]

通过实施退耕还林还草，长江、黄河中上游等大江大河流域及重要湖库周边水土流失状况明显改善。据2020年最新监测评估结果，全国退耕还林每年产生的生态效益总价值量达1.42万亿元，相当于工程总投入的2倍多。农民群众是退耕还林还草工程的建设者，

---

① 李世东：《世界著名生态工程——中国"退耕还林还草工程"》，载《浙江林业》2021年第8期。

也是最直接的受益者。退耕还林工程的实施，改变了农民祖祖辈辈垦荒种粮的传统耕作习惯，年轻一代从耕地的束缚中解放出来，走上了追求更高梦想和希望的生活。全国 4100 万农户参与实施退耕还林，1.58 亿农民直接受益，经济收入明显增加。截至 2020 年底，退耕农户户均累计获得中央补助资金 9000 多元。退耕后农民增收渠道不断拓宽，后续产业增加了经营性收入，林地流转增加了财产性收入，外出务工增加了工资性收入。政策直补到户、公开透明，提高了党和政府在人民群众中的威信，不少农民群众深情地说，退耕还林还草是新中国继土改、家庭联产承包后的第三大农村好政策。[①]

在推进生态保护工程的建设中，我国自然保护区建设与管理和生物多样性保护工作也取得新的进展。截至 2001 年底，全国累计建立各类自然保护区 1227 处，自然保护区面积达到 9821 万公顷，占陆地国土面积的 9.85%；批准了 213 个国家级生态示范区建设试点，第一批 33 个国家级生态示范区通过了考核验收。[②]

第五节　建立面向国际的环境保护制度

1992 年以后，我国改革开放进入新的阶段，生态环境保护制度也相应地具有明显的国际特征，主要体现在建立废物进口环境保护制度和消耗臭氧层物质管理制度两个方面，体现了我国积极履行国际义务的高度责任感以及在对外开放中切实维护国家环境安全的生

---

① 李世东：《世界著名生态工程——中国"退耕还林还草工程"》，载《浙江林业》 2021 年第 8 期。

② 《国家环境保护"十五"计划》，北京：中国环境科学出版社 2002 年版，第 4 页。

态自觉。

一、废物进口环境保护制度

20 世纪 80 年代初期，我国制造业和建筑业的快速发展，迫切需要大量塑料、金属、纸张等原材料，而发达国家的固体废物经过处理后可以再利用，为缓解原料不足，我国开始从境外进口可用作原料的固体废物。依据《固体废物进口管理办法》规定，我国进口较多的固体废物主要包括废塑料、废纸、有色金属、废钢铁、废五金、冶炼渣、废纺织原料、废船舶等。进口固体废物最大的优点就是成本低，可以获得大量再生资源，这不仅缓解了工业发展材料不足的矛盾，也降低了过度开发对生态环境造成的伤害。

但是，固体废物终究是环境的污染源，除了直接污染之外，还经常以水、大气和土壤为媒介污染生态环境，如固体废物在收运、堆放过程中未做密封处理，经过日晒、风吹、雨淋、焚化等，挥发了大量废气、粉尘；未经处理的有害废物在土壤中风化、淋溶后，渗入土壤，杀死土壤微生物，破坏土壤的腐蚀分解能力，导致土壤质量下降等，此外固体废物的无序堆放还直接影响市容市貌。因此，为加强管理，防范环境风险，我国在 20 世纪 90 年代开始逐步建立固体废物进口管理制度体系。

表 4-4　关于进口废物的政策文件（1992—2002 年）

《废物进口环境保护管理暂行规定》，1996 年 3 月
《国家限制进口的可用作原料的废物目录》，1996 年 3 月
《关于废物进口环境保护管理暂行规定的补充规定》，1996 年 7 月
《关于增补国家限制进口的可用作原料的废物目录的通知》，1996 年 10 月
《关于进口第七类废物有关问题的通知》，2000 年 1 月

这一时期关于进口废物的政策文件主要包括以下几个方面内容。

第一，制定进口境外废物的目录，凡是未列入目录的所有废物，均禁止进口。

第二，申请进口废物作原料利用的单位必须是依法成立的企业法人，并具有利用进口废物的能力和相应的污染防治设备。凡申请从事废物进口、经营或者加工利用的企业，必须提交国家环境保护局的批准文件，未提交国家环境保护局的批准文件的，工商行政管理机关不予核准登记。

第三，任何废物必须经国家环境保护局审查批准，才可进口。建设利用进口废物作原料的加工生产项目的，建立单位必须进行环境风险评价，编制《进口废物环境风险报告书》，并经建设项目所在地市级和省级环境保护行政主管部门签署意见后，报国家环境保护局审查。

进入 21 世纪以来，我国关于《禁止进口固体废物目录》《限制进口类可用作原料的固体废物目录》和《自动许可进口类可用作原料的固体废物目录》的具体内容也在不断调整。进口固体废物"变废为宝"后确实产生了经济效益，以至于很长一段时间以来，进口的固体废物成为"香饽饽"，进口量急剧增加。据统计，1995 年至 2016 年间，中国每年进口的垃圾量从 450 万吨猛增至超过 4800 万吨，20 年间增长了十几倍，我国也一度成为全球最大的垃圾进口国。[1]

尽管我国在加强进口固体废物监管方面做了大量工作，但是，在实际生活中，由于一些地方仍然存在重发展轻环保的思想，部分企业为谋取非法利益不惜铤而走险，"洋垃圾"非法入境问题屡禁不绝，严重危害人民群众身体健康和我国生态环境安全。因为，"洋垃圾"里总有用不上的东西，比如，一吨塑料垃圾最多只有 85% 的塑料能够回收，其余的垃圾最终得由我们国家自己处理。如果焚烧，

---

[1] 高敬：《明年起彻底对"洋垃圾"说不》，载《长江日报》 2020 年 12 月 1 日。

会产生有害气体，污染大气环境；如果水洗，会危害水体和土壤环境；如果直接丢弃或者填埋，更是加重环境负担，那些电子和塑料垃圾经过上百年都无法降解；如果堆积，它们也会随着风吹雨淋造成土壤和地下水污染，并滋生各种病菌。总之，无论采用何种处理方式，"洋垃圾"都会对生态环境造成严重破坏。

按照党中央、国务院关于推进生态文明建设和生态文明体制改革的决策部署，从 2017 年起，我国施行禁止"洋垃圾"入境新规，2017 年国务院印发《禁止洋垃圾入境推进固体废物进口管理制度改革实施方案》，要求逐步减少和禁止进口固体废物，力争 2020 年底前基本实现固体废物零进口。经过三年多的不懈努力，固体废物进口制度改革圆满收官，数据显示，2017 年、2018 年、2019 年、2020 年，我国固体废物进口量分别为 4227 万吨、2263 万吨、1348 万吨和 879 万吨，相比改革前的 2016 年，分别减少 9.2%、51.4%、71.0% 和 81.1%，累计减少进口固体废物约 1 亿吨。[①] 自 2021 年 1 月 1 日起，我国已全面禁止进口固体废物。废物进口成为历史，相关制度规定不再具有现实意义。"洋垃圾"零进口是结束，也是开始。随着"洋垃圾"的口子被"勒住"，原来依靠进口固体废物作为原材料的制造企业，将视线逐步转向国内垃圾，开始从进口"洋垃圾"向消化国内垃圾转变，由此推动了我国垃圾回收和循环经济的发展，使绿色低碳生活逐渐成为社会新时尚。

二、消耗臭氧层物质管理制度

臭氧层破坏是 20 世纪中后期以来全球环境问题之一。为保护臭氧层，国际社会于 1987 年制定了《关于消耗臭氧层物质的蒙特利尔议定书》。我国在 1991 年 6 月加入了 1990 年修正的《关于消耗臭氧

---

① 刘瑾：《洋垃圾禁入将有效减轻生态压力》，载《经济日报》2020 年 12 月 3 日。

层物质的蒙特利尔议定书》。按照有关国际规定，我国应在 1999 年将氯氟化碳的生产量和消费量冻结在 1995—1997 年三年平均水平基础上，到 2010 年将氯氟化碳等主要消耗臭氧层物质的生产量和消费量削减为零。

为切实履行国际公约，1993 年国务院批准了《中国消耗臭氧层物质逐步淘汰国家方案》，《国家方案》统计分析了中国消耗臭氧层物质（ODS）的生产、现状，科学评估了其发展趋势，评估了中国和国际上 ODS 以及替代技术的发展情况及其在 ODS 淘汰行动中的作用和地位，制定了中国逐步淘汰 ODS 的行动计划，提出了一套中国的保护臭氧层政策及其配套的机构框架。

第一，建立了 ODS 的生产控制措施。如《关于加强氯氟烃及替代品生产建设管理的通知》（1993 年）、《关于加强氯氟烃扩产建设管理的通知》（1995 年）、《关于禁止新建使用消耗臭氧层物质生产设施的通知》（1997 年）等，要求各级政府计划、经贸和行业主管部门不得批准这些生产装置建设或投产使用；各级财政、金融部门不得在资金和政策上支持这些生产装置的建设。

第二，建立了 ODS 的消费控制措施。如《关于在非必要场所停止配置哈龙灭火器的通知》（1994 年）、《关于在气雾剂行业禁止使用氟氯化碳类物质的通知》（1997 年）、《关于中国汽车行业新车生产停止使用氟利昂物质的通知》（1997 年）、电子部发布《关于抓紧开展替代消耗臭氧层物质的通知》（1998 年）、《关于汽车行业新车生产限期停止使用 CFC-12 汽车空调器的通知》（1999 年）等。

第三，建立了 ODS 的进出口控制措施。如《消耗臭氧层物质进出口管理办法》（1999 年）、《关于发布中国进出口受控消耗臭氧层物质名录（第一批）的通知》（2000 年）、《关于禁止企业突击进口受控消耗臭氧层物质四氯化碳的紧急通知》（2000 年）、《关于加强对消耗臭氧层物质进出口管理的规定》（2000 年）、《关于申请 2000 年度受控消耗臭氧层物质进出口配额的通知》（2000 年）、《关于发布中国进出口受控消耗臭氧层物质名录（第二批）的通知》（2001 年）等。2000 年 7 月，国家环保总局、外经贸部海关总署还联合成立了国家消耗臭氧层物质进出口管理办公室，加强对臭氧层物质进出口的管理，督查进出口企业的守法情况，协助有关部门处理 ODS 进出口违法案件等。

第四，建立了 ODS 物质排污申报登记制度。如《关于使用消耗臭氧层物质申报登记数据库管理系统的通知》（1997 年）、《关于全面推行排污申报登记的通知》（1997 年），将 ODS 生产、消费纳入现有排污申报登记的管理系统中，以监督管理企业的生产和消费行为。

此外还建立了 ODS 替代品的环境标志政策和 ODS 物质的回收政策，如《回收消耗臭氧层物质标志的通知》（2000 年），开展了 ODS 替代品及其替代后的制成品的环境标志认证工作。

本章总结

在 1992—2002 年期间，我国生态环境保护制度呈现四个特点。一是与国际社会同步接轨。生态环境制度建设的理念如可持续发展，以及具体制度如清洁生产制度、消耗臭氧层物质管理制度等，都是借鉴国外或者在国际社会的影响下产生的，同时这些经过中国化的环境保护制度也深化和拓展了国际环保理念的内涵，体现了我国在对外开放中积极融入国际潮流的主动性和关切全球生态环境的责任感。二是污染防治和生态修复并举。我国实施了《"九五"期间全国主要污染物排放总量控制计划》和《中国跨世纪绿色工程规划》两大举措，其中天然林资源保护工程和退耕还林还草工程是世界上投资最大、政策性最强、涉及面最广、群众参与程度最高的生态工程，是构建人与自然生命共同体最具标志性的世界超级生态工程，彰显了大国的制度优势，创造了世界生态建设史上的奇迹，是我国生态环境保护从以污染治理为主向以生态建设为主转变的历史性标志，体现了我国对生态环境的认识不断深化和拓展，从身边的生活生产环境扩大到了整个生物圈。三是行政手段和经济政策结合。过去主要运用行政手段解决环境问题的做法逐渐得以改变，行政手段、市场手段、法律手段等多种手段得以运用，并且市场激励机制越来越受到重视，推动了我国企业生态环境保护从被动治理到主动防治的根本性转变。四是强化环境执法和制度落实，增强了环境制度的约束刚性。如自《"九五"期间全国主要污染物排放总量控制计划》实施以来，我国结合国家经济结构调整，取缔、关停了 8.4 万多家污染严重又没有治理前景的"十五小"企业，淘汰了一批技术落后、浪费资源、质量低劣、污染环境和不符合安全生产条件的小煤矿、小钢铁、小水泥、小玻璃、小炼油、小火电等，对高硫煤实行限产，有效地削减了污染物排放总量。① 这些制度建设极大地推动了我国环境保护事业，提高了环境管理的科学化水平。

当然，这个时期的环境保护制度也存在明显的不足，主要体现在两个方面。一是环境经济政策提出了很多好的理念，如将自然资源和环境因素纳入国民经济核算体系等，但是在实际工作中，环境经济政策还仅限于税费。这自然与市场经济的客观发展水平有很大关系。二是环境执法存在运动式的弊端，简单地"以罚代处""以限代停"，环境管理和执法能力与实际需要差距较大。如 1998 年 1 月 1 日实施的"零点行动"——国家有关部门对限期没有完成治理任务的污染企业进行统一关停；1999 年，关停淮河流域一大批污染严重的小造纸、小制革、小化工等"十五小"企业等。"风暴"再强，也还是传统的行政手段主导，依靠领导干部的个人意志和政治支持，通过组织人事管理系统控制，采用一阵风的运动方式，没能根本改变环境保护的底层逻辑，因而也无法扭转工业化进程中经济与环保的冲突。

---

① 《国家环境保护"十五"计划》，北京：中国环境科学出版社 2002 年版，第 2 页。

第五章

建立完善生态文明建设的激励约束机制

（2003—2012）

随着改革开放的进行，各级政府将以经济建设为中心等同于以
GDP 增长为中心，一味追求地方 GDP 和财政收入的增长，大规模过
度开采自然资源，不断扩张生产，在极大地推动我国经济飞速发展
的同时，也使我国经济社会发展面临日趋强化的资源环境约束。在
21 世纪初，我国水、煤、电、油等资源就已出现严重短缺现象，尤
其是一些关系到国民经济命脉的主要资源型产品如原油、铜矿等对
外依存度逐年攀升，经济快速增长的需要与自然资源供应之间的矛
盾日益突出。长期积累的工业污染问题尚未解决，机动车尾气污染、
农村面源污染、有毒有害有机污染等新的环境问题又不断产生，环
境污染事故密集发生，直接危害人民群众的身体健康，全国多地惊
现"癌症村"，陆续发生因环境污染或环境保护议题而引发的群体性
事件，数据显示，1996—2012 年，我国环境群体性事件一直保持年
均 29%的增速[1]；在全国信访总量呈下降趋势的情况下，环境信访却
以年均接近 30%的速度上升，成为我国信访的"重灾区"[2]，环境风
险成为严重影响社会和谐稳定乃至威胁政府公信力的重要因素。为

---

[1] 郭尚花：《我国环境群体性事件频发的内外因分析与治理策略》，载《科学
社会主义》 2013 年第 2 期。

[2] 杨东平：《中国环境的危机与转机》，北京：社会科学文献出版社 2008 年
版，第 16 页。

此，党中央"痛下决心解决环境问题"①，2003 年，党的十六届三中全会提出科学发展观的重大理念；2005 年 3 月，胡锦涛在中央人口资源环境工作座谈会上提出"努力建设资源节约型、环境友好型社会"；2005 年，党的十六届五中全会把节约资源作为基本国策；2007 年，党的十七大将环境保护上升到人类文明的高度，首次将"生态文明"写入党代会报告，并把生态文明建设作为一项战略任务确定下来，要求"基本形成节约能源资源和保护生态环境的产业结构、增长方式、消费模式。循环经济形成较大规模，可再生能源比重显著上升。主要污染物排放得到有效控制，生态环境质量明显提高。生态文明观念在全社会牢固树立"②。这些重大理念和战略推动我国生态文明制度建设取得了飞跃式的发展。

---

① 《十六大以来重要文献选编》（下），北京：中央文献出版社 2008 年版，第 86 页。
② 《十七大以来重要文献选编》（上），北京：中央文献出版社 2009 年版，第 16 页。

第一节 建立健全节能减排制度

我国经济快速增长，各项建设取得巨大成就，但也付出了巨大的资源和环境代价，经济发展与资源环境的矛盾日趋尖锐，群众对环境污染问题反映强烈。这种状况与经济结构不合理、增长方式粗放直接相关。有学者将经济发展模式分为集约型、低度粗放型、高度粗放型、超高度粗放型四种模式，研究表明，1953—1993 年间我国经济发展的平均粗放度为 0.92，属于高度粗放型，此间国民收入的增长率达到 7.1%，其中要素投入的贡献率就占了 91.8%，表明我国经济增长主要是要素投入的结果。[①] 在粗放型发展模式下，单位产值的能源消耗非常高，据统计，2004 年中国单位产值能耗比世界平均水平高 2.4 倍，是德国的 4.97 倍，日本的 4.43 倍，甚至是印度的 1.65 倍，而每单位 GDP 产生的氮氧化物是日本的 27.7 倍，德国的 16.6 倍，美国的 6.1 倍，印度的 2.8 倍；每单位 GDP 产生的二氧化硫是日本的 68.7 倍，德国的 26.4 倍，美国的 60 倍。[②]

我国自 1992 年起能源消费总量超过能源生产总量，且能源生产与消费平衡差不断加大，能源供应的不足部分不得不依靠进口来平衡，2003 年中国已跃升为全球第二大石油消费国，石油进口量占消

---

① 高志英、廖丹清：《对我国经济增长方式粗放度的计量分析》，载《江汉论坛》2000 年第 6 期。
② 国家信息中心经济预测部：《中国宏观经济信息》（总第 370 期），2004 年6 月 14 日。

费量的比例达到约 36%①，且这个比例逐年递增，2010 年石油进口依存度高达 60%②，铜矿石、铁矿石进口依存度也在一半以上，煤炭进口超过 1 亿吨，成为煤炭净进口国。

此外，在我国一次能源消费构成中，煤炭所占比例高达 2/3 以上。2003 年，煤炭在能源消费结构中的比例超过 68%，石油占 22%。③ 燃煤过程中排放的二氧化碳、二氧化硫和烟尘造成了酸雨、雾霾等严重的环境污染。根据统计数据，我国在 1995 年就已经成为全球二氧化硫排放最多的国家，超过欧洲和美国，④ 中国大气污染中仅二氧化碳造成的经济损失就占 GDP 的 2.2%。⑤ 总之，不加快调整经济结构，不转变增长方式，资源支撑不住，环境容纳不下，社会承受不起，经济发展难以为继。为此，我国密集出台有关节能减排的法律法规，2007 年 4 月国务院成立了节能减排工作领导小组，温家宝亲自任组长，对节能减排工作作出了一系列重大部署，涉及节能减排统计、监测、考核、预警、计划等多个方面，并对家电、汽车、建筑、商品外包装等行业的节能减排工作进行了专门规定。

① 田春荣：《2003 年中国石油进出口状况分析》，载《国际石油经济》 2004 年第 3 期。
② 田春荣：《2010 年中国石油进出口状况分析》，载《国际石油经济》 2011 年第 3 期。
③ 倪健民：《国家能源安全报告》，北京：人民出版社 2005 年版，第 54 页。
④ 倪健民：《国家能源安全报告》，北京：人民出版社 2005 年版，第 164 页。
⑤ 倪健民：《国家能源安全报告》，北京：人民出版社 2005 年版，第 160 页。

表 5-1　我国主要的节能减排法规和政策文件（2003—2012 年）

《国务院关于加强节能工作的决定》，2006 年 8 月

《"十一五"十大重点节能工程实施方案》，2006 年 8 月

《"十一五"资源综合利用指导意见》，2007 年 1 月

《能源发展"十一五"规划》，2007 年 4 月

《节能减排综合性工作方案》，2007 年 5 月

《主要污染物总量减排计划编制指南》，2007 年 6 月

《"十一五"全国主要污染物总量减排核查办法》，2007 年 8 月

《中华人民共和国节约能源法》（修订），2007 年 10 月

《"十一五"主要污染物总量减排考核办法》，2007 年 11 月

《"十一五"主要污染物总量减排监测办法》，2007 年 11 月

《"十一五"主要污染物总量减排统计办法》，2007 年 11 月

《节能减排统计监测及考核实施方案和办法》，2007 年 11 月

《主要污染物总量减排核算细则（试行）》，2007 年 11 月

《可再生能源发展"十一五"规划》，2008 年 8 月

《民用建筑节能条例》，2008 年 8 月

《中华人民共和国循环经济促进法》，2008 年 8 月

《主要污染物总量减排监测体系建设考核办法》，2009 年 12 月

《"十二五"节能减排综合性工作方案》，2011 年 9 月

《"十二五"主要污染物总量减排核算细则》，2011 年 12 月

《节能减排"十二五"规划》，2012 年 7 月

一、建立政府节能减排约束性指标

尽管从环境保护工作开展那天起，国家就规定了政府和社会的共同责任，然而在实际执行中，由于缺乏有效的监督和考核体系，特别是在以经济增长速度和规模为导向的"晋升锦标赛"模式下，"变通"成了基层政府官员在解决实际问题时偏离官方话语体系或科层制正式制度的惯用做法，环境政策沦为"象征性政策"。即使在 1996 年我国建立了污染物总量控制制度的情况下，因为没有约束机制，在 2005 年前，我国均未全面完成过环境保护指标，这与年年超额完成预定的经济增长速度形成鲜明对照。对此，我国将主要污染物减排总量首次作为约束性指标写入"十一五"规划，所谓约束性

指标，就是必须实现的目标，具有法律效力，要纳入各地区、各部门经济社会发展综合评价和绩效考核。节能减排约束性指标制度是我国环境治理制度的一个重大突破，标志着生态环境质量成为考核政府部门绩效的刚性标准。

2006 年通过的《国民经济和社会发展第十一个五年规划纲要》涉及的节能减排约束性指标有三项，分别是单位 GDP 能耗、单位工业增加值用水量、主要污染物排放总量，要求到 2010 年，单位国内生产总值能源消耗降低 20% 左右，单位工业增加值用水量降低 30%，主要污染物排放总量减少 10%。①《国民经济和社会发展第十二个五年规划纲要》则把"绿色发展建设资源节约型、环境友好型社会"单列篇章，进一步将节能减排约束性指标增加到 8 项。

表 5-2 "十二五"时期节能减排约束性指标②

指标		2010 年	2015 年	累计增长（%）	属性
单位工业增加值用水量降低（%）		—	—	30	约束性
非化石能源占一次能源消费比重（%）		8.3	11.4	3.1	约束性
单位国内生产总值能源消耗降低（%）		—	—	16	约束性
单位国内生产总值二氧化碳排放降低（%）		—	—	17	约束性
主要污染物排放总量减少（%）	化学需氧量	—	—	8	约束性
	二氧化硫	—	—	8	约束性
	氨氮	—	—	10	约束性
	氮氧化物	—	—	10	约束性

---

① 《中华人民共和国国民经济和社会发展第十一个五年规划纲要》，北京：人民出版社 2006 年版，第 11、12 页。
② 《中华人民共和国国民经济和社会发展第十二个五年规划纲要》，人民出版社 2011 年版，第 10 页。

第一，强化减排目标责任制。要求地方各级人民政府对本行政区域节能减排负总责，政府主要领导是第一责任人。

第二，加强目标责任评价考核。各级政府部门每年要向上级政府报告污染减排目标完成情况和措施落实情况，上级政府每年组织开展有关部门和重点排污单位污染减排目标责任评价考核，考核的内容包括主要污染物总量减排目标完成情况和环境质量变化情况，主要污染物总量减排指标体系、监测体系和考核体系的建设和运行情况，各项主要污染物总量减排措施的落实情况。强化考核结果运用，将污染减排目标完成情况和政策措施落实情况作为领导班子和领导干部综合考核评价的重要内容，纳入政府绩效考核和国有企业业绩管理，实行问责制和"一票否决"制。

第三，实施重点工程。包括加快水污染治理工程建设、燃煤电厂二氧化硫治理、节约和替代石油工程、燃煤工业锅炉改造工程、区域热电联产工程、余热余压利用工程、电机系统节能工程、能量系统优化工程、建筑节能工程、绿色照明工程、政府机构节能工程和节能监测体系建设工程。

第四，强化企业主体责任。严格执行项目开工建设"六项必要条件"，即必须符合产业政策和市场准入标准、项目审批核准或备案程序、用地预审、环境影响评价审批、节能评估审查以及信贷、安全和城市规划等规定和要求。对重点用能单位加强经常监督，凡与政府有关部门签订节能减排目标责任书的企业，必须确保完成目标；对没有完成节能减排任务的企业，强制实行能源审计和清洁生产审核。坚持"谁污染、谁治理"，对未按规定建设和运行污染减排设施的企业和单位，公开通报，限期整改，对恶意排污的行为实行重罚，追究领导和直接责任人员的责任，构成犯罪的依法移送司法机关。

为督促节能减排综合性工作方案和各地年度减排计划落到实处，

各环保督察中心以促进污染减排为目标，加大了环境执法监督和减排核查力度，不定期组织对城镇污水处理厂、电厂脱硫设施运行情况进行核查，日常监督检查成为每年两次定期核查的重要基础，为落实考核问责提供了重要依据。同时，持续深入开展整治违法排污企业保障群众健康环保专项行动，严厉打击环境违法行为，重点集中整治工业园区、晋陕蒙宁"黑三角"和湘黔渝"锰三角"等重污染区域、城镇污水处理厂、钢铁、造纸行业环境违法行为，强化国控重点源污染治理设施运行监管，遏制了重点地区重点行业环境违法。环境保护部每年对各省（区、市）和五大电力集团公司组织开展两次大规模的总量减排核查，发布减排数据和考核结果公报，考核结果报送干部主管部门，对减排措施落实不力的企业和地方实行问责。"十一五"期间，环境保护部先后对 14 个城市或企业集团实行区域（集团）限批，对 100 多家企业分别予以公开通报、挂牌督办、实施处罚，并责令限期整改，对少数减排进展较慢的省区发出预警，约谈政府领导，加强督查指导。[①]

各地也创造性地开展工作，推进减排制度和法规政策体系建设，加大了行政问责力度。如河北、山西等省分别颁布了《减少污染物排放条例》，使污染物减排从一项行政决策上升到法律层面；河南、重庆等多个省（市）修订了《环境保护条例》《污染防治条例》，补充完善了污染减排、排污许可证、排污权交易等内容。河北省大力实施"双三十"工程，全省 30 个重点县（市、区）、30 家重点企业负责人公开承诺，3 年内完成节能减排目标任务，未完成目标的，县（市、区）主要负责人引咎辞职，国有企业法人代表就地免职，民营企业依法责令停产整治。贵州省出台了《主要污染物总量减排攻坚

---

① 周生贤：《环保惠民　优化发展——党的十六大以来环境保护工作发展回顾（2002—2012）》，北京：人民出版社 2012 年版，第 121 页。

工作行政问责办法》，并对城市污水处理设施建设进展缓慢的市、州、县政府领导诫勉谈话。甘肃、广西等省（区）对未按计划完成减排设施建设的地方政府向全省（区）发出通报；安徽、福建、江西、黑龙江等省对减排工作进展较慢的市、县实行区域限批。

严格的考核问责带来了巨大的压力，巨大的压力转化为强大的动力。各地各部门纷纷创新机制、加大投入、加强协调，积极推进工程减排、结构减排、管理减排，减排工作取得明显实效。"十一五"期间，全国国内生产总值年均增速达到 11.2%，大大超过了预期的 7.5% 的情况下，二氧化硫排放总量减少 14.29%，化学需氧量排放总量减少 12.45%，双双超额完成减排任务，减排指标是所有五年规划中完成最好的一个。污染减排遏制了我国化学需氧量和二氧化硫排放量长期增长的势头，全国部分环境质量指标持续提高。2010 年全国地表水国控断面水体高锰酸盐指数年平均浓度为 4.9 毫克/升，较 2005 年下降 31.9%；七大水系 I 至 III 类水质比例为 59.6%较 2005 年提高 18.6 个百分点；按年平均值评价地级以上城市达到或优于空气质量二级标准的比例明显提升，达到 83.9%；全国酸雨面积占国土面积的比例较 2005 年下降了 13 个百分点；环保重点城市空气二氧化硫年平均浓度为 0.042 毫克/立方米，较 2005 年下降 26.3%。污染减排工作充分发挥倒逼机制作用，促使能耗大、排放量高的企业退出市场，"十一五"期间累计关停小火电机组 7210 万千瓦，提前一年半完成关闭 5000 万千瓦的任务；钢铁、水泥、焦化及造纸、酒精、味精、柠檬酸等高耗能、高排放行业淘汰落后产能均超额完成任务①，有力推动了产业结构优化升级。

① 周生贤：《环保惠民　优化发展——党的十六大以来环境保护工作发展回顾（2002—2012)》，北京：人民出版社 2012 年版，第 125—128 页。

二、节约能源的法制建设

在工业革命以前，人类的能源利用主要以薪柴、木炭为主，随着科学技术的发展，蒸汽机、电力和内燃机渐次使用，使人类生产的动力系统发生了根本性变革，煤炭、石油、天然气等不可再生能源成为现代化生产的主要动力来源。一旦这些常规能源的供给受到限制，现代工业的核心就要受到影响，社会生产和社会结构运行就会陷入瘫痪的境地。能源不仅是一个单纯的经济问题，还涉及军事、政治等诸多国家安全问题，特别是处于能源安全的核心的石油资源，因其稀缺性、产储地域严重失衡性，[①] 以及在军需、民用和航空航天等高技术行业的难以替代性，在国际竞争中居于战略性地位，石油已成为政治、军事和外交关系的重要筹码，围绕石油资源的争夺战此起彼伏。

我国早在 1980 年就确定了开发与节约并重的能源工作方针和有关政策，1986 年国务院发布了《节约能源管理暂行条例》，1997 年出台《中华人民共和国节约能源法》，但是节能法的一些倡导性条款和原则性要求难以落到实处，有些地区和行业能耗指标不降反升，2006 年全国没有实现年初确定的节能降耗目标，特别是建筑、交通运输、公共机构等领域的能源消费增长很快，成为节能工作新的薄弱环节。针对法律实施中存在的突出问题，为进一步增强法律的可操作性和约束力，2007 年 10 月 28 日，第十届全国人民代表大会常务委员会第三十次会议通过修订的《中华人民共和国节约能源法》，自 2008 年 4 月 1 日起施行。《中华人民共和国节约能源法》（2007年）主要规定了以下制度。

---

① 石油资源主要集中于中东，占已探明储量的 63.3%，北美、西欧、亚太等消费国仅占 9%。

（一）分类管理制度

建筑、交通运输是能源消费的重要领域。据测算，2006 年我国建筑能耗约占全国终端能源总消费量的 27.5%，2005 年交通运输能耗约占全国终端能源总消费量的 16.3%，随着汽车的增加，比重还会提高。为了加强这些方面的节能工作，节能法增设了建筑节能、交通运输节能的内容，如：房地产开发企业在销售商品房时，应当明示能耗指标等信息；鼓励开发、生产、销售、使用节能环保型汽车、船舶等交通运输工具，实行老旧交通运输工具的报废、更新制度，鼓励开发和推广应用清洁、替代燃料和新能源汽车等。

政府机构是能源消费的重要部门，抓好政府机构的节能工作对于全社会将起到示范和带动作用。据测算，2005 年政府机构能源消费量约占全国终端能源消费总量的 6.7%，而且其增长速度较快。为加强政府机构的节能管理，体现政府机构带头节能，节能法新增了公共机构节能一节，明确了政府机构在节能方面的义务，如实行节能目标责任制、实施政府机构能源消耗定额管理，加强单位用能系统管理，优先采购列入节能政府采购清单中的产品等。

关于工业节能，节能法增加了优化用能结构和企业布局；限制新建燃油发电机组；实行电网节能调度，优先安排清洁高效、能耗低的机组发电，限制能耗高、污染重的机组发电；鼓励工业企业采用余热余压利用技术、洁净煤技术和热电联产技术等内容。

重点用能单位是我国的耗能大户。2006 年，钢铁、有色、煤炭、电力、化工等 9 个行业的 922 家重点耗能企业的能源消费量约占全国一次能源消费总量的 31.5%。为此，节能法案专设了"重点用能单位节能"一节，进一步明确了重点用能单位的节能义务，强化了管理和监督。①

（二）节能激励制度

节能法增设了"激励政策"一章，明确国家实行促进节能的财政、税收、价格、信贷和政府采购政策。主要包括：对列入推广目录的节能技术和产品，实行税收优惠，并通过财政补贴或税收扶持政策，支持节能空调、节能照明器具、节能环保型汽车等的推广和使用；实行有利于节约资源的税收政策，健全能源矿产资源有偿使用制度，提高能源开采利用水平；运用关税等有关政策，鼓励进口先进的节能技术和设备，控制耗能高、污染重的产品的出口；中央和省级财政设立节能专项资金，并鼓励多渠道筹集节能资金，支持节能技术研究开发、示范与推广以及重点节能工程的实施等；制定节能政府采购清单，通过政府采购政策促进节能；引导金融机构增加对节能项目的信贷支持，为符合条件的节能技术改造等项目提供优惠贷款；实行峰谷电价、差别电价等有利于节能的价格政策；制定并实施鼓励热电联产和利用余热余压发电、供热政策等。

（三）能源效率标识管理制度

国家对家用电器等使用面广、耗能量大的用能产品，实行能源效率标识管理，生产者和进口商对列入国家能源效率标识管理产品目录的用能产品标注能源效率标识，在产品包装物上或者说明书中予以说明，对其标注的能源效率标识及相关信息的准确性负责。

（四）节能标准制度

建立节能标准体系，包括节能国家标准、行业标准，严于节能国家标准、行业标准的地方节能标准和企业节能标准，其中包括建筑节能国家标准、行业标准及其地方标准，强制性的用能产品、设

---

① 《关于〈中华人民共和国节约能源法（修订草案）〉的说明》，http://www.npc.gov.cn/npc/c3011/c3288/201905/t20190522_47438.html.

备能源效率标准，单位产品能耗限额标准，交通运输营运车船的燃料消耗量限值标准，并对固定资产投资项目是否达到节能标准进行节能评估和审查。

（五）限期治理制度

固定资产投资项目建设单位开工建设不符合强制性节能标准的项目或者将该项目投入生产、使用的，由管理节能工作的部门责令停止建设或者停止生产、使用，限期改造。

（六）强制淘汰制度

禁止生产、进口、销售国家明令淘汰或者不符合强制性能源效率标准的用能产品、设备；禁止使用国家明令淘汰的用能设备、生产工艺；公共机构采购中禁止采购国家明令淘汰的用能产品、设备。

为配合节能法的修订工作，目前国务院及有关部门组织制定或修订了有关配套制度和标准，包括：《节能目标责任制和评价考核实施办法》《固定资产投资项目节能评估和审查管理办法》《民用建筑节能管理条例》《节能专项资金管理办法》以及 50 多项有关工业、建筑、交通运输等领域的能效标准。这些配套制度、标准的制定和实施，大大增强了法律的可操作性，推动我国节能降耗取得明显成效。2011 年，单位国内生产总值能耗比 2002 年下降 12.9%。[①]

《中华人民共和国节约能源法》于 2016 年第二次修订，主要是为落实简政放权的相关政策、优化行政审批程序，对两处行政审批的文本进行了更为严谨的表述。总体而言，今天我国实施的节约能源的主要法规是在以 2007 年版为蓝本的基础上完善的。

---

① 《新世纪实现新跨越　新征程谱写新篇章——从十六大到十八大经济社会发展成就系列报告之一》，https：//www.stats.gov.cn/zt_18555/ztfx/kxfzcjhh/202303/t20230301_1920335.html

三、开发新能源的法制建设

进入 21 世纪以来，随着全球气候变化问题的备受关注，人们将煤炭、石油等化石能源开发利用中排放温室气体与应对气候变化联系起来，世界各国积极探索综合性能源政策，实施绿色新政，如美国的《美国复苏与再投资法案》《美国清洁能源和安全法案》，英国的《英国低碳转换计划》《可再生能源战略》，巴西的《生物能源战略》等，限制化石能源的开发利用，扶持太阳能、风能、生物质能、地热能、海洋能等可再生的清洁能源发展。为应对气候变化、积极融入时代潮流、促进可再生能源的推广应用，2005 年 2 月 28 日，第十届全国人民代表大会常务委员会第十四次会议通过《中华人民共和国可再生能源法》，2009 年 12 月 26 日，第十一届全国人民代表大会常务委员会第十二次会议通过对《可再生能源法》的修改，进一步完善了可再生能源法律体系，主要规定了以下制度。

（一）规划制度

根据可再生能源开发利用中长期总量目标，编制可再生能源开发利用规划，对风能、太阳能、水能、生物质能、地热能、海洋能等可再生能源的开发利用作出统筹安排，编制规划过程中应当征求有关单位、专家和公众的意见，进行科学论证。国务院有关部门制定有利于促进全国可再生能源开发利用中长期总量目标实现的相关规划。国家将可再生能源开发利用的科学技术研究和产业化发展列为科技发展与高技术产业发展的优先领域，纳入国家科技发展规划和高技术产业发展规划。县级以上地方人民政府管理能源工作的部门会同有关部门，根据当地经济社会发展、生态保护和卫生综合治理需要等实际情况，制定农村地区可再生能源发展规划。

（二）可再生能源发电全额保障性收购制度

国家鼓励和支持可再生能源并网发电，电网企业全额收购可再生能源发电企业电网覆盖范围内可再生能源并网发电项目的上网电量。可再生能源发电项目的上网电价，由国务院价格主管部门统一制定。

（三）许可证制度

对可再生能源发电企业建设的可再生能源并网发电项目实施行政许可管理。

（四）可再生能源发展基金制度

国家财政设立可再生能源发展基金，资金来源包括国家财政年度安排的专项资金和依法征收的可再生能源电价附加收入等。

（五）可再生能源优先发展制度

国家将可再生能源的开发利用列为能源发展的优先领域，对列入国家可再生能源产业发展指导目录的可再生能源开发利用项目，国家给予税收优惠，金融机构可以提供有财政贴息的优惠贷款；国家鼓励单位和个人安装和使用太阳能热水系统、太阳能供热采暖和制冷系统、太阳能光伏发电系统等太阳能利用系统；县级以上人民政府对农村地区的可再生能源利用项目提供财政支持。

自 2006 年《中华人民共和国可再生能源法》实施以来，我国进入了可再生能源快速发展时期，市场规模不断壮大，可再生能源开发利用规模稳居世界第一，在能源结构中占比不断提升，能源结构朝着清洁化、优质化方向发展，为能源绿色低碳转型提供了强大支撑。截至 2020 年底，我国可再生能源发电装机总规模达到 9.3 亿千瓦，占总装机的比重达到 42.4%；我国可再生能源发电量达到 2.2 万亿千瓦时，占全社会用电量的比重达到 29.5%，有力支撑我国非化石能源占一次能源消费比重达 15.9%，如期实现 2020 年非化石能源消费占比达到 15% 的庄严承诺；可再生能源开发利用规模达到 6.8 亿吨标准煤，相当于替代煤炭近 10 亿吨，减少二氧化碳、二氧化硫、氮氧化物排放量分别约达 17.9 亿吨、86.4 万吨与 79.8 万吨，为打好大气污染防治攻坚战提供了坚强保障。[①]

四、构建循环经济发展制度

循环经济是指在生产、流通和消费等过程中进行的减量化、再利用、资源化活动的总称，也就是资源节约和循环利用活动的总称。循环经济强调以"资源—产品—再生资源"和"生产—消费—再循环"的循环发展模式代替传统的"资源—产品—废物"的线性增长模式，以较小发展成本获取较大的经济效益、社会效益和环境效益。早在 20 世纪 50 年代，我国就开展了资源综合利用工作，并制定了《国务院批转国家经贸委等部门关于进一步开展资源综合利用意见的通知》等规范性文件，但是这个时期的资源综合利用主要是固体废物的回收利用，与现代大生产中的循环经济还存在很大差距。

进入 21 世纪以来，我国经济发展与资源环境的矛盾日趋尖锐，这与我国资源利用效率相对低下密切相关，据统计，在 21 世纪初的头几年，我国钢铁、电力、水泥等高耗能行业的单位产品能耗比世界先进水平高 20% 左右；矿产资源总回收率为 30%，比国外先进水平低 20% 以上；木材综合利用率为 60%，比国外先进水平低 20%。再生资源利用量占总生产量的比重，比起国外先进水平也低出很多，其中，钢铁工业年废钢利用量不到粗钢总产量的 20%，国外先进水平为 40%；工业用水重复利用率比国外先进水平低 15% 至 25% 左右。[②] 发展循环经济能为经济发展开辟新的资源，例如，一个年产 800 万—1000 万吨钢的钢铁联合企业，如全部回收余热、可燃气体等，按热值计算可供一个 80 万千瓦发电厂所需的能源，如全部回收

---

① 李俊峰：《我国可再生能源 70 年发展历程与成就》，载《能源情报研究》2019 年第 8 期。

② 冯之浚：《关于〈中华人民共和国循环经济法（草案）〉的说明》，载《中华人民共和国全国人民代表大会常务委员会公报》2008 年 9 月 15 日。

固体废物，可满足生产 300 万吨水泥所需的主要原料。发展循环经济能有效减少污染物排放，据国家发改委测算，我国能源利用效率如能达到世界先进水平，每年可减少二氧化硫排放 450 万吨，固体废物综合利用率如能提高 1 个百分点，每年可减少约 1000 万吨固体废物的排放。① 此外，发展循环经济还有利于提高经济效益，减少生产成本。

进入 21 世纪以来，我国循环经济发展工作得到强化。2002 年《中华人民共和国清洁生产促进法》第九条要求发展循环经济，促进企业在资源和废物综合利用等领域进行合作，实现资源的高效利用和循环使用。2004 年《固体废物污染环境防治法》第三条规定："国家对固体废物污染环境的防治，实行减少固体废物的产生量和危害性、充分合理利用固体废物和无害化处置固体废物的原则，促进清洁生产和循环经济发展。"② 2005 年，国务院发布《国务院关于加快发展循环经济的若干意见》，为循环经济的发展提供了更加明确的政策依据。部分省区市制定了发展循环经济的指导意见，并编制了规划、制定了实施方案。2008 年，在总结各地行之有效的经验的基础上，我国颁布了《中华人民共和国循环经济促进法》（以下简称《循环经济促进法》），将发展循环经济视为国家经济社会发展的一项重大战略，对促进循环经济发展问题作了全面规定。

《循环经济促进法》是世界上第三部专门的循环经济法律。③ 这部法律具有四个显著特点：一是坚持减量化优先的原则。西方发达

---

① 冯之浚：《关于〈中华人民共和国循环经济法（草案）〉的说明》，载《中华人民共和国全国人民代表大会常务委员会公报》 2008 年 9 月 15 日。

② 《中华人民共和国法律汇编（2015）》（上册），北京：人民出版社 2016 年版，第 163 页。

③ 其他两部分别是 1996 年德国《循环经济法》和 2000 年日本《促进建立循环社会基本法》。

国家发展循环经济一般侧重于废物再生利用，而我国现处于工业化高速发展阶段，能耗物耗过高，资源浪费严重，前端减量化的潜力很大，因此要特别重视减量化，即资源的高效利用和节约使用。二是突出重点，着力解决能耗高、污染重、影响我国循环经济发展的重大问题，对主要工业行业和重点企业，明确提出节能减排的约束性要求。三是法律规范有力度，对高消耗、高排放的行为，有硬约束。与此同时，通过制定一系列的激励政策，支持和推动企业等有关主体大力发展循环经济。四是在生产、流通和消费的各个环节，注重发挥政府、企业和公众以及行业协会等主体在发展循环经济中的积极性，形成推进循环经济发展的整体合力。《循环经济促进法》主要规定了以下几个制度。

（一）循环经济规划制度

循环经济规划是国家对循环经济发展目标、重点任务和保障措施等进行的安排和部署，是政府进行评价考核并实施鼓励、限制或禁止措施的重要依据。为此，《循环经济促进法》从两方面对循环经济规划制度作了规定：首先要求县级以上人民政府编制国民经济和社会发展规划、区域规划以及城乡建设、科学技术发展等规划时，应当明确发展循环经济的目标和要求；其次规定了编制循环经济发展规划的程序和内容，并明确提出规划应当包括资源产出率、废物再利用和资源化率等具体指标，为政府及部门编制循环经济发展规划提供了依据。

（二）抑制资源浪费和污染物排放的总量调控制度

我国一些地方的经济增长建立在过度消耗资源和污染环境的基础上，对这种不可持续的发展方式必须要有必要的总量控制措施。《循环经济促进法》明确要求各级政府必须依据上级政府制定的本区域污染物排放总量控制指标和建设用地、用水总量控制指标，规划和调整本行政区域的经济和产业结构，并要求发展经济决不能突破本地的环境容量和资源承载力，应把本地的资源和环境承载能力作为规划经济和社会发展规模的重要依据。

（三）以生产者为主的责任延伸制度

在传统的法律领域，产品的生产者只对产品本身的质量承担责任，但现代生产者还应依法承担产品废弃后的回收、利用、处置等责任。也就是说，生产者的责任已经从单纯的生产阶段、产品使用阶段逐步延伸到产品废弃后的回收、利用和处置阶段，相应对其设计也提出了更高的要求。这种生产者责任延伸制度在一些国家立法中得到了确立，并经实践证明具有积极意义。《循环经济促进法》第十五条区分不同情况，对生产者等主体在产品废弃后应当承担的回收、利用、处置等责任作了明确规定。

（四）重点企业的监督管理制度

我国正处在工业化加速发展的阶段，钢铁、有色金属、煤炭、电力、石油石化、化工、建材、建筑、造纸、印染等主要工业行业资源消耗高，资源利用效率低，污染物排放量大，其中的大企业在资源消耗中又占很大比重。为了保证节能减排的各项规划目标得以实现，当前和今后一个时期对重点行业的高耗能、高耗水企业进行重点管理是十分必要的。抓住了这些重点企业，就等于抓住了资源节约和循环利用的关键。为此，《循环经济促进法》第十六条规定，国家对钢铁、有色金属、煤炭、电力、石油石化、化工、建材、建筑、造纸、印染等行业内，年综合能源消费量、用水量超过国家规定总量的重点企业，实行重点管理制度。重点企业应当制定严于国家标准或者行业标准的能耗和水耗企业标准，并按规定进行审核。

（五）限期淘汰制度

产业政策不仅是促进产业结构调整的有效手段，更是政府规范和引导产业发展的重要依据,对淘汰落后技术、工艺、设备和产品,指导市场准入也有重要作用。《循环经济促进法》第十八条规定,国家产业政策应当符合发展循环经济的要求;国务院经济综合宏观调控部门会同国务院环境保护等有关主管部门,定期发布鼓励、限制和淘汰的技术、工艺、设备、材料和产品名录;禁止生产、进口或者采用列入淘汰名录的技术、工艺、设备、材料和产品。

(六)产品或者包装物的强制回收名录制度

对于生产过程,《循环经济促进法》规定了发展区域循环经济、工业固体废物综合利用、工业用水循环利用、工业余热余压等综合利用、建筑废物综合利用、农业综合利用以及对产业废物交换的要求。对于流通和消费过程,《循环经济促进法》规定了建立健全再生资源回收体系、对废电器电子产品进行回收利用、报废机动车船回收拆解、机电产品再制造,以及生活垃圾、污泥的资源化等具体要求。

(七)激励政策

促进循环经济的发展,仅靠行政强制手段是不够的,必须依法建立合理的激励机制,调动各行各业各类主体的积极性。《循环经济促进法》专设第五章,对激励政策作了比较具体的规定,主要包括:建立循环经济发展专项资金,对循环经济重大科技攻关项目实行财政支持,对促进循环经济发展的活动给予税收优惠,对有关循环经济项目实行投资倾斜,对一次性消费品的生产和消费实行收费等政策措施。

为配套《循环经济促进法》的实施,国务院及有关部门先后颁布了《废弃电器电子产品回收处理管理条例》《再生资源回收管理办法》《粉煤灰综合利用管理办法》《煤矸石综合利用管理办法》等法规规章,发布了200多项循环经济相关国家标准。2012年,国务院印发了《循环经济发展战略和近期行动计划》，这是我国循环经济领域的第一个国家级专项规划，明确了"十二五"发展循环经济的总体思路、主要目标、重点任务和保障措施。在国家规划的引领下，各地区制定了本地区循环经济发展规划，有关部门相继发布了重点领域循环经济发展规划，如发布了矿产资源综合利用、大宗工业固废综合利用、再生资源回收体系建设、海水淡化产业化等专项规划。我国循环经济法律法规体系初步形成，循环经济已经进入法治化轨道。

2013 年，国家统计局首次发布我国循环经济发展指数，该指数以 2005 年为基期计算，2013 年达到 137.6，平均每年提高 4 个点，循环经济发展成效明显，表现为四个方面：资源消耗减量化稳步推进，2013 年我国资源消耗强度指数为 134.7，比 2005 年提高 34.7 个点，年均提高 3.8 个点；废物排放减量化效果明显，2013 年我国废物排放强度指数为 146.5，年均提高 4.9 个点；污染物处置水平大幅提高，2013 年我国污染物处置率指数为 174.6，指数逐年上升，年均提高 7.2 个点；废物回用率平稳提升，2013 年我国废物回用指数为 108.2，与 2005 年相比有升有降，其中：能源回收利用率提高 0.5 个百分点，工业用水重复利用率提高 4.4 个百分点，工业固体废物综合利用率提高 5.5 个百分点，废铅回用率提高 8.8 个百分点，但废钢回用率下降 6.6 个百分点，废铜回用率下降 8.2 个百分点，废铝回用率下降 0.9 个百分点。[①] 可见，加快开展资源回收体系建设是我国发展循环经济的关键，这也是我国循环经济制度建设的重点方向。

2018 年《中华人民共和国循环经济促进法》修订，主要是因为

---

① 林火灿：《2013 年我国循环经济发展指数发布》，载《经济日报》 2015 年 3 月 20 日。

新时代我国生态环境保护部门的机构改革，修订后的法律关于制度建设的内容几乎没有变动，只是对一些机构的名称作了调整，如将"环境保护等有关主管部门"改为"生态环境等有关主管部门"，将"林业主管部门"改为"林业草原主管部门"，将"工商行政管理部门"改为"市场监督管理部门"等。

第二节　建立生态文明规划体系

规划是比较全面长远的发展计划，是设计未来整套行动的方案。生态文明规划是生态文明建设各项工作的行动纲领。在2007年以前，我国的环境保护工作都是属于"计划"性质，1975年国务院环境保护领导小组编制了环境领域第一个国家计划《关于制定环境保护十年规划和"五五"（1976—1980年）计划》，提出了"5年内控制、10年内基本解决环境污染问题"的总体目标。"六五"时期，未形成环境保护五年计划文本，环境保护以独立篇章形式作为第十项基本任务首次纳入国民经济和社会发展第六个五年计划。自"七五"开始，国家环境保护计划编制工作全面展开，我国相继制定了"七五"时期《国家环境保护计划》《环境保护十年规划和"八五"（1991—1995年）计划纲要》《国家环境保护"九五"计划和2010年远景目标》《国家环境保护"十五"计划》。2007年，国家五年环保计划更名为环境保护规划，《国家环境保护"十一五"规划》首次以国务院文件印发，这是我国环保历史上的一件大事。从"计划"到"规划"，看起来的一字之差，其中蕴含着意味深长的质变。"计划"是计划经济时期我国借鉴苏联模式的一种表述，带有明显的指令性，计划的内容也比较狭窄，从环境保护"五五"计划到"十五"计划都是对狭义上的环保领域，如资源能源节约、水资源利用、污染治理等领域，提出了工作目标和定量指标，"规划"则是从更广泛视野对生态环境问题的防范、预警、应对、处置和恢复体系进行全方位思考和筹划，比如环保"十一五"规划和"十二五"规划将全球气候变化、环境风险防控、环境保护基本公共服务体系也作为重点任务，这是环境保护理念和政策的重大突破，标志着环境保护体系的完善与纵深发展。

一、环境保护领域的专项规划

为保障国家环境保护规划目标的实现，我国针对环境保护的不同领域制定了诸多专项规划，大致可分为三类。

（一）主要污染物防控规划

如《"十一五"期间全国主要污染物排放总量控制计划》《松花江流域水污染防治规划（2006—2010)》《三峡库区及其上游水污染防治规划（修订本)》《国家酸雨和二氧化硫污染防治"十一五"规划》《淮河流域水污染防治规划（2006—2010 年)》《海河流域水污染防治规划（2006—2010 年)》《辽河流域水污染防治规划（2006—2010 年)》《巢湖流域水污染防治规划（2006—2010 年)》《滇池流域水污染防治规划（2006—2010 年)》《黄河中上游流域水污染防治规划（2006—2010 年)》《全国危险废物和医疗废物处置设施建设规划》《全国生物物种资源保护与利用规划纲要》《全国生物物种资源保护与利用规划纲要》《核安全与放射性污染防治规划（2006—2020)》等专项规划。其中，《"十一五"期间全国主要污染物排放总量控制计划》中提出的二氧化硫和化学需氧量两项指标，成为国家"十一五"计划纲要的指标中第一个分解到省的约束性指标，要求各省（区、市）将确定的主要污染物总量控制指标纳入本地区经济社会发展"十一五"规划和年度计划。

（二）环保部门自身发展规划

如《国家环境监管能力建设"十一五"规划》《"十一五"全国环境保护法规建设规划》《"十一五"国家环境保护标准规划》《国家环境保护"十一五"科技发展规划》《国家环境技术管理体系建设规划》等。其中，《国家环境监管能力建设"十一五"规划》是我国环境保护史上第一个自身建设规划。

（三）区域环境保护发展规划

如《青藏高原区域生态建设与环境保护规划（2011—2030年）》等，其中，新疆维吾尔自治区在全国率先编制完成省级环境功能区划。制定《城市环境总体规划编制技术要求（暂行）》《关于开展城市环境总体规划编制试点工作的意见》，推进城市环境总体规划编制试点，大连、成都等10个试点城市以当地自然环境、资源条件为基础，以保障辖区环境安全、维护生态系统健康为根本，统筹城市经济社会发展目标，编制实施了城市环境总体规划，努力做到合理开发利用土地资源，优化城市经济社会发展空间布局，确保实现城市可持续发展。

这些专项环境保护规划的制定和实施，是实行分区管理、分类指导环境管理思路的一次重要探索，对于开展精细化的生态文明建设具有重要意义。这个时期，我国还首次开展了国家环保规划中期评估和终期考核。2008年底和2010年底，环境保护部联合国家发展和改革委员会开展了"十一五"环保规划中期评估和终期考核，国务院常务会议专题审议了中期评估报告，督促各地各部门加大实施力度。评估考核结果表明，"十一五"环保规划确定的各项指标、任务圆满完成，成为截至当年执行情况最好的五年环保综合规划。

二、环境督察体制的纵深完善

随着环境事件的增多，为了增强对生态破坏案件的执法监督能力，2002 年国家环保总局组建了环境应急与事故调查中心，地方省、市、县各级成立了专门负责环境执法与监督检查的环境监察机构，构成我国环境监管执法的队伍，此后，在全国范围内，作为执法机构的"环境监理"机构更名为"环境监察"机构。相比以前的环境监理机构只对本级环境保护主管部门负责，环境监察机构对本级环境保护主管部门负责，并接受上级环境监察机构的业务指导和监督。2003 年 10 月，原国家环保总局增设环境监察局，对全国环境监察工作实施统一监督管理，形成了由中央垂直监管地方的环境执法工作模式。2012 年的《环境监察办法》对环境监察工作的范围、职责等作了明确规范和界定，以前的环境监理制度如《环境监理工作暂行办法》（1991）、《环境监理工作制度（试行）》（1996）、《环境监理工作程序（试行）》（1996）、《环境监理政务公开制度》（1999）同时废止。

为协调解决跨区域环境违法问题，从 2006 年开始，国家先后成立了华东、华南、西北、西南、东北及华北六个区域环保督察中心。各级环境监察局、环境应急与事故调查中心和环境保护督察中心形成了以行政层级划分的监察机构和按地域设置的区域督察中心组成的环境监管体系，中国环境执法监督网络得到进一步健全完善。区域环保督察中心是隶属国家环保部的事业单位，从职能上说，环保督察中心在分工的范围内有权代表环保部监督检查全国环境法律规章的贯彻落实情况，尤其集中于对跨省区域和流域环境议题与重大紧急事件的调研督查。但是，区域环保督察中心不得开展未经环保部预先批准的重大行动，而且对环保部委托督察的重大环境议题也没有实质性查处权，不仅如此，区域环保督察中心被明确规定不得干预地方政府及其相关部门的环境保护职权及其行使。就此而言，区域环保督察中心看起来更像是环保部的一个区域信息搜集或咨询机构，致力于"监督检查、调解和提供服务"①，监督执法权威性大打折扣。2017 年，中央编办批复将环境保护部华北、华东、华南、西北、西南、东北环境保护督察中心由事业单位转为环境保护部派出行政机构，并分别更名为环境保护部华北、华东、华南、西北、西南、东北督察局，使督察中心完成了向作为派出行政机构的督察局的转变，解决了督察中心的执法身份问题，将有力推进国家环境治理体系和治理能力现代化进程。

2008 年 3 月，国务院开展了新一轮的机构改革。在本次国务院机构改革方案中，正部级机构减少 4 个，但是环境保护机构却从以前的国家环保总局升格为环境保护部，这是 2008 年机构改革中唯一由国务院直属机构提升为国务院组成部门序列的部门，充分体现了党中央国务院对环境保护的高度重视。从"局"到"部"，看起来是一字之差，但在参与高层决策、制定相关环保战略规划、提高执法效力等方面，其空间无疑得到了更大的拓展，在人员编制、机构、职能等方面也有所加强，更有利于环保工作，标志着中国的环境保护体制进入了一个新的历史时期。

三、国土空间的生态功能区划

国土空间是宝贵自然资源，是中华民族繁衍生息和永续发展的家园。新中国成立以来，我国国土空间规划都是按照行政区域或地域划分的，比如东、中、西三大区域，西部大开发等。随着我国经济持续快速的增长以及工业化、城镇化步伐的加快，国土空间发生了巨大变化，隐藏在这种巨变之后的问题也逐渐显现，如自然资源

---

① 郇庆治、李向群：《中国区域环保督查中心：功能与局限》，载《绿叶》2010 年第 10 期。

开发强度过大、耕地减少过快、环境污染严重、生态系统自我修复功能脆弱等。同时，我们也越来越清楚地看到，我国国土空间多样性、非均衡性、脆弱性的特点决定了不是所有的国土空间都适宜大规模高强度的工业化城市化开发，不是所有国土空间都应承担同样的功能，必须遵循自然规律，因地制宜，有序、分类和集约开发。

基于以上认识，2000 年，国务院颁布的《全国生态环境保护纲要》要求开展全国生态功能区划，为经济、社会和环境保护持续健康发展提供科学支持。从 2001 年开始，环境保护部会同有关部门组织开展了全国生态环境现状调查，由中国科学院生态环境研究中心以甘肃省为试点开展了省级生态功能区划研究工作，并编制了《全国生态功能区划规程》。2001 年 3 月，国家环境保护总局印发了《生态功能保护区规划编制导则（试行）》。2002 年 1 月，国家环境保护总局对《生态功能保护区规划编制导则（试行）》的核心内容进行了修改、补充、完善，印发了《生态功能保护区规划编制大纲（试行）》。2002 年 8 月，环境保护部会同国务院西部开发办联合下发了《关于开展生态功能区划工作的通知》，启动了西部 12 省、自治区、直辖市和新疆生产建设兵团的生态功能区划。2003 年 8 月开始了中东部地区生态功能区划。2004 年全国 31 个省、市、自治区和新疆生产建设兵团完成了生态功能区划编制工作。

2006 年 3 月，《中华人民共和国国民经济和社会发展第十一个五年规划纲要》专门开辟第二十章，要求推进形成主体功能区，"根据资源环境承载能力、现有开发密度和发展潜力，统筹考虑未来我国人口分布、经济布局、国土利用和城镇化格局，将国土空间划分为优化开发、重点开发、限制开发和禁止开发四类主体功能区，按照主体功能定位调整完善区域政策和绩效评价，规范空间开发秩序，

形成合理的空间开发结构"①。2007 年 10 月，原国家环境保护总局
印发《国家重点生态功能保护区规划纲要》，明确了加强生态功能保
护区建设是促进我国重要生态功能区经济、社会和环境协调发展的
有效途径，是维护我国流域、区域生态安全的具体措施，是有效管
理限制开发主体功能区的重要手段。2008 年 3 月，在各省生态功能
区划基础上，环境保护部和中国科学院联合编制印发《全国生态功
能区划》，根据区域生态系统格局、生态环境敏感性与生态系统服务
功能空间分布规律，以水源涵养、土壤保持、防风固沙、生物多样
性保护和洪水调蓄五类主导生态调节功能为基础，确定了 50 个重要
生态服务功能区域。2008 年 9 月，环境保护部印发了《全国生态脆
弱区保护规划纲要》，指出我国存在的 8 种类型生态脆弱区及保护
措施。

（一）正式确立四个主体功能区

2011 年 6 月 8 日，我国首个全国性国土空间开发规划——《全
国主体功能区规划》正式出台。该规划以不同区域的资源环境承载
能力、现有开发强度和未来发展潜力，以及是否适宜或如何进行大规模
高强度工业化城镇化开发为基准，将我国国土空间分为优化开发区域、
重点开发区域、限制开发区域和禁止开发区域四个主体功能区。

优化开发区域是经济比较发达、人口比较密集、开发强度较高、
资源环境问题更加突出，从而应该优化进行工业化城镇化开发的城
市化地区。

重点开发区域是有一定经济基础、资源环境承载能力较强、发
展潜力较大、集聚人口和经济的条件较好，从而应该重点进行工业
化城镇化开发的城市化地区。优化开发和重点开发区域都属于城市

---

① 《中华人民共和国国民经济和社会发展第十一个五年规划纲要》，北京：人
民出版社 2006 年版，第 37 页。

化地区，开发内容总体上相同，开发强度和开发方式不同。

限制开发区域分为两类：一类是农产品主产区，即耕地较多、农业发展条件较好，尽管也适宜工业化城镇化开发，但从保障国家农产品安全以及中华民族永续发展的需要出发，必须把增强农业综合生产能力作为发展的首要任务，从而应该限制进行大规模高强度工业化城镇化开发的地区；另一类是重点生态功能区，即生态系统脆弱或生态功能重要，资源环境承载能力较低，不具备大规模高强度工业化城镇化开发的条件，必须把增强生态产品生产能力作为首要任务，从而应该限制进行大规模高强度工业化城镇化开发的地区。

禁止开发区域是依法设立的各级各类自然文化资源保护区域，以及其他禁止进行工业化城镇化开发、需要特殊保护的重点生态功能区。国家层面禁止开发区域，包括国家级自然保护区、世界文化自然遗产、国家级风景名胜区、国家森林公园和国家地质公园。省级层面的禁止开发区域，包括省级及以下各级各类自然文化资源保护区域、重要水源地以及其他省级人民政府根据需要确定的禁止开发区域。

主体功能区分类及其功能

按开发方式	按开发内容	主体功能	其他功能
优化开发区域 重点开发区域	城市化地区	提供工业品和服务产品	提供农产品和生态产品
限制开发区域 禁止开发区域	农产品主产区	提供农产品	提供生态产品和服务产品及工业品
	重点生态功能区	提供生态产品	提供农产品和服务产品及工业品

主体功能不等于唯一功能。明确一定区域的主体功能及其开发的主体内容和发展的主要任务，并不排斥该区域发挥其他功能。优化开发区域和重点开发区域作为城市化地区，主体功能是提供工业品和服务产品，集聚人口和经济，但也必须保护好区域内的基本农田等农业空间，保护好森林、草原、水面、湿地等生态空间，也要提供一定数量的农产品和生态产品。限制开发区域作为农产品主产区和重点生态功能区，主体功能是提供农产品和生态产品，保障国家农产品供给安全和生态系统稳定，但也允许适度开发能源和矿产资源，允许发展那些不影响主体功能定位、当地资源环境可承载的产业，允许进行必要的城镇建设。对禁止开发区域，依法实施强制性保护。

该规划在四大主体功能区的基础上，提出构建我国国土空间的三大战略格局：以"两横三纵"为主体的城镇化格局、以"七区二十三带"为主体的农业生产格局、以"两屏三带"为主体的生态安全格局，从而初步搭建起国土空间开发保护格局的总体战略架构。"两屏三带"指青藏高原生态屏障、黄土高原—川滇生态屏障和东北森林带、北方防沙带、南方丘陵山地带。

在国家推进形成主体功能区基本思路的指导下，地方各省、市依据《环境功能区划编制技术指南（试行）》，积极开展了主体功能区规划和建设的实践，全国各省相继印发省级层面的主体功能区规划文件，市、县层面的主体功能区规划则不做要求，但个别地区也自行开展了划分。

（二）构建主体功能区环境政策体系

2011 年的《全国主体功能区规划》确定了"9+1"的政策体系，"9"是财政政策、投资政策、产业政策、土地政策、农业政策、人口政策、民族政策、环境政策、应对气候变化政策，"1"是绩效评价考核，对优化开发区域和重点开发区域增加了环境保护考核指标；对限制开发区域强化对农产品保障能力的评价，弱化对工业化城镇化相关经济指标的评价；对禁止开发区域，强化对自然文化资源原真性和完整性保护情况的评价，不考核经济指标。

关于禁止开发区域环境政策。按照依法管理、强制保护的原则，执行最严格的生态环境保护措施，严控各类开发建设活动，持续推进生态保护补偿及考核评价制，保持环境质量的自然本底状况，恢复和维护区域生态系统结构和功能的完整性，保持生态环境质量、生物多样性状况和珍稀物种的自然繁衍，保障未来可持续生存发展空间。

关于重点生态功能区环境政策。按照生态优先、适度发展的原则，划定并严守生态保护红线，实行更加严格的产业准入标准，持续推进生态建设与生态修复重大工程，推进实施生态保护补偿及监测考评机制，增强区域生态服务功能和生态系统的抗干扰能力，夯实生态屏障，坚决遏制生态系统退化的趋势。

关于农产品主产区环境政策。按照保障基本、安全发展的原则，开展农村环境连片综合整治，加强土壤环境治理，建立环境质量监测网络与考评机制，优先保护耕地土壤环境，保障农产品主产区的环境安全，改善农村人居环境。

关于重点开发区域环境政策。按照强化管治、集约发展的原则，切实加强城市环境管理，深化主要污染物排放总量控制和环境影响评价制度，强化环境风险管理，大幅降低污染物排放强度，提高环境质量。

关于优化开发区域环境政策。按照严控污染、优化发展的原则，严格污染物排放总量控制制度，推行环保负面清单制度，引导城市集约紧凑、绿色低碳发展，减少工矿建设空间和农村生活空间，扩

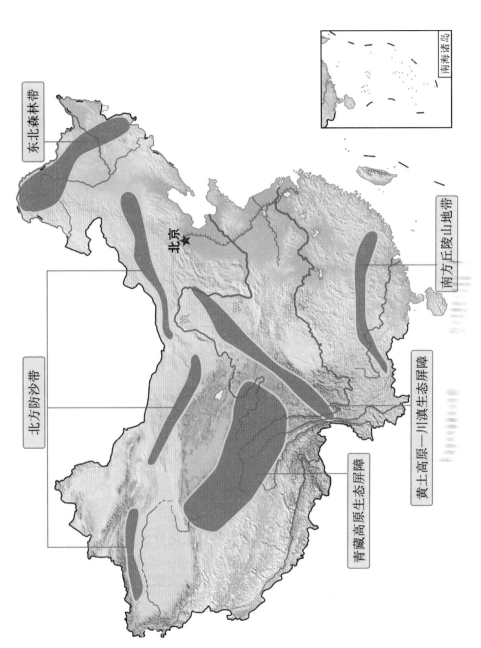

东北森林带

北方防沙带

北京★

青藏高原生态屏障

黄土高原—川滇生态屏障

南方丘陵山地带

南海诸岛

"两屏三带"生态安全战略格局

青藏高原生态屏障：三江源国家公园

丘陵山地带上的"绿宝石"：鼎湖山

大服务业、交通、城市居住、公共设施空间，扩大绿色生态空间。

主体功能区制度客观反映了我国生态系统生态功能空间分布规律，明确了我国不同区域生态系统生态调节、产品提供和人居保障的功能，为有效管理生态系统提供了基础和手段，是生态保护工作由经验型管理向科学型管理转变、由定性型管理向定量型管理转变、由传统型管理向现代型管理转变的一项重大基础性工作，对于牢固树立生态文明观念，科学指导产业布局、资源开发和生态保护，有效维护国家生态安全，促进经济又好又快发展具有重要意义。

2012 年党的十八大报告明确提出"加快实施主体功能区战略"，优化国土空间开发格局，国家先后印发了《关于贯彻实施国家主体功能区环境政策的若干意见》（2015）、《重点生态功能区产业准入负面清单编制实施办法》（2016）、《关于完善主体功能区战略和制度的若干意见》（2017），进一步对主体功能区的环境政策进行了系统性、针对性、操作性的规定，对于主动适应经济发展新常态、提升环境管理水平以及顺应人民群众对良好生态环境的更高期待具有重要意义。

四、建立规划环境影响评价制度

环境影响评价制度在 1979 年的环境保护法中就得到了确立，但是这种环境影响评价制度单纯地评价建设项目，又被称为项目环境影响评价制度。2003 年 9 月 1 日起正式实施的《中华人民共和国环境影响评价法》不仅将环境影响评价上升到专门法层面，还将环境影响评价范围从建设项目扩大到政府规划，标志着我国环境影响评价由项目环评进入规划环评的新阶段。

2005 年 12 月，国务院颁布了《关于落实科学发展观加强环境保护的决定》，进一步强调战略规划的环境影响评价工作，"必须依照国家规定对各类开发建设规划进行环境影响评价。对环境有重大影响的决策，应当进行环境影响论证"①。2005 年底，国家环保总局相继开展了内蒙古、大连、武汉等 10 个典型行政区，石化、铝业、铁路 3 个重点行业，宁东能源化工基地等 10 个重要专项规划等一系列规划环评试点，起到了积累经验、典型引路的作用。在试点的基础上，2009 年 8 月，国务院颁布《规划环境影响评价条例》，针对《环境评价法》中关于规划环评审查主体不够明确、审查程序不够具体等不足，着力进行细化和规范，取得了一系列突破。

（一）明确规划环境影响评价的主体和内容

国务院有关部门、设区的市级以上地方人民政府及其有关部门，对其组织编制的土地利用的有关规划和区域、流域、海域的建设、开发利用规划，以及工业、农业、畜牧业、林业、能源、水利、交通、城市建设、旅游、自然资源开发的有关专项规划，应当进行环境影响评价。

对规划进行环境影响评价，主要分析、预测和评估规划实施可能对相关区域、流域、海域生态系统产生的整体影响；规划实施可能对环境和人群健康产生的长远影响；规划实施的经济效益、社会效益与环境效益之间以及当前利益与长远利益之间的关系。

环境保护部和相关部门还联合印发了《河流水电规划报告及规划环境影响报告书审查暂行办法》《关于进一步加强公路水路交通运输规划环境影响评价工作的通知》《关于加强产业园区规划环境影响评价有关工作的通知》《关于加强西部地区环境影响评价工作的通知》等文件，细化了具体区域和具体领域规划环评的审查程序、技术要点、规划与项目联动、跟踪评价等有关要求，对推进区域经济发展模式的转变以及经济社会全面协调可持续发展具有重要意义，

---

① 《十六大以来重要文献选编》（下），北京：中央文献出版社 2008 年版，第 88 页。

也不断丰富着战略规划层次的环境影响评价经验。

（二）明确规划环境影响评价的审查程序

设区的市级以上人民政府审批的专项规划，在审批前由其环境保护主管部门召集有关部门代表和专家组成审查小组，对环境影响报告书进行审查。省级以上人民政府有关部门审批的专项规划，其环境影响报告书的审查办法由国务院环境保护主管部门会同国务院有关部门制定。

审查小组中专家人数不得少于审查小组总人数的二分之一。审查意见应当经审查小组四分之三以上成员签字同意。审查小组成员有不同意见的，应当如实记录和反映。

规划审批机关在审批专项规划草案时，应当将环境影响报告书结论以及审查意见作为决策的重要依据。规划审批机关对环境影响报告书结论以及审查意见不予采纳的，应当逐项就不予采纳的理由作出书面说明，并存档备查。这项规定意味着规划编制机关必须对环评结论和审查意见进行响应。

这一时期，国家出台和修订了一系列环评技术导则，如出台《地下水评价导则》，修订《生态环境影响评价导则》和《大气环境影响评价导则》；发布《环境影响评价审查专家库管理办法》《专项规划环境影响报告书审查办法》《编制环境影响报告书的规划的具体范围（试行）》和《编制环境影响篇章或说明的规划的具体范围（试行）》等。这一系列规章制度的制定实施，大大提升了规划环境影响评价制度的操作性和有效性。

（三）建立规划环评和项目环评的联动机制

环境保护部将规划环评结论作为规划所包含建设项目环评的重要依据，在《关于进一步加强规划环境影响评价工作的通知》《关于进一步加强环境影响评价管理防范环境风险的通知》等文件中进一步明确了规划环评在规划编制和审批决策中的前置指导作用，把规划环评作为相关行业项目受理的前提条件，对未进行环境影响评价的规划所包含的具体项目，不予受理其环评文件。如，环保部门在镇海炼化项目环评审查中发现，该项目建设与宁波化工区总体规划环评在项目布局、产品结构、热电站建设等方面存在需要进一步衔接的地方，为此，督促建设单位根据规划环评意见优化了项目建设方案。①

同时，环境保护部还颁布《建设项目环境影响评价资质管理办法》《国家环境保护总局建设项目环境影响评价审批程序规定》《建设项目环境影响评价行为准则与廉政规定》等部门规章，以利于项目环评更好地配合规划环评。

（四）推进环境影响评价机构改革

环境影响评价技术服务机构是建设项目环境影响报告书的法定编制机构，是环评制度的关键执行人和监督者，其是否科学规范运行直接关系到环境影响评价的客观性以及重大的经济社会规划和民生问题。

首先，提高环评机构从业人员职业素质。2003 年以来，我国相继发布 17 项环境影响评价技术导则和 15 项环保验收技术规范，有力提升了环评的科学化水平。2004 年 9 月，国家环保总局发布《环境影响评价工程师职业资格制度暂行规定》《环境影响评价工程师职业资格考试实施办法》和《环境影响评价工程师职业资格考核认定办法》，建立了环评工程师职业资格制度。从 2005 年开始，全国每年举行一次环评工程师职业资格考试。2010 年环境保护部发布《环境影响评价从业人员职业道德规范（试行）》，努力打造一支依法遵

---

① 周生贤：《环保惠民　优化发展——党的十六大以来环境保护工作发展回顾（2002—2012）》，北京：人民出版社 2012 年版，第 92 页。

规、公正诚信、忠于职守、服务社会、廉洁自律的环评技术队伍。截至 2011 年 5 月底，全国共有环评机构 1164 家，环评技术人员 34000 余人，[1] 总体上基本可以满足工作需要。

其次，建立全国环境影响评价资质管理系统。环保政府部门加大对环评机构的监督检查力度，通过日常检查、抽查、定期考核等多种方式，加强对环评机构工作质量和工作能力的监督管理，对工作质量差或存在违规问题的环评机构予以全国通报批评或责令整改，并向社会公布并及时更新全国所有环评机构的基本信息和奖惩情况。"十一五"期间，对 100 余家工作质量差、管理混乱的环评机构及 40 余名相关环评人员进行严肃查处。[2] 自 2011 年开始，又对全国所有环评机构开展以"资质、人员、质量"为重点的三年专项执法检查，进一步加强了行业管理。比如，重庆市开展环评管理质量年活动，组织业务技能大比武，形成了"学业务、比质量、争先进"的良好氛围。

最后，有序推进事业单位环评机构体制改革试点，逐步推进环评机构与审批部门脱钩，让环评机构与环保部门"彻底脱利"，使环评业务由真正独立的环评中介服务机构、独立的市场主体来承担，以确保环评审批不受利益干扰。2010 年 10 月，环境保护部确定第一批 18 家试点单位，其中包括环境保护部 4 家直属单位，2011 年启动了由 79 家单位参加的第二批试点，绝大多数省（区、市）参加了试点，总体上达到了"全覆盖"的要求，[3] 为推进全国环保系统环评

① 周生贤：《环保惠民　优化发展——党的十六大以来环境保护工作发展回顾（2002—2012）》，北京：人民出版社 2012 年版，第 83 页。

② 周生贤：《环保惠民　优化发展——党的十六大以来环境保护工作发展回顾（2002—2012）》，北京：人民出版社 2012 年版，第 83 页。

③ 周生贤：《环保惠民　优化发展——党的十六大以来环境保护工作发展回顾（2002—2012）》，北京：人民出版社 2012 年版，第 84 页。

机构脱钩工作奠定了实践基础。

党的十八大以来，我国环境影响评价制度得到进一步深化完善。2015 年发布《全国环保系统环评机构脱钩工作方案》，深入推进环评审批制度改革，推动建设项目环评技术服务市场健康发展。2016 年 7 月，环境保护部印发《"十三五"环境影响评价改革实施方案》，推进环境影响评价形成规范刚性的体制机制。《环境影响评价法》在 2016 年和 2018 年先后经过了两次修正，取消了项目环评的行政审批要求，不再强制要求由具有资质的环评机构编制建设项目环境影响报告书（表），规定建设单位既可以可委托技术单位为其编制环境影响报告书（表），如果自身就具备相应技术能力也可以自行编制，有利于进一步激发市场活力，通过更加充分的市场竞争提升环评技术服务水平和服务意识，也有利于进一步减轻企业负担，推进实体经济发展。当然，取消环评机构资质行政许可并不意味着放松环评管理，修订后的《环境影响评价法》大幅强化了法律责任，对于环评文件存在严重质量问题以及环境影响评价报告未批先建的情况，实施单位和人员的"双罚制"，提高了落实环境影响评价制度的质量。

（五）建立环境影响评价公众参与制度

进入 21 世纪，我国长期粗放型经济发展方式的环境后果累积式爆发，化工企业重金属污染事件、水污染事件、PX 事件、垃圾焚烧发电厂、雾霾，以及地震、泥石流等地质灾害所带来的次生灾害问题频发，严重威胁人民群众的生命安全和财产安全，生态环境问题成为困扰人们日常生活的严峻话题。全国环境信访数量逐年增多，公众不同方式表达对环境保护和治理的诉求。政府越来越清晰认识到，公众是环境治理的重要主体，是弥补政府与市场"失灵"和促进环境公平不可或缺的一环；环保领域的许多重大事务与全社会各个利益群体密切相关，具有显著的公益性特点，最易达成社会共识与共赢；人民群众对自己身边的环境问题最为了解，调动公众参与环境保护的积极性，有利于提高环境决策的科学性和民主性，有利于减少政策执行的成本，还有利于环境保护制度的监督落实，由此，我国环境保护公众参与得到了政府的高度重视。

2002 年颁布、2003 年 9 月正式实施的《中华人民共和国环境影响评价法》第一次正式赋予公众在环境决策中的参与权。2004 年 6 月，原国家环保总局颁发《环境保护行政许可听证暂行办法》，要求县级以上环保部门从 7 月 1 日起，对可能涉及公共利益以及可能产生油烟、恶臭、噪声或者其他污染居民生活环境的建设项目，要严格执行有关听证程序。2005 年 4 月 13 日上午，国家环保总局就圆明园环境整治工程的环境影响举行公开听证，来自社会各界代表 120 人和 50 多家媒体参加了听证。国家环保总局在充分考虑各方利益并顾及代表性的基础上，根据申请人的不同专业领域、不同年龄层次等因素，邀请了 22 个相关单位、15 名专家、32 名各界代表参加听证。其中最大的 80 岁，最小的 11 岁，既有知名专家学者，也有普通市民与下岗职工；既有各相关部门的负责人，也有各民间社团的代表；既有圆明园附近的居民，也有千里之外赶来的热心群众。① 这是环境影响评价法实施以来，我国首次举行的公开听证会，标志着我国公众参与进入政府环境决策的实质性环节。

这些成功的实践案例提高了政府吸纳公众参与环境决策的信心，2006 年我国出台了《环境影响评价公众参与暂行办法》，这是我国生态文明制度史上首部专门关于公众参与环境决策的政策文件，其对环评信息公开、征求公众意见、公众参与组织形式等作出了具体

---

① 李楯：《圆明园听证：中国环保法治建设史上关键的一步》，载《环境》2005 年第 5 期。

规定，为公众有序参与环评提供了制度保障。比如，民间环保组织的"怒江保卫行动"使云南怒江小水电全被叫停，也使怒江成为中国唯一没有修建水坝的河流。再如，在新建成都至重庆的铁路客运中，四川省环保厅协调项目建设单位通过座谈会、发放宣传单、接受公众问询等形式，依法开展公众参与工作，满足了群众的合理诉求。

此后，《环境信访办法》《关于培育引导环保社会组织有序发展的指导意见》等文件陆续颁布，极大地调动了公众参与环境保护的积极性和主动性，促使我国环境保护公众参与的形式、内容、途径等多个维度得到深化，公众参与环境保护的群体不断扩大，在环境监督、投诉、诉讼和决策等方面发挥了重要作用。

第三节　初步构建环境经济政策体系

自 1992 年我国明确提出建立社会主义市场经济体制以来，运用价格、税收、财政、信贷、保险等经济手段调节或影响市场主体的环境行为越来越受到重视。2006 年 4 月，温家宝在第六次全国环境保护大会上明确提出实现环境保护"三个转变"："一是从重经济增长轻环境保护转变为保护环境与经济增长并重；二是从环境保护滞后于经济发展转变为环境保护和经济发展同步；三是从主要用行政办法保护环境转变为综合运用法律、经济、技术和必要的行政办法解决环境问题"[1]。与传统行政手段的外部被动约束相比，环境经济政策是一种内在的主动约束力量，激励各类市场主体基于环境资源

---

[1] 《十届全国人大五次会议文件辅导读本》，北京：人民出版社 2007 年版，第 64 页。

利益促进环保技术创新和管理创新，从而实现经济发展、社会进步和环境保护的多赢，具有减少环境治理成本与行政监控成本的明显优点。从国际社会来看，2008 年，美国华尔街爆发了严重的金融危机并迅速波及全球，引发了世界范围的全面经济衰退。在应对国际金融危机和全球气候变化的挑战中，世界主要经济体都把实施绿色新政、发展绿色经济作为刺激经济增长和转型的主引擎。一些发达国家利用节能环保方面的技术优势，在国际贸易中制造绿色壁垒，为使我国在新一轮经济竞争中占据有利地位，必须大力发展节能环保产业。于是，在国内市场经济日趋完善和紧跟国际绿色产业潮流的背景下，我国创新推出了诸多环境经济政策，初步形成推动生态文明建设的经济政策体系。

一、财政支持政策

为推广使用高效节能产品，扩大高效节能产品市场份额，提高用能产品的能源效率水平，中央财政安排专项资金，对企业实施节能技术改造给予适当支持和奖励，强化财政资金的引导作用。国家财政部、发展改革委发文《节能技术改造财政奖励资金管理暂行办法》（2007）、《高效节能产品推广财政补助资金管理暂行办法》（2009）、《节能技术改造财政奖励资金管理办法》（2011）等，对财政支持政策予以规范说明。

一类是直接的财政补贴。国家将量大面广、用能量大、节能潜力明显的高效节能产品纳入财政补贴推广范围。中央财政对高效节能产品生产企业给予补助，再由生产企业按补助后的价格进行销售，消费者是最终受益人。财政补助的高效节能产品必须符合国家规定的条件，如能源效率国家标准要求，能源效率等级为 1 级或 2 级，其他质量性能符合相关国家标准规定；推广数量达到一定规模；实际销售价格不高于企业承诺的推广价格减去财政补助后的金额等。

补助资金主要用于高效节能产品推广补助和监督检查、标准标识、信息管理、宣传培训等推广工作经费。当高效节能产品市场份额达到一定水平时，国家不再补贴推广。

另一类是通过"以奖代补"的形式进行资金补助。这种财政补助形式是对节能结果进行考核和奖励，政府按改造后实际取得的节能量给予奖励，多节能，多奖励，以新的机制确保政策实施的针对性和实效性。2011年的《节能技术改造财政奖励资金管理办法》在2007年《节能技术改造财政奖励资金管理暂行办法》的基础上，扩大了奖励资金支持对象，提高了奖励的标准。奖励资金支持对象是对现有生产工艺和设备实施节能技术改造的项目。中央财政对符合改造主体符合国家产业政策、且运行时间3年以上，节能量在5000吨（含）标准煤以上，项目单位改造前年综合能源消费量在2万吨标准煤以上等条件的企业节能技术改造项目给予奖励。奖励的标准是东部地区节能技术改造项目根据项目完工后实现的年节能量按240元/吨标准煤给予一次性奖励，中西部地区按300元/吨标准煤给予一次性奖励。凡是享受节能奖励的企业都要将节能技术改造项目的能耗和预计取得的节能量向政府报告，由政府委托专门的节能量审核机构对企业节能报告进行审计考核，对不能完成节能目标的企业，要采取扣回节能奖励资金等经济处罚措施。①

为保证节能技术改造财政奖励制度全面顺利实施，财政部、国家发展改革委还制定《节能量确定和监测办法》《节能量审核指南》《节能量审核机构管理办法》等一系列基础性制度，逐步建立起一套符合我国国情的企业节能新机制。

各地也制定符合本省情况的节能以奖代补资金管理办法，如

① 《财政部、发展改革委关于印发〈节能技术改造财政奖励资金管理办法〉的通知》，载《中华人民共和国国务院公报》2012年3月10日。

《湖北省建筑节能以奖代补资金管理办法》等，深化细化"以奖代补""以奖促治"以及采用财政补贴方式推广高效节能家用电器、照明产品、节能汽车、高效电机产品等支持机制。

二、税收优惠政策

环境保护部积极支持和配合财政部、国家税务总局制定节能减排税收优惠政策，这些优惠政策大致有以下几类。

表5-3　支持节能减排税收减免优惠政策的文件（2003—2012年）

《资源综合利用企业所得税优惠目录》，2008年8月 《节能节水专用设备企业所得税优惠目录》，2008年8月 《环境保护专用设备企业所得税优惠目录》，2008年8月 《关于中国清洁发展机制基金及清洁发展机制项目实施企业有关企业所得税若干优惠政策问题的通知》，2009年3月 《环境保护节能节水项目企业所得税优惠目录》，2009年12月 《关于促进节能服务产业发展增值税营业税和企业所得税政策问题的通知》，2010年12月 《关于公共基础设施项目和环境保护节能节水项目企业所得税优惠政策问题的通知》，2012年1月

第一，对中国清洁发展机制基金取得的收入免征企业所得税。

第二，对综合利用资源生产产品取得的收入在计算应纳税所得额时，减按90%计入收入总额。

第三，对符合条件的公共污水处理、公共垃圾处理、沼气综合开发利用、节能减排技术改造、海水淡化等项目的企业，第一年至第三年免征企业所得税，第四年至第六年减半征收企业所得税。企业按照项目规定享受税收减免和优惠待遇的，转让方可以自转让之日起剩余时间内享受税收减免和优惠待遇。

第四，对符合条件的节能服务公司实施合同能源管理项目，自项目取得第一笔生产经营收入所属纳税年度起，第一年至第三年免征企业所得税，第四年至第六年按照25%的法定税率减半征收企业所得税。

第五，企业进行购买环保、节能节水、安全管理生产等专用网络设备的税收优惠活动政策。企业购买并实际使用环保、节能节水、安全生产等专用设备，可从企业当年应纳税额中扣除专用设备投资额的 10%；当年应纳税款不足抵扣的，可在以后 5 个纳税年度结转抵扣。

除了减免企业所得税以外，国家还对符合节能减排条件的企业和项目减免增值税，对新能源交通运输工具减免车船税、车辆购置税等。

三、政府采购政策

政府采购指通过政府合同向社会采购货物、服务、工程。政府采购不仅是规范公共机构采购行为的管理制度，还是政府在市场经济条件下的有效调控手段，因为政府采购政策给予了特定供应商群体优先权，通过改善这些供应商进入政府采购条件，为这些企业创造了更多的商业机会，提供了生存下去或壮大发展的必要条件，同样使这些企业的所有者和从业者获得相应的收入，提高他们的生活水平。比如在 20 世纪 30 年代的西方经济危机中，美国政府优先购买本国产品，为美国经济从大危机中复苏立下了大功。[①]

进入 21 世纪以来，为支持节能减排产业，我国相继发布《节能产品政府采购实施意见》（2004）和《关于环境标志产品政府采购实施的意见》（2006），为政府绿色采购搭建起实施框架，与两份意见相配套的《节能产品政府采购清单》和《环境标志产品政府采购清单》，具体调整了政府绿色采购的范围。文件要求各级国家机关、事业单位和团体组织用财政性资金进行采购的，应当优先采购节能

---

① 白志远：《论政府采购政策功能在我国经济社会发展中的作用》，载《宏观经济研究》 2016 年第 3 期。

产品和环境标志产品，不得采购危害环境及人体健康的产品。财政部、国家环境保护总局从国家认可的环境标志产品认证机构认证的环境标志产品中，以"节能产品政府采购清单"和"环境标志产品政府采购清单"的形式，按类别确定优先采购的范围，并适时调整清单目录，以文件形式公布。

政府绿色采购充分利用政府的公信力发挥领头作用，对于推动企业节能技术进步，扩大节能产品市场，提高全社会的环保意识具有十分重要的意义，同时也有利于降低政府机构能源费用开支，节省财政资金，树立政府环保形象。

自 2019 年 2 月起，我国简化节能产品、环境标志产品政府采购执行机制，对政府采购节能产品、环境标志产品实施品目清单管理，不再发布"节能产品政府采购清单"和"环境标志产品政府采购清单"，扩大节能产品、环境标志产品认证机构范围，进一步优化供应商参与政府采购活动市场环境。目前，节能环保产品政府采购规模占同类产品政府采购规模的比例达到90%以上，为节约能源、保护环境、应对气候变化发挥了积极作用。[①]

四、绿色信贷政策

信贷是信用借贷的简称，是商品买卖中的延期付款或货币的借贷行为，是以偿还为条件的价值运动的特殊形式。马克思在《资本论》中较为系统地阐述了商业信用在资本主义再生产过程中对于促进商品流通、加速资本周转的不可或缺的重要作用。基于信贷行为在市场经济中的作用与影响，20 世纪 80 年代初，美国公布多部与环境保护和绿色信贷相关的法律文件，界定了政府、企业和银行在绿色金融活动中的责任和义务，如著名的《超级基金法案》，提到信贷

---

① 王金南、程亮、陈鹏：《"十三五"生态文明建设财政政策实施成效分析》，载《环境保护》2021 年第 3 期。

行为与自然环境关系处理的责任方式，要求各企业必须对它们在开展项目或者生产经营活动中造成的环境污染负责，同时通过严格责任划分的方式，要求商业银行在信贷行为中承担连带责任，这就意味着银行在发放贷款的过程中要严格对企业进行审查，才能规避由于企业环境污染而带来的环境赔偿风险。伴随《超级基金法案》的实施，商业银行可持续金融的研究纷纷展开，目的是有效回避企业可能对商业银行带来的环境信用风险和环境赔偿风险。

在我国，1995 年，中国人民银行和原国家环保局分别出台了《中国人民银行关于贯彻信贷政策与加强环境保护工作有关问题的通知》《国家环境保护局关于运用信贷政策促进环境保护工作的通知》，标志着我国进入环境政策与信贷政策相互融合的过程。2007 年，环保总局、中国人民银行与银监会联合发布了《关于落实环境保护政策法规防范信贷风险的意见》，要求银行等金融机构对贷款严格审批、管理与发放，将绿色发展理念融入信贷工作中，利用绿色信贷机制对不符合产业政策、环境违法的企业或项目进行信贷控制，以遏制高耗能、高污染产业的扩张，标志着绿色信贷制度的正式确立并进入治污减排的主战场。2012 年 1 月，银监会制定和颁发了《绿色信贷指引》，对于金融机构有效识别和监测信贷业务活动中的环境和社会风险以及完善相关信贷政策制度和流程管理提供了操作手册。

表 5-4　关于绿色信贷的政策文件（2003—2012 年）

《中国人民银行关于改进和加强节能环保领域金融服务工作的指导意见》，2007 年 6 月
《关于落实环保政策法规防范信贷风险的意见》，2007 年 7 月
《节能减排授信工作指导意见》，2007 年 11 月
《关于全面落实绿色信贷政策进一步完善信息共享工作的通知》，2009 年 8 月
《关于进一步做好支持节能减排和淘汰落后产能金融服务工作的意见》，2010 年 5 月
《绿色信贷指引》，2012 年 2 月

第一，各级环保部门要及时向当地人民银行、银监部门和金融机构提供以下环境信息：受理的环境影响评价文件的审批结果和建设项目竣工环境保护验收结果；污染物排放超过国家或者地方排放标准，或者污染物排放总量超过地方人民政府核定的排放总量控制指标的污染严重的企业名单；发生重大、特大环境污染事故或者事件的企业名单；拒不执行已生效的环境行政处罚决定的企业名单；挂牌督办企业、限期治理企业、关停企业的名单；环境友好企业名单；企业环境行为评价信息等。

第二，各银行机构必须将企业环保守法作为审批贷款的必备条件，对限制和淘汰类新建项目，不得提供信贷支持；对未通过环评审批的新建项目，银行机构不得以任何形式增加授信支持；对鼓励类项目在风险可控的前提下，积极给予信贷支持。

第三，各级银行监管部门要督促商业银行将企业环保守法情况作为授信审查条件，将商业银行落实环保政策法规、配合环保部门执法、控制污染企业信贷风险的有关情况，纳入监督检查范围，对因企业环境问题造成不良贷款等情况开展调查摸底。

为落实绿色信贷政策，2007年10月，中国工商银行提出建立信贷的"环保一票否决制"，对不符合环保政策的项目不发放贷款，对列入"区域限批""流域限批"地区的企业和项目，在解除限制之前暂停信贷支持。中国工商银行还陆续制定了60个行业绿色信贷细化政策，对法人客户进行了环保信息标示，初步形成了客户环保风险数据库。2008年10月，兴业银行承诺采纳赤道原则，① 成为中国首家赤道银行。2008年，浦发银行成为国内首家发布绿色银行综合

---

① 赤道原则是由世界主要金融机构根据国际金融公司和世界银行的政策和指南建立的，旨在决定、评估和管理项目融资中的环境与社会风险而确定的金融行业基准。赤道原则列举了银行做出融资决定时需依据的9个条件，赤道银行承诺只把贷款提供给符合这9个条件的项目。

方案的上市银行，方案涵盖了低碳经济上下游产业链，并建立专业从事绿色信贷业务团队。2011 年，国家开发银行先后出台了《污染减排贷款工作方案》《关于落实节能减排目标项目贷款评审的指导意见》等项具体措施，严格管理对高耗能、高污染行业的贷款，另外还建立了重点支持水污染治理工程、燃煤电厂二氧化硫治理工程等的节能减排专项贷款。

绿色信贷运用经济杠杆把符合环境检测标准、污染治理效果和生态保护作为信贷审批的重要前提，引导资金流向有利于环保的产业、企业，使企业将污染成本内部化，从而达到事前治理、促进可持续发展的目的，同时增强了银行控制风险的能力，有利于银行摆脱过去长期困扰的贷款"呆账""死账"的阴影，从而提升商业银行的经营绩效。以兴业银行为例，截至 2012 年 8 月末，兴业银行已累计投放近 4000 笔绿色金融项目，投放金额近 2000 亿元，8 月末融资余额已突破千亿，达到 1018 亿元，连续呈现高速增长态势。如将上述数据具体转化为节能减排指标，兴业银行绿色金融项目可实现在我国境内每年节约标准煤 2272.27 万吨，年减排二氧化碳 6508.24 万吨，年减排化学需氧量（COD）87.94 万吨，年减排氨氮 1.45 万吨，年减排二氧化硫 4.36 万吨，年减排氮氧化物 0.69 万吨，年综合利用固体废弃物 1466.29 万吨，年节水量 25579.06 万吨。[①]

五、环境污染责任保险

保险业是现代金融体系的重要支柱，是一种具有约束力的经济机制。环境保险是在市场经济条件下进行环境风险管理的一项基本手段，其中，环境污染责任保险占据核心地位，它是以企业发生污染事故对第三者造成的损害依法应承担的赔偿责任为标的的保险，

---

① 《2012 中国绿色信贷年度报告　兴业银行排名居首》，https://www.chinanews.com/fortune/2012/09—27/4215565. shtml.

主要操作是保险公司对保险事故发生的风险进行评价，根据其风险收取一定保险费，并当发生保险事故时，支付约定的保险金。

利用保险工具来参与环境污染事故处理，有利于分散企业经营风险，促使其快速恢复正常生产；有利于发挥保险机制的社会管理功能，利用费率杠杆机制促使企业加强环境风险管理，提升环境管理水平；有利于使受害人及时获得经济补偿，稳定社会经济秩序，减轻政府负担，促进政府职能转变。比如，一家企业突然发生了重大环境污染事故，在巨大的赔偿和污染治理费用面前，这家企业被迫破产，受害者得不到及时的补偿救济，环境破坏只能由政府花巨资来治理，受害者个人、企业、政府三方都将承受损失。但如果企业参加了环境保险，一旦事故发生，由保险公司给被害者提供赔偿，企业避免了破产，政府又减轻了财政负担，这符合三方的共同利益。但这并不意味反正有保险公司兜着，企业就可以放心大胆地去污染，因为环境保险的收费与企业污染程度成正比，如果企业污染事故风险极大，那么高昂的保费会压得企业不堪重负。保险公司还会雇用专家，对被保险人的环境风险进行预防和控制，这种市场机制的监督作用将迫使企业降低污染程度。

在 20 世纪 90 年代，一些地方政府的环保部门曾与保险公司合作推出了环境污染责任险。如 1991 年大连市、沈阳市等曾推出这一产品，但大连市 1991 年至 1995 年的赔付率只有 5.7%，沈阳市 1993 至 1995 年的赔付率为零，远远低于国内其他险种 50% 左右的赔付率，企业因无法从中获得预期效果而失去购买积极性，导致环境污染责任保险产品销量萎缩直至退出市场。[①]

进入 21 世纪后，随着环境污染加重，国家再次推进环境污染责

---

① 周道许：《环境污染风险的社会化管理手段研究：我国环境污染责任保险发展的路径选择与制度构想》，载《环境经济》 2011 年第 5 期。

任保险。2007年，原国家环境保护总局和中国保险监督管理委员会联合印发《关于环境污染责任保险工作的指导意见》，启动了环境污染责任保险政策试点。江苏、湖北、湖南、河南、重庆、沈阳、深圳、宁波、苏州等省市作为试点地区展开了相关工作，并初步确定以生产、经营、储存、运输、使用危险化学品企业，易发生污染事故的石油化工企业、危险废物处置企业、垃圾填埋场、污水处理厂和各类工业园区等作为主要对象开展试点。

第一，明确环境污染责任保险的投保主体。要求以易发生污染事故的石油化工企业、危险废物处置企业等为对象开展试点。国家和省环保部门制定开展环境污染责任保险的企业投保目录，并适时调整。保险公司要开发相应产品，合理确定责任范围，分类厘定费率，提高环境污染责任保险制度实施的针对性和有效性。

第二，建立环境污染事故勘查、定损与责任认定机制。在发生环境事故后，企业应及时通报相关承保的保险公司，允许保险公司对环境事故现场进行勘查。发生污染事故的企业、相关保险公司、环保部门应根据国家有关法规，公开污染事故的有关信息。环保部门制定环境污染事故损失核算标准和相应核算指南。在国家没有出台专门的环境污染事故核算标准的情况下，保险公司可以委托国家认可的独立第三方机构对环境污染事故进行定损，对环境污染造成的直接经济损失进行核定。

第三，建立规范的理赔程序。保险监管部门应指导保险公司建立规范的环境污染责任保险理赔程序认定标准。保险公司要加强对理赔工作的管理，规范、高效、优质地开展理赔工作。赔付过程要保证公开透明和信息的通畅，受害人可以通过环保部门和保险公司获取赔偿信息等，最大限度地保障受害人的合法权益。

2008年7月，湖南平安保险公司对昊华化工公司因事故引起的污染损害进行了赔付，这是《关于环境污染责任保险工作的指导意见》发布后全国首例环境污染责任保险赔付案，引起了社会的广泛关注。根据环保部等部门提供的数据，截至 2009 年 9 月，全国共有湖北、江苏、辽宁、上海、湖南、深圳和宁波等省市的近 400 家企业投保，推出环境污染责任保险产品的保险公司达 9 家，总承保额近 60 亿元。① 由于及时对污染受害者进行补偿，这些事故都没有引发进一步的社会问题。

2013 年初，环境保护部和中国保监会在试点五年的基础上，发布了《关于开展环境污染强制责任保险的指导意见》，标志着中国的环境污染责任保险已经由自愿保险进入强制保险的新阶段。2018 年 5 月，生态环境部审议并原则通过《环境污染强制责任保险管理办法（草案）》，对环境污染责任保险的"强制性"作出了明确的规定，进一步规范健全环境污染强制责任保险制度。相比原来的环境污染责任保险，环境污染强制责任保险突出了保险的强制性，对环境污染责任保险赔偿范围、责任限额、保费确定、责任触发、定损理赔等产品内容提出强制要求，同时扩大保障范围，在原有人身、财产、应急和法律费用等基础上，将生态环境损害纳入赔偿。在环境领域推行环境污染强制责任保险，这是继交通领域的"交强险"之后，第二个推行强制责任保险的领域。据中国保险行业协会统计，2020 年环境保险保额达到 18.33 万亿元，较 2018 年增加 6.30 万亿元，年均增长 23.43%；2020 年环境保险赔付金额 213.57 亿元，较 2018 年增加 84.78 亿元，年均增长 28.77%，高于保费年均增长 6.81 个百分点，有力发挥了环境保险的风险保障功效。②

---

① 中国平安保险（集团）股份有限公司：《中国平安励志计划学术论文获奖文集（2013）（保险卷）》，北京：人民出版社 2014 年版，第 3 页。

② 陈晶晶：《绿色保险突进：三年保额高达 45 万亿》，载《中国经营报》2021 年 9 月 25 日。

本章总结

从 2003 年至 2012 年这个时期，我国新制定环保法 3 部，修订环保法 14 部，根据环境保护工作实践经验，及时制定和修订与环保法律配套的行政法规和部门规章若干项，增强了环保法律的可操作性，并制定了缔结或者参加的国际公约的相关法规，切实履行国际条约规定的义务。各地紧扣解决损害群众健康的环境保护问题，结合本地区实际情况，先行先试开展了地方性的环保法规建设，如宁夏制定了我国第一部《环境教育条例》，贵州制定了《主要污染物总量减排管理办法》，天津、山东、广东、重庆、南京、杭州、厦门等地制定或修订了《机动车排气污染防治管理办法》，江苏修订了《太湖水污染防治条例》等。

这个时期我国生态文明制度建设最大的亮点体现在四个方面。一是在资源环境约束日趋强化的形势下，制定了对节能减排的约束性指标，使得环保目标成为各级政府的"硬杠杠"，压实了地方各级部门的环保责任，倒逼政府完成环境保护的基本任务。二是在环保产业的发展需求下，在环境经济政策方面做了诸多创新的尝试，初步形成我国环境市场手段和环境保护激励机制的基本框架。三是从整个国土空间的宏大视野，依据生态功能对我国区域进行新的界定和规划，为区域发展定位、产业结构调整以及分类制定科学的政绩考核制度奠定了基础。四是制定了实质性促进公众参与环境保护的制度，提升了环境决策的科学化和民主化水平。

此外，在这个时期，我国还尝试着开展了绿色 GDP 核算。国家环境保护总局和国家统计局于 2004 年 3 月联合启动了《中国绿色国民经济核算研究》项目。2005 年 4 月，在北京市、天津市、河北省、辽宁省、浙江省、安徽省、广东省、海南省、重庆市和四川省 10 省市启动了以环境核算和污染经济损失调查为内容的绿色 GDP 试点工作。2006 年 9 月，发布了《中国绿色国民经济核算研究报告 2004》，这是我国第一份考虑环境污染调整的 GDP 核算的国家研究报告。研究结果表明，2004 年全国因环境污染造成的经济损失为 5118 亿元，占 GDP 的 3.05%，其中，水污染的环境成本为 2862.8 亿元，占总成本的 55.9%，大气污染的环境成本为 2198.0 亿元，占总成本的 42.9%，固体废物和污染事故造成的经济损失达 57.4 亿元，占总成本的 1.2%。除了污染损失，报告还对污染物排放量和治理成本进行了核算，结果表明，如果在现有的治理技术水平下全部处理 2004 年点源排放到环境中的污染物，需要一次性直接投资约 10800 亿元，占当年 GDP 的 6.8% 左右。同时每年还需另外花费治理运行成本 2874 亿元（虚拟治理成本），占当年 GDP 的 1.80%，而我国"十五"期间环境污染投资仅占 GDP 的 1.18%，差距很大。[1] 由于基础数据和技术水平的限制，此次核算并没有包含自然资源耗减成本和生态破坏成本，只计算了环境污染损失。但是，这些大胆尝试对于我国在世界范围内率先创新 GDP 核算方式以及较为客观地衡量地方发展政绩具有一定意义。

---

[1] 《环保总局国家统计局发布绿色国民经济核算研究成果》，https：//www.mee. gov.cn/gkml/sthjbgw/qt/200910/t20091023_ 180018.htm.

第六章

生态文明制度体系的成熟定型

（2013—2022）

党的十八大以来，我国将生态文明建设放在前所未有的突出地位："生态文明建设"被纳入中国特色社会主义事业"五位一体"总体布局；五大新发展理念中，"绿色"是其中一项；三大攻坚战中，"污染防治"是其中一战；21世纪中叶建成社会主义现代化强国目标中，"美丽中国"是其中一个；党的十八大把"生态文明建设"写入党的根本法——党章，2018年宪法修正案又将"生态文明"写入国家的根本法——宪法，实现了党的主张、国家意志、人民意愿的高度统一。习近平总书记发表了一系列关于生态文明建设的重要论述，系统回答了"为什么建设生态文明、建设什么样的生态文明、怎样建设生态文明"的重大理论和实践问题，形成习近平生态文明思想。2013年5月，习近平总书记主持十八届中央政治局第六次集体学习时强调，"保护生态环境必须依靠制度、依靠法治。只有实行最严格的制度、最严密的法治，才能为生态文明建设提供可靠保障"①。2016年11月，习近平总书记作出重要指示，"要深化生态文明体制改革，尽快把生态文明制度的'四梁八柱'建立起来，

---

① 《习近平关于社会主义生态文明建设论述摘编》，北京：中央文献出版社2017年版，第99页。

把生态文明建设纳入制度化、法治化轨道"①。在 2018 年 5 月的全国生态环境保护大会上，习近平总书记再次强调要加快制度创新，增加制度供给，完善制度配套，强化制度执行，让制度成为刚性的约束和不可触碰的高压线。

2015 年 4 月，中共中央、国务院通过了《关于加快推进生态文明建设的意见》，这是我国第一个就生态文明建设作出专题部署的纲领性文件。同年 9 月，中共中央、国务院印发《生态文明体制改革总体方案》，对我国生态文明体制机制改革做出了顶层设计，提出"到 2020 年，构建起由自然资源资产产权制度、国土空间开发保护制度、空间规划体系、资源总量管理和全面节约制度、资源有偿使用和生态补偿制度、环境治理体系、环境治理和生态保护市场体系、生态文明绩效评价考核和责任追究制度等八项制度构成的产权清晰、多元参与、激励约束并重、系统完整的生态文明制度体系，推进生态文明领域国家治理体系和治理能力现代化，努力走向社会主义生态文明新时代"②。此后，围绕解决生态文明建设和环境保护重大瓶颈制约，一系列改革举措密集出台。截至 2021 年底，仅中央全面深化改革委员会通过的自然资源和生态领域改革的文件就多达 64 份③，全面搭建了生态文明基础性制度框架，这标志着我国生态文明制度体系的成熟定型。

---

① 《习近平关于社会主义生态文明建设论述摘编》，北京：中央文献出版社 2017 年版，第 109 页。

② 环境保护部：《向污染宣战：党的十八大以来生态文明建设与环境保护重要文献选编》，北京：人民出版社 2016 年版，第 31 页。

③ 根据中央全面深化改革委员会会议官网统计，详见 https：//www. 12371. cn/special/zyqmshggldxzhy19/

表 6-1 中央全面深化改革委员会（原中央全面深化改革领导小组）通过的生态文明建设文件

《环境保护督察方案（试行）》，2015 年 7 月

《生态环境监测网络建设方案》，2015 年 7 月

《党政领导干部生态环境损害责任追究办法（试行）》，2015 年 8 月

《关于开展领导干部自然资源资产离任审计的试点方案》，2015 年 11 月

《中国三江源国家公园体制试点方案》，2015 年 12 月

《关于健全生态保护补偿机制的意见》，2016 年 5 月

《探索实行耕地轮作休耕制度试点方案》，2016 年 5 月

《关于设立统一规范的国家生态文明试验区的意见》，2016 年 8 月

《国家生态文明试验区（福建）实施方案》，2016 年 8 月

《关于构建绿色金融体系的指导意见》，2016 年 8 月

《关于在部分省份开展生态环境损害赔偿制度改革试点的报告》，2016 年 8 月

《贫困地区水电矿产资源开发资产收益扶贫改革试点方案》，2016 年 9 月

《关于省以下环保机构监测监察执法垂直管理制度改革试点工作的指导意见》，2016 年 9 月

《重点生态功能区产业准入负面清单编制实施办法》，2016 年 10 月

《建立以绿色生态为导向的农业补贴制度改革方案》，2016 年 11 月

《湿地保护修复制度方案》，2016 年 11 月

《海岸线保护与利用管理办法》，2016 年 11 月

《生态文明建设目标评价考核办法》，2016 年 12 月

《关于全面推行河长制的意见》，2016 年 12 月

《自然资源统一确权登记办法（试行）》，2016 年 12 月

《关于健全国家自然资源资产管理体制试点方案》，2016 年 12 月

《大熊猫国家公园体制试点方案》，2016 年 12 月

《东北虎豹国家公园体制试点方案》，2016 年 12 月

《围填海管控办法》，2016 年 12 月

《关于加强耕地保护和改进占补平衡的意见》，2017 年 1 月

《关于划定并严守生态保护红线的若干意见》，2017 年 2 月

《按流域设置环境监管和行政执法机构试点方案》，2017 年 2 月

《跨地区环保机构试点方案》，2017 年 5 月

《祁连山国家公园体制试点方案》，2017 年 6 月

《领导干部自然资源资产离任审计暂行规定》，2017 年 6 月

《国家生态文明试验区（福建）推进建设情况报告》，2017 年 6 月

《关于禁止洋垃圾入境推进固体废物进口管理制度改革实施方案》，2017 年 7 月

《关于完善主体功能区战略和制度的若干意见》，2017 年 8 月

（续表）

《关于建立资源环境承载能力监测预警长效机制的若干意见》，2017 年 9 月

《关于深化环境监测改革提高环境监测数据质量的意见》，2017 年 9 月

《关于创新体制机制推进农业绿色发展的意见》，2017 年 9 月

《建立国家公园体制总体方案》，2017 年 9 月

《国家生态文明试验区（江西）实施方案》，2017 年 10 月

《国家生态文明试验区（贵州）实施方案》，2017 年 10 月

《农村人居环境整治三年行动方案》，2017 年 11 月

《生态环境损害赔偿制度改革方案》，2017 年 12 月

《关于在湖泊实施湖长制的指导意见》，2018 年 1 月

《关于构建市场导向的绿色技术创新体系的指导意见》，2019 年 1 月

《天然林保护修复制度方案》，2019 年 1 月

《国家生态文明试验区（海南）实施方案》，2019 年 1 月

《海南热带雨林国家公园体制试点方案》，2019 年 1 月

《关于统筹推进自然资源资产产权制度改革的指导意见》，2019 年 4 月

《关于在山西开展能源革命综合改革试点的意见》，2019 年 5 月

《关于建立国土空间规划体系并监督实施的若干意见》，2019 年 5 月

《关于建立以国家公园为主体的自然保护地体系指导意见》，2019 年 6 月

《长城、大运河、长征国家文化公园建设方案》，2019 年 7 月

《绿色生活创建行动总体方案》，2019 年 10 月

《关于在国土空间规划中统筹划定落实三条控制线的指导意见》，2019 年 11 月

《关于构建现代环境治理体系的指导意见》，2019 年 11 月

《关于进一步加强塑料污染治理的意见》，2020 年 1 月

《全国重要生态系统保护和修复重大工程总体规划（2021—2035 年）》，2020 年 6 月

《关于进一步推进生活垃圾分类工作的若干意见》，2020 年 11 月

《关于全面推行林长制的意见》，2020 年 12 月

《关于加快建立健全绿色低碳循环发展经济体系的指导意见》，2021 年 2 月

《关于建立健全生态产品价值实现机制的意见》，2021 年 2 月

《环境信息依法披露制度改革方案》，2021 年 5 月

《青藏高原生态环境保护和可持续发展方案》，2021 年 7 月

《关于深化生态保护补偿制度改革的意见》，2021 年 9 月

《关于深入打好污染防治攻坚战的意见》，2021 年 11 月

第一节 建立严格严密的生态环境保护法律体系

党的十八大以来，按照"最严格的制度、最严密的法治"要求，我国修订了《中华人民共和国环境保护法》。截至 2022 年 4 月，我国制定 8 部、修改 17 部生态环保法律，有的重要法律还多次修改。我国还推进黄河保护法、青藏高原生态保护法等立法并已施行。目前，我国现行有效的生态环保类法律有 30 余部、行政法规 100 多件、地方性法规 1000 余件，初步构建起以环境保护法为统领，涵盖水、气、声、渣等各类污染要素和山水林田湖草沙等各类自然生态系统，务实管用、严格严密的生态环境保护法律体系，为推动新时代生态文明建设发生历史性、转折性、全局性的变化发挥了重要作用。

一、"史上最严"的环境保护法

《中华人民共和国环境保护法》是环境保护领域的基础性、综合性法律，是制定环境保护制度的根本准则。我国于 1979 年颁布第一部环保法（试行），1989 年颁布实施正式的环保法。1989 年的环保法一直沿用到 21 世纪，其中的很多规定随着社会的发展已变得陈旧落后。2014 年 4 月 24 日，历经两届全国人大常委会四次审议，两次向社会公开征求意见，开展多轮深入调研和论证，修订后的环境保护领域的"基本法"——《中华人民共和国环境保护法》经十二届全国人大常委会第八次会议表决通过，于 2015 年 1 月 1 日起施行。这是 1989 年我国公布实施《中华人民共和国环境保护法》后 25 年来的首次修订。新修订的《中华人民共和国环境保护法》条文从原来的 47 条增加到 70 条，被称为"史上最严"的环境保护法。

（一）按日累计罚款无上限

曾有一段时间，人们经常会问，环保立法越来越多，环境监管力度不断加大，环保投入连年增加，社会参与不断增强，为什么雾霾天气却不见好转，环境形势依然严峻？其实，主要的原因就在于处罚偏低偏轻，让一些不良企业胆大妄为。原环保法对企业违法行为的最高罚款仅为 100 万元，且对一个污染行为只能处罚一次。几十年间，被环保部门罚过 100 万元的企业屈指可数，很多时候企业罚款不过几万元。比如，2005 年 11 月 13 日，吉林石化分公司双苯厂硝基苯精馏塔发生爆炸，约 100 吨苯类物质流入松花江，严重污染水体，沿岸数百万居民的生活受到影响。然而，就是这样一起特大污染事故，根据《中华人民共和国环境保护法》第三十八条、《中华人民共和国水污染防治法》第五十三条以及《中华人民共和国水污染防治法实施细则》第四十三条的规定，国家环保总局只能处以最高 100 万元的罚单。正是由于法定罚款上限低，不足以制裁、震慑和遏制环境违法行为，所以许多企业宁愿选择缴纳罚款，这也使得恶意偷排、故意不正常运转污染防治设施、长期超标排放等持续性环境违法行为大量存在。再如，广东东莞福安纺织印染公司因违反了污染防治设施应当与主体工程配套建设并同时运行的要求，地方环保部门按法律规定的上限，一次性对该企业罚款 10 万元。对此，该企业负责人算了一笔账，他说，这个企业实际上每天产生废水 4 万多吨，按处理成本每吨 1 元计，每天必须支付环保费用 4 万元，环保执法人员即使按照法律的最上限罚款 10 万元，也不过是他的企业两天的污水处理成本，[①] 因此，相比污染处理的成本，他选择

---

① 郄建荣：《松花江污染罚款迟来 1 年　百万罚单曝环保法律尴尬》，《法制日报》 2007 年 1 月 25 日。

缴纳罚款。可见，原环保法对于他而言，并未起到威慑作用。

新环境保护法着力解决违法成本过低问题，增强法律震慑力。新环境保护法第五十九条第一款规定："企业事业单位和其他生产经营者违法排放污染物，受到罚款处罚，被责令改正，拒不改正的，依法作出处罚决定的行政机关可以自责令改正之日的次日起，按照原处罚数额按日连续处罚。"① 这意味着，违法的时间越长，罚款越多，而且可以永远罚下去，直到企业停止违法排污行为。即使原本的罚款数额很小，也会逐日累积至一个庞大的数目，这恐怕没有哪家企业能够承担。按日累计罚款无上限的规定很快扭转了以前环境违法成本低的弊端。

例如，2020年，桂林市环保部门开出了史上最高罚单1305万元。7月15日，桂林市生态环境局对全州县某红砖厂进行现场检查，发现该红砖厂二氧化硫排放浓度超过排放标准21.88倍。7月30日，桂林市生态环境局将《责令改正违法行为决定书》及监测结果报告送达该红砖厂。8月28日，桂林市生态环境局对该红砖厂进行现场复查，结果显示二氧化硫排放浓度依然未达标，超过排放标准3.18倍。桂林市生态环境局认定这家红砖厂拒不改正超标排污环境违法行为，连续超标排放污染物29天，于是在已对该红砖厂作出罚款45万元的基础上，又作出了对当事人实施按日连续罚款的行政处罚，也就是45万元乘以29天，共计1305万元。与此同时，该红砖厂被停产整治。②

（二）污染环境可入刑

在现实生活中，很多法人代表或管理人员并不害怕罚款，却害

---

① 《中华人民共和国法律汇编（2014）》，北京：人民出版社2015年版，第15页。
② 《发现问题拒不整改！桂林开出1305万元史上最高罚单》，https://baijia-hao.baidu.com/s? id=1701692594804849881&wfr=spider&for=pc

怕限制人身自由。新环保法规定了行政拘留和有期徒刑的惩罚措施，对污染环境违法者动用最严厉的执法手段。

尽管 1997 年修订的刑法中增加了"破坏环境资源保护罪"，但是关于污染环境方面的犯罪规定较为笼统，在实践中可操作性不强。新环保法指出"违反本法规定，构成犯罪的，依法追究刑事责任"，此外，对情节轻微尚不构成犯罪的 4 种行为，处以 15 日以下的行政拘留。2016 年 12 月，最高人民法院、最高人民检察院发布《最高人民法院、最高人民检察院关于办理环境污染刑事案件适用法律若干问题的解释》，明确了污染环境罪定罪的具体标准，使得依法对环境污染追究刑事责任的执法行为具体可行。2020 年 12 月通过的刑法修正案（十一），将承担环境影响评价、环境监测等职责的中介组织的人员故意提供虚假证明文件的行为纳入刑法定罪量刑，对刑法原有的"污染环境罪"的适用情形提高处罚档次，新增了非法引进、释放、丢弃外来入侵物种罪，破坏自然保护地罪等新的罪名。

例如，2019 年 4 月 8 日，江苏省生态环境厅检查江苏澄扬作物科技有限公司时，发现该公司露天堆场存放着大量不明物料，存在环境安全隐患。随后，有关部门成立联合调查组，开展调查工作。长达数年露天堆放数千吨危险废物，长期放任有毒有害物质泄漏、流失、挥发，不仅对大气、土壤、水体等外环境造成难以量化的损害，而且还有巨大的潜在环境安全风险，属于非法处置危险废物。同年 5 月 23 日，南京市六合区人民检察院对澄扬公司总经理和生产经理这两名主要犯罪嫌疑人，以"污染环境罪"批准逮捕。2020 年 6 月 29 日，南京市玄武区人民法院宣判：江苏澄扬作物科技有限公司因犯污染环境罪被判处罚金 1000 万元；总经理和生产经理犯污染环境罪，分别被判处一年三个月和一年的有期徒刑；同时，追缴该公司的违法所得，上缴国库。①

（三）确立环境连带责任

新环保法不仅加大了对企业的处罚力度，对环保监管部门和环保中介服务机构也提出了新要求。根据新环保法规定，"对不符合行政许可条件准予行政许可的""对环境违法行为进行包庇的""依法应当作出责令停业、关闭的决定而未作出的""篡改、伪造或者指使篡改、伪造监测数据的""应当依法公开环境信息而未公开的"等 8 种违法行为，其直接负责的主管人员和其他直接负责人员将被给予记过、记大过或者降级处分；造成严重后果的，给予撤职或开除处分，其主要责任人应当引咎辞职。

例如，广东省汕头市潮阳区前环境保护局副局长陈洪平在潮阳区大力开展环境整治、严厉打击环境违法行为的重要时期，多次向环境违法企业通风报信、包庇纵容环境违法行为，充当环境违法企业的"保护伞"。2018 年 10 月，经潮阳区纪委研究并报潮阳区委批准，给予陈洪平开除党籍、开除公职处分，将其涉嫌犯罪问题及所涉款物移送司法机关依法处理。②

新环境保护法第六十五条规定，"环境影响评价机构、环境监测机构以及从事环境监测设备和防治污染设施维护、运营的机构，在有关环境服务活动中弄虚作假，对造成的环境污染和生态破坏负有责任的，除依照有关法律法规规定予以处罚外，还应当与造成环境污染和生态破坏的其他责任者承担连带责任"。此项关于环境连带责任的规定不仅改变了以往环境中介机构或环境社会运营机构违法经营且不承担责任的现实状况，也有助于提高环境中介机构和环境社

① 赵兴武、隋文婷：《露天堆放数千吨危险废物污染环境　南京一单位被判罚1000 万》，《人民法院报》 2020 年 7 月 2 日。

② 杨可、叶彤：《揪出环保局里的"内鬼"》，《中国纪检监察报》 2019 年 8月 7 日。

会运营机构的社会公信力。

总之，新环保法自 2015 年实施以来，严惩重罚各类环境违法行为，体现出前所未有的生态环境保护和治理力度。数据显示，从新环境保护法实施至 2021 年底，全国累计下达环境行政处罚决定书 106.34 万份，罚没款数额总计 695.50 亿元。其中，2021 年全国共下达环境行政处罚决定书 13.28 万份，罚没款数额总计 116.87 亿元，分别是新环境保护法实施前的 1.6 倍和 3.7 倍。2015—2021 年，全国适用按日连续处罚、查封扣押、限产停产、移送行政拘留和涉嫌环境污染犯罪等五类案件共计 17 万多件。[①] 在 2015 年以前，企业违法排污的改正率只有 4.8%；新环保法实施后，改正率已达到 90% 以上。"有禁不止""罚后不改"等痼疾在很大程度上得到扭转，新环保法的"钢牙利爪"将持续发挥作用，为美丽中国建设保驾护航。

二、填补环境保护领域的法律空白

从 2013 年至 2022 年，我国相继新制定或修正了环境保护税法、防沙治沙法、土壤污染防治法、长江保护法、生物安全法、湿地保护法、噪声污染防治法、黑土地保护法等 8 部单行法，填补了我国环境保护主要领域在法治建设方面的空白，标志着这些领域的环境治理进入新阶段，为我国国家总体安全构筑起一道坚实的生态屏障。

表 6-2　新制定或修正的环保单行法（2013—2022 年）

《中华人民共和国环境保护税法》，2016 年 12 月通过，2018 年 10 月修正 《中华人民共和国土壤污染防治法》，2018 年 8 月 《中华人民共和国防沙治沙法》，2001 年 8 月通过，2018 年 10 月修正 《中华人民共和国生物安全法》，2020 年 10 月 《中华人民共和国长江保护法》，2020 年 12 月 《中华人民共和国湿地保护法》，2021 年 12 月 《中华人民共和国噪声污染防治法》，2021 年 12 月 《中华人民共和国黑土地保护法》，2022 年 6 月

① 孙金龙：《认真学习贯彻习近平法治思想　用最严格制度最严密法治推进美丽中国建设》，载《民主与法制》周刊 2022 年第 33 期。

此外，我国还依据环境保护体制改革进程、人民对生态环境的新期待以及现实中的环境新问题，配合全国人大及其常委会对现有生态环境保护法律进行梳理，推动解决法律实施中存在的不适应、不协调、不一致问题，修改了17部生态环保单行法，有的重要法律还多次修改，对涉及污染防治、生态保护、绿色发展的各环节、各方面作出针对性的规定，为提高环境执法的实效性提供了较为详细的依据。这些法律，加上现行100多件行政法规和1000余件地方性法规，初步形成了覆盖全面、务实管用、严格严密的中国特色社会主义生态环境保护法律体系。"十三五"期间，我国还制定、修正并发布国家生态环境标准670多项，现行国家生态环境标准达到2200多项，成为法律法规执行的重要支撑。在推进国内立法的同时，我国已批准加入《联合国气候变化框架公约》《生物多样性公约》等数十项多边国际环境公约。①

表6-3　修正的环保单行法（2013—2022年）

《中华人民共和国节约能源法》（2016年7月和2018年10月修正）

《中华人民共和国环境保护税法》（2018年10月修正）

《中华人民共和国种子法》（2004年8月、2013年6月、2021年12月修正）

《中华人民共和国森林法》（1998年4月、2009年8月修正）

《中华人民共和国固体废物污染环境防治法》（1995年10月通过，2013年6月、2015年4月、2016年11月修正）

《中华人民共和国矿产资源法》（1996年8月、2009年8月修正）

《中华人民共和国循环经济促进法》（2018年10月修正）

《中华人民共和国野生动物保护法》（1988年11月通过，2009年8月、2018年10月修正）

《中华人民共和国大气污染防治法》（1987年9月通过，1995年8月、2018年10月修正）

---

① 孙金龙：《认真学习贯彻习近平法治思想　用最严格制度最严密法治推进美丽中国建设》，载《民主与法制》周刊2022年第33期。

（续表）

《中华人民共和国海洋环境保护法》（1982 年 8 月通过，2013 年 12 月、2016 年 11 月、2017 年 11 月修正）

《中华人民共和国水污染防治法》（1984 年 5 月通过，1996 年 5 月、2017 年 6 月修正）

《中华人民共和国水法》（1988 年 1 月通过，2009 年 8 月、2016 年 7 月修正）

《中华人民共和国草原法》（1985 年 6 月通过，2009 年 8 月、2013 年 6 月修正）

《中华人民共和国渔业法》（1986 年 1 月通过，2000 年 10 月、2004 年 8 月、2009 年 8 月、2013 年 12 月修正）

《中华人民共和国气象法》（1999 年 10 月通过，2009 年 8 月、2014 年 8 月、2016 年 11 月修正）

《中华人民共和国煤炭法》（1996 年 8 月通过，2009 年 8 月、2011 年 4 月、2013 年 6 月、2016 年 11 月修正）

三、农村环境治理的法律位阶得到提升

生态环境问题是伴随着工业化和城镇化的进程而产生的，因此，我国早期的生态环境制度着重反映的是城市环境保护需要，实施条件和形式亦是为适应大中城市和大中企业的污染防治而设计和创立的，广袤的农村地区则长期处于环境治理的薄弱环节，专门针对农村环境治理的法律制度完全处于空白状态。以《中华人民共和国大气污染防治法》为例，整个法律的体系结构完全是以城市大气污染防治为现实诉求铺陈开来，从工业废气的排放到城市居民能源使用，再到城市扬尘污染控制，都进行了翔实的规定，尤其是对重点城市的大气污染防治更是制定了严格的标准。

20 世纪末、21 世纪初，在农业面源污染和水土流失已经明显影响土地肥力以及农作物生产的形势下，我国颁布了《国务院办公厅关于治理开发农村"四荒"资源进一步加强水土保持工作的通知》（1996 年）、《农药管理条例》（1997 年）、《畜禽养殖污染防治管理办法》（2001 年）等文件，各地也出台了一些农村环境保护的专门文件，如《云南省农业环境保护条例》（1997 年）、《海口市基本菜

田保护条例》（1995 年）等，对耕地保养、土地复垦、基本农田保护、乡镇企业环境污染防治、农药管理等具体问题作出规定，但这些农村环境保护制度规定位阶较低，片面地将"培肥地力"和"提高土壤肥力"作为核心目标，导致很多农村地区加大使用肥料，为长期严重的土壤污染埋下制度隐患。2007 年，党的十七大把"生态文明"首次写进党的行动纲领，同年颁布《关于加强农村环境保护工作的意见》，标志着农村环境治理正式被纳入经济社会发展的核心议题，但是农村环境治理制度的原则性规范居多，缺乏现实操作性。比如，2008 年修订的《中华人民共和国水污染防治法》在形式上设立"农业和农村水污染防治"专节，但实质上仅原则性地提及了污水灌溉、农药化肥施用、畜禽养殖污水排放这三个方面，没有对其进行严格的标准限制，关于农村饮用水水源保护、乡镇企业污染物管制则没有提及。《中华人民共和国固体废物污染环境防治法》也是只提及农村环境保护的倡议性、原则性，更多诸如农村生活垃圾污染的细节问题和操作层面的内容则一揽子地通过授权转移给地方，而地方政府在 GDP 增长的指挥棒下，使得环境利益基本依附于经济利益，农村一度扮演着城市与工业发展转嫁污染的"避难所"角色。

党的十八大以来，我国的生态文明制度建设迎来蓬勃发展时期，大范围的修法与新法规制定渐次展开。2017 年，党的十九大提出乡村振兴战略，农村环境治理体制机制在这一趋势下得到更为广泛和深入的关注。党中央连续每年发布"中央一号"文件，对农村环境问题进行全方位、宽领域、多层级的综合性治理，农村环境治理的法律位阶得到提升。环境保护法、大气污染防治法、水污染防治法、固体废物污染环境防治法、大气污染防治法、节约能源法、环境影响评价法、噪声污染防治法都在原有的基础上，着手规制诸如农村饮用水水源地保护，农村环境卫生，农村污水、生活垃圾和危险废物处理等问题。一些专项立法的位阶得以提升，如各地制定的《畜禽规模养殖污染防治办法》提升为《畜禽规模养殖污染防治条例》。2016 年 5 月 28 日，历经 3 年多时间，易稿 50 余次，应对环保"三大战役"的《土壤污染防治行动计划》（简称"土十条"）终于落地。《土壤污染防治行动计划》从摸清情况到依法治土，从分类管理到风险管控，从推进修复到明确责任，对我国土壤污染防治工作作出了系统而全面的规划及行动部署，成为继《大气污染防治行动计划》《水污染防治行动计划》之后，我国应对重点环境问题的又一重要行动计划。2018 年，我国颁布了新中国历史上的第一部《中华人民共和国土壤污染防治法》，标志着农村环境治理进入新阶段。

此外，我国还制定了与农村环境法律法规相配套的政策，如农村"厕所革命"等环境基础设施财政奖补政策、土壤污染防治基金制度，将农村环境治理正式引入中央环保督察制度，将改善农村人居环境作为各地实施乡村振兴战略实绩考核的重要内容等。

农村环境治理法律法规的完善意味着我国生态文明制度建设实现了城乡全覆盖，推动农村环境整治取得明显成效。统计数据显示，截至 2020 年底，我国农药使用量已连续三年负增长，化肥使用量已实现零增长，[①] 全国农村卫生厕所普及率超过 68%，生活垃圾进行收运处理的行政村比例超过 90%，全国 95% 以上的村庄开展了清洁行动，村庄基本实现干净、整洁、有序。[②]

---

① 林龙飞、李睿、陈传波：《从污染"避难所"到绿色"主战场"：中国农村环境治理 70 年》，载《干旱区资源与环境》 2020 年第 7 期。
② 李晓晴：《农村人居环境整治取得明显成效》，载《人民日报》 2021 年 11 月 12 日。

第二节　健全自然资源资产产权制度

自然资源管理的核心是产权问题。产权即资产的所有权，表现为对资产的占有、使用、收益和处分的权益，因此，产权制度决定着自然资源资产的配置、分配和使用。产权具有排他性、可交易性、可分解性等属性，通过界定清晰的产权，可以减少不确定性，减少自然资源纠纷，提升开发利用自然资源的效率。同时，产权明晰是市场交易的前提，自然资源产权的市场化交易可以提高自然资源资产的价值和收益，推动自然资源资产资本化，自然资源资产资本化收益反过来又可以推动自然资源生态环境治理，更好地实现自然资源的生态服务价值。

新中国成立后，我国所有自然资源都是国家全民所有，政府代表国家支配全国的自然资源，对资源产权的行使主要表现为资源行政管理，通过计划指标直接决定企业经营管理的资源数量和质量。仅凭单纯的行政命令并不能带来自然资源的合理开发利用，因为没有明确的产权，个人或组织在使用自然资源过程中可能会作出短视的生产决策，而忽略使用成本和长期投资的可能性，降低了自然资源的价值。

改革开放初期，我国自然资源的产权有所变化，法律规定矿藏、水流、滩涂等自然资源全部属于国家所有，森林、山岭、草原、荒地有的属于国家所有，有的属于集体所有。在不改变自然资源国家和集体所有的前提下，我国规定自然资源可以由单位和个人依法开发利用，并规定了各种自然资源开发利用产权，如使用权、承包经营权、矿业权、渔业权、林业权、狩猎权等。这个时期，土地和矿产资源等部分自然资源的使用开始有偿化，如 1980 年，首次提出开征资源税；1984 年，国务院出台《中华人民共和国资源税条例（草案)》，标志着资源税制度在中国正式建立，但征收范围较小，实际上仅对原油、天然气、煤炭和铁矿石进行征收，其他自然资源多被无偿或低价获取。当时，自然资源使用权不能交易，否则要受到惩罚。使用权不可交易的最大问题是阻碍了自然资源向更有价值的用途方面配置，使得自然资源资产低效使用，并导致大量自然资源资产的闲置。

随着中国向市场经济前进步伐的加快，我国对自然资源的制度安排也发生了变化。《中华人民共和国宪法修正案》（1988年）明确提出，"土地的使用权可以依照法律的规定转让"，这在中国自然资源法律制度史上具有重要的意义，土地产权是中国最早进入交易的自然资源产权，标志着中国自然资源产权可交易的开端。《中华人民共和国矿产资源法》（1996年）安排了探矿权、采矿权交易制度，从而使矿业权成为中国第二个进入交易的自然资源产权。此后，相继有法律法规规定了水资源使用权的可交易制度等。总之，我国自然资源资产产权制度改革与经济体制改革的步伐基本一致，从单一的所有权主体到国家、集体二元所有权主体，从使用权不可交易到使用权可有偿交易，逐步形成了所有权和使用权分离的产权制度，在促进自然资源节约集约利用和有效保护方面发挥了积极作用。

但是，由于缺乏清晰的产权主体以及保护产权主体权益的规则，我国自然资源产权制度存在一些突出的问题，如制度性交易成本较高，寻租腐败现象较为严重；山、水、湖、田、林、草等自然资源分属于不同部门管理，导致家底不清，尤其是一些边缘交叉领域，究竟有多少自然资源，常是一笔糊涂账。这是近年来产权纠纷多发、资源保护乏力、开发利用粗放、生态退化严重的重要原因。在自然资源价值不断提升的情况下，节约利用自然资源以及提高自然资源资产配置效率的现实需求，迫切要求界定明晰的自然资源资产产权，为自然资源的市场化配置提供制度条件。党的十八大以来，我国突出产权的两大关键要素——权利体系和主体，强化产权的重要基础性工作——调查监测和确权登记，加快推进自然资源资产产权制度改革。

2013年，党的十八届三中全会通过的《中共中央关于全面深化改革若干重大问题的决定》中，在第十四部分"加快生态文明制度建设"中首次规定了要"健全自然资源资产产权制度和用途管制制度。对水流、森林、山岭、草原、荒地、滩涂等自然生态空间进行统一确权登记，形成归属清晰、权责明确、监管有效的自然资源资产产权制度"[①]。

2015年党中央、国务院印发的《生态文明体制改革总体方案》把健全自然资源资产产权制度列为生态文明体制改革八项任务之首，从建立统一的确权登记系统、建立权责明确的自然资源产权体系、健全国家自然资源资产管理体制、探索建立分级行使所有权的体制、开展水流和湿地产权确权试点等方面提出了健全自然资源资产产权制度的具体措施。

2016年，我国开展了自然资源资产产权制度改革试点。2019年4月，中共中央办公厅、国务院办公厅印发《关于统筹推进自然资源资产产权制度改革的指导意见》，正式发布改革"路线图"："以完善自然资源资产产权体系为重点，以落实产权主体为关键，以调查监测和确权登记为基础，着力促进自然资源集约开发利用和生态保护修复，加强监督管理，注重改革创新，加快构建系统完备、科学规范、运行高效的中国特色自然资源资产产权制度体系，为完善社会主义市场经济体制、维护社会公平正义、建设美丽中国提供基

---

① 中共中央文献研究室：《十八大以来重要文献选编（上）》，北京：中央文献出版社2014年版，第541页。

础支撑"①，提出了健全自然资源资产产权体系、明确自然资源资产产权主体、开展自然资源统一调查监测评价、加快自然资源统一确权登记、强化自然资源整体保护、促进自然资源资产集约开发利用、推动自然生态空间系统修复和合理补偿、健全自然资源资产监管体系、完善自然资源资产产权法律体系九大主要任务。

一、建立权责明确的自然资源产权体系

自然资源产权体系就是要明确自然资源的产权究竟有哪些权利的问题，这是自然资源资产产权制度改革的重点。《关于统筹推进自然资源资产产权制度改革的指导意见》提出推动自然资源资产所有权与使用权分离，加快构建分类科学的自然资源资产产权体系，处理好所有权和使用权的关系，创新自然资源资产全民所有权和集体所有权的实现形式。

具体而言，在土地方面，落实承包土地所有权、承包权、经营权"三权分置"，开展经营权入股、抵押，探索宅基地所有权、资格权、使用权"三权分置"。加快推进建设用地地上、地表和地下分别设立使用权，促进空间合理开发利用。矿产方面，探索研究油气探采合一权利制度，加强探矿权、采矿权授予与相关规划的衔接。依据不同矿种、不同勘查阶段地质工作规律，合理延长探矿权有效期及延续、保留期限。根据矿产资源储量规模，分类设定采矿权有效期及延续期限。依法明确采矿权抵押权能，完善探矿权、采矿权与土地使用权、海域使用权衔接机制。海洋方面，探索海域使用权立体分层设权，加快完善海域使用权出让、转让、抵押、出租、作价出资（入股）等权能。构建无居民海岛产权体系，试点探索无居民海岛使用权转让、出租等权能。此外，完善水域滩涂养殖权利体系，

---

① 《关于统筹推进自然资源资产产权制度改革的指导意见》，北京：人民出版社 2019 年版，第 2、3 页。

依法明确权能，允许养殖权、捕捞权的流转和抵押，理顺水域滩涂养殖的权利与海域使用权、土地承包经营权，取水权与地下水、地热水、矿泉水采矿权的关系。党和国家针对具体的自然资源产权管理，出台了相应的政策文件，目前，自然资源产权体系较为完善的是土地资源和矿产资源（详见表6-4）。

表6-4　自然资源资产产权制度相关文件（2013—2022年）

《关于健全国家自然资源资产管理体制试点方案》，2016年12月
《关于完善农村土地所有权承包权经营权分置办法的意见》，2016年10月
《自然资源统一确权登记办法（试行）》，2016年12月
《矿业权出让制度改革方案》，2016年12月
《矿产资源权益金制度改革方案》，2017年4月
《关于统筹推进自然资源资产产权制度改革的指导意见》，2019年4月
《自然资源统一确权登记暂行办法》，2019年7月
《关于推进矿产资源管理改革若干事项的意见（试行）》，2019年12月
《自然资源确权登记操作指南（试行）》，2020年2月
《全民所有自然资源资产所有权委托代理机制试点方案》，2022年3月

以土地资源的产权体系为例，2016年，中共中央办公厅、国务院办公厅印发的《关于完善农村土地所有权承包权经营权分置办法的意见》中明确指出，农村土地所有权归农民集体，农民集体有权依法发包集体土地，有权对承包农户和经营主体使用土地进行监督。农村土地承包权归农民家庭，只有农民家庭才具有土地承包权，任何组织和个人都不能取代、不能非法剥夺和限制农户的土地承包权。承包农户转让土地承包权的，应在本集体经济组织内进行，并经农民集体同意。农民可以将承包的土地流转给第三者，这就派生出土地经营权。经营主体有权使用流转土地自主从事农业生产经营并获得相应收益，农民流转土地经营权，或者经营主体再流转土地经营权，须向农民集体书面备案。土地所有权、承包权、经营权"三权分置"是继农村家庭联产承包责任制后农村土地的又一次改革，不

仅优化了农村土地资源配置，而且增加了农民的收入渠道，提高了农民收入水平，有利于促进农民、农村实现共同富裕。

二、建立统一的自然资源确权登记系统

2016 年 11 月，中央全面深化改革领导小组审议通过《自然资源统一确权登记办法（试行）》和《自然资源统一确权登记试点方案》，决定在 12 个试点区域开展为期一年的试点，要求以土地为基础，确定土地及其承载的各类自然资源所有权及其边界，开展自然资源统一确权登记，形成归属清晰、权责明确、监管有效的自然资源产权制度。如，在青海三江源等国家公园试点，重点探索以国家公园作为独立的登记单元，开展全要素的自然资源确权登记；在甘肃、宁夏，开展湿地统一确权登记；在陕西渭河、江苏徐州、湖北宜都等，开展水流确权登记；在黑龙江大兴安岭地区等，重点探索国务院确定的国有重点林区自然资源统一确权登记；在福建、贵州，开展探明储量的矿产资源确权登记的路径和方法研究。经过一年多的探索，截至 2018 年 10 月，12 个省和自治区、32 个试点区域共划定自然资源登记单元 1191 个，确权登记总面积 186727 平方公里，并重点探索了国家公园、湿地、水流、探明储量矿产资源等确权登记试点。[①] 各试点地区以不动产登记为基础，以划清"四个边界"为核心任务，以支撑山水林田湖草整体保护、系统修复、综合治理为目标，按要求完成了资源权属调查、登记单元划定、确权登记、数据库建设等主体工作，探索出了一套行之有效的自然资源统一确权登记工作流程、技术方法和标准规范，验证了自然资源确权登记的现实可操作性。

针对试点中在资源类型划分、登记单元划定、登记管辖和权利

---

① 朱隽：《我国自然资源确权登记总面积超 18 万平方公里》，载《农村农业农民》 2018 年第 11 期。

主体确定等方面的问题和困难，我国完善办法，相继出台《自然资源统一确权登记暂行办法》《自然资源确权登记操作指南（试行)》。从 2019 年起，在全国范围内，对国家和各省重点建设的国家公园、自然保护区、各类自然公园等自然保护地，以及大江大河大湖、重要湿地、国有重点林区、重要草原草甸等具有完整生态功能的全民所有单项自然资源开展统一确权登记，进一步明确国家不同类型自然资源的权利和保护范围等。

首先，建立分级负责、分工明确的确权登记工作机制。考虑到国家公园等自然保护地、大江大河大湖和跨境河流、重点国有林区、海域、无居民海岛、生态功能重要的湿地和草原、石油天然气、贵重稀有矿产资源等自然资源对国家生态、经济、国防等方面意义重大，且一般范围广、面积大，很多是跨省级行政区的，为更好地履行全民所有自然资源所有者职责，确保自然资源确权登记体现山水林田湖草沙生态系统的整体性、系统性及其内在规律，防止在登记单元划定过程中产生利益冲突和矛盾，《自然资源统一确权登记暂行办法》明确了由中央政府直接行使所有权的自然资源和生态空间的统一确权登记工作，由国家登记机构负责办理；由中央委托地方政府代理行使所有权的自然资源和生态空间的统一确权登记工作，由省级及省级以下登记机构负责办理。

其次，细化自然资源登记单元划定规则。依据自然资源所有权"三个主体"和划清"四个边界"的原则，确定自然资源登记单元。"三个主体"分别是所有权主体、所有权代表行使主体、所有权代理行使主体三类主体，如登记类型是属于国家所有的，自然资源所有权主体为"全民"，所有权代表行使主体为"自然资源部"，行使方式为"直接行使"；中央委托相关部门、地方政府代理行使所有权的，所有权代理行使主体登记为相关部门、地方人民政府。"四个边界"分别是划清全民所有和集体所有之间的边界，划清全民所有、不同层级政府行使所有权的边界，划清不同集体所有者的边界，划清不同类型自然资源的边界。

《自然资源统一确权登记暂行办法》明确自然资源类型边界通过充分利用全国国土调查、自然资源专项调查等自然资源调查成果获取，避免重复调查产生自然资源类型划分交叉重叠。其中，国家批准的国家公园、自然保护区等各类自然保护地按照管理或保护范围优先划定登记单元。水流以河流、湖泊管理范围为基础，结合堤防、水域岸线划定登记单元。湿地按照自然资源边界划定登记单元；森林、草原、荒地按照国有土地所有权权属界线封闭的空间划分登记单元。海域登记范围为我国的内水和领海，依据沿海县市行政管辖界线，自海岸线起至领海外部界线划定登记单元。无居民海岛按照"一岛一登"的原则，单独划定登记单元，进行整岛登记。探明储量的矿产资源，固体矿产以矿区、油气以油气田划分登记单元。山岭和滩涂资源在森林、湿地等登记单元中已体现，因此，不再单独划定自然资源登记单元。对于已纳入国家公园、自然保护区、自然公园等自然保护地登记单元内的森林、草原、荒地、水流、湿地等不再单独划定登记单元，作为国家公园、自然保护区、自然公园等自然保护地登记单元内的资源类型予以调查、记载。对于国家公园、自然保护区等各类自然保护地管理或保护范围内存在集体所有自然资源的，一并划入登记单元，予以标注和记载。

再次，建立自然资源确权登记工作程序。按照"预划登记单元—公告—调查—审核公示—登簿—成果入库—信息共享"的工作程序，形成自然资源登记簿。登记簿标明自然资源的空间范围、面积、质量和数量、产权主体、产权边界、用途管制等信息，为所有者权益的保护和行使、实施自然资源有偿使用和生态补偿制度等提供了产权依据和产权保障。同时，自然资源确权登记和不动产登记工作相衔接，明确已办理登记的不动产权利，通过不动产单元号、权利主体实现自然资源登记簿与不动产登记簿的关联。

最后，建立自然资源确权登记成果信息化管理制度。自然资源信息不对称是自然资源监管难的一个重要原因，为此，《自然资源统一确权登记暂行办法》规定，加强自然资源确权登记信息化建设，在不动产登记信息管理基础平台上，开发、扩展全国统一的自然资源登记信息系统，实行全国四级登记机构自然资源登记信息统一管理、实时共享，自然资源部门与生态环境、水利、林草等相关部门信息互通，与不动产登记、公共管制信息相互关联，向相关监管部门及时共享自然资源权属动态变化信息，为加强自然资源管理以及提升生态保护公共服务能力提供信息支撑。

从 2020 年起，各地陆续出台本地区的自然资源统一确权登记工作方案，在全国范围内正式启动自然资源统一确权登记工作。至2022 年底，我国已初步完成土地、矿产资源等重要自然资源的统一确权登记，国家公园体制试点区及有关河流、重点林区自然资源确权登记工作正在稳步推进，海域、无居民海岛自然资源确权登记试点工作也在有序开展。

三、试点全民所有自然资源资产所有权委托代理机制

自然资源确权登记解决了自然资源的归属问题，划清了全民所有和集体所有之间的边界，全民所有自然资源所有权的行使统一于中央政府，即中华人民共和国国务院。由于全民所有自然资源资产数量巨大、种类繁多、分布广泛，且管理的专业性较强，国务院难以直接对全部的自然资源资产行使占有、使用、收益、处分等权利，因此，其中一部分可以由中央人民政府直接行使所有权，更多的部分需要委托地方政府代理履行所有者职责。

2019 年 4 月,《关于统筹推进自然资源资产产权制度改革的指导意见》明确提出"在福建、江西、贵州、海南等地探索开展全民所有自然资源资产所有权委托代理机制试点,明确委托代理行使所有权的资源清单、管理制度和收益分配机制"。2022 年 3 月,中办、国办印发的《全民所有自然资源资产所有权委托代理机制试点方案》明确指出,"针对全民所有的土地、矿产、海洋、森林、草原、湿地、水、国家公园等 8 类自然资源资产(含自然生态空间)开展所有权委托代理试点"。

《全民所有自然资源资产所有权委托代理机制试点方案》要求:"一是明确所有权行使模式,国务院代表国家行使全民所有自然资源所有权,授权自然资源部统一履行全民所有自然资源资产所有者职责,部分职责由自然资源部直接履行,部分职责由自然资源部委托省级、市地级政府代理履行,法律另有规定的依照其规定。二是编制自然资源清单并明确委托人和代理人权责,自然资源部会同有关部门编制中央政府直接行使所有权的自然资源清单,试点地区编制省级和市地级政府代理履行所有者职责的自然资源清单。三是依据委托代理权责依法行权履职,有关部门、省级和市地级政府按照所有者职责,建立健全所有权管理体系。四是研究探索不同资源种类的委托管理目标和工作重点。五是完善委托代理配套制度,探索建立履行所有者职责的考核机制,建立代理人向委托人报告受托资产管理及职责履行情况的工作机制。"

全民所有自然资源资产所有权委托代理机制作为全民所有产权制度的一种具体行权方式,是继国家将使用权从所有权分离之后,对自然资源产权制度开展的又一项重大改革。通过建立委托代理机制,厘清所有者、委托人和代理人之间的法律关系,合理划分中央地方事权和监管职责,实现所有者职责与监管者职责的分离,破解了长期困扰全民所有自然资源资产所有权有效行使的制度困境，有利于让市场在自然资源配置中起决定性作用，保障全体人民共享全民所有自然资源资产收益。当然，我们也看到，在全民所有自然资源资产所有权委托代理机制的实践中，各级政府在出让使用权的过程中面临着两种身份：一种是市场的参与者，即权利的出让方；另一种是市场的监督者，即对权利出让、使用、收益和处分等行为的监督方。如何解决政府既当"运动员"，又当"裁判员"的难题，使部、省、市三级行权"运动员"承担好市场"掌舵人"角色，还需要做进一步的研究。

四、改革国家自然资源资产管理体制

新中国成立后，我国各种自然资源按照农业、林业、渔业、工业等产业精细分工，由不同的主管部门分别管理，权力体系由与自然资源相关的国土、水利、林业、农业、环保等部门分散构建。自然资源分部门管理，对各类自然资源的分类定义、调查评价、规划标准等不同，导致自然资源所有权主体虚位，自然资源的家底不清，管理缺乏统筹与协调，政府在实际管理中越位、错位、缺位的现象屡见不鲜，还出现了规划目标相抵触、内容相矛盾等问题，成为提升自然资源利用效率和有效保护的体制性障碍。

2018 年，国务院机构改革将以前国土资源部的职责，国家发展和改革委员会的组织编制主体功能区规划职责，住房和城乡建设部的城乡规划管理职责，水利部的水资源调查和确权登记管理职责，农业部的草原资源调查和确权登记管理职责，国家林业局的森林、湿地等资源调查和确权登记管理职责，国家海洋局的职责，国家测绘地理信息局的职责进行整合，组建对全民所有的矿藏、水流、森林、山岭、草原、荒地、海域、滩涂等各类自然资源统一行使所有权的自然资源部，不再保留国土资源部、国家海洋局、国家测绘地理信息局。自然资源部主要职责是对自然资源开发利用和保护进行监管，建立空间规划体系并监督实施，履行全民所有各类自然资源资产所有者职责，统一调查和确权登记，建立自然资源有偿使用制度，负责测绘和地质勘查行业管理等。

把所有的自然资源统筹到一个部门管理，重塑了自然资源管理的新格局，实现了自然资源管理的"四统一"，即统一行使全民所有自然资源资产管理，统一行使所有国土空间用途管制和生态保护修复，统一行使所有自然资源的调查和登记，统一行使所有国土空间的"多规合一"，这不仅科学还原了自然资源系统的整体性，而且将根本扫除自然资源管理中政出多门、相互掣肘的体制机制性障碍，解决自然资源所有者缺位、不到位以及自然资源统计交叉重叠、空间规划"打架"等问题，使政府的自然资源管理职能得到统筹和强化，有利于自然资源整体保护、系统修复和综合治理。

第三节　健全资源有偿使用和生态补偿制度

生态环境由于其整体性、区域性和外部性等特征，很难改变公共物品的基本属性，如果无法有效地排他，就会导致自然资源的过度使用，出现资源枯竭、生态退化的问题，这就是"公地悲剧"和"搭便车"的根源。党的十八大以来，我国通过完善自然资源有偿使用和生态补偿制度以及创新实行环境损害赔偿制度，通过制度设计让自然资源使用者、生态保护受益者和生态环境损害者支付相应的费用，使生态环境的外部性影响内部化，既减少了生态公共产品的"公地悲剧"和"搭便车"现象，还提高了人们投资生态保护的积极性，保障了生态产品的足额提供和生态资本不断增殖。

一、深化资源有偿使用制度

改革开放以来，我国全民所有自然资源资产有偿使用制度逐步建立，国有建设用地、矿产、水、海域海岛已建立了相对完善的有偿使用制度，使免费使用的自然资源变成"谁使用谁付费"的有偿使用的资源，在促进自然资源保护和合理利用、维护所有者权益方面发挥了积极作用。但是，国有农用地和未利用地、国有森林、国有草原等资源有偿使用制度尚未建立，依然存在自然资源被"无价"或者"廉价"使用的问题，不利于国家所有者权益的保护。2016 年12 月出台的《国务院关于全民所有自然资源资产有偿使用制度改革的指导意见》，提出在坚持全民所有制的前提下，完善全民所有自然资源资产使用权体系，适度扩大使用权的出让、转让、出租、担保、入股等权能，充分发挥市场配置资源的决定性作用，明确全民所有自然资源资产有偿使用准入条件、方式和程序，鼓励竞争性出让，规范协议出让，支持探索多样化有偿使用方式，推动将全民所有自然资源资产有偿使用逐步纳入统一的公共资源交易平台，确保国家所有者权益得到充分有效的维护。

全民所有自然资源资产有偿使用制度改革针对土地、水、矿产、森林、草原、海域海岛等六类国有自然资源资产有偿使用的现状、特点和存在的主要问题，分门别类提出了不同的改革要求和举措。

表 6-5　关于全民所有自然资源资产有偿使用的政策文件（2013—2022 年）

《国务院关于全民所有自然资源资产有偿使用制度改革的指导意见》，2016 年12 月

《关于扩大国有土地有偿使用范围的意见》，2016 年 12 月

《矿业权出让制度改革方案》，2016 年 12 月

《矿产资源权益金制度改革方案》，2017 年 4 月

《海域、无居民海岛有偿使用的意见》，2017 年 5 月

《关于水资源有偿使用制度改革的意见》，2018 年 2 月

（一）完善国有土地有偿使用制度

我国国有土地有偿使用始于 20 世纪 80 年代后期的国有建设用地，现已建立比较系统完整的国有建设用地有偿使用制度，有效维护了国家所有者权益，但仍存在国有建设用地划拨范围宽、国有农用地有偿使用制度缺少国家层面的具体规定、国有农用地使用权概念和权利体系缺乏法律依据等问题。为此，党的十八大以来，我国将土地有偿使用的范围扩大到公共服务领域和国有农用地。除了《划拨用地目录》中的"国家机关用地和军事用地""城市基础设施用地和公益事业用地""国家重点扶持的能源、交通、水利等基础设施用地"和"法律、行政法规规定的其他用地"以外，均采用有偿使用的方式，并明晰国有农用地使用权及其权能，这将有助于进一步彰显土地资产权益，促进土地资源节约集约利用。

（二）完善水资源有偿使用制度

我国水资源有偿使用始于 20 世纪 70 年代初的地方实践，已初步建立水资源有偿使用制度，对直接取用江河、湖泊或者地下水资源的单位和个人征收水资源费，为实现所有者权益、保障水资源可持续利用发挥了重要作用。但随着我国经济社会的发展，现行水资源费征收标准已总体偏低，没有充分体现水资源的价值和稀缺程度，还存在超计划或者超定额取水、累进收取水资源费制度落实不到位等问题。为此，《关于水资源有偿使用制度改革的意见》提出要在严守水资源开发利用控制、用水效率控制、水功能区限制纳污三条红线的前提下，实行水资源费差别化征收标准，大幅提高地下水特别是水资源紧缺和超采地区的地下水水资源费征收标准，严格控制和合理利用地下水。2021 年 10 月出台的《地下水管理条例》，还规定对取用地下水的单位和个人试点征收水资源税；尚未试点征收水资源税的省、自治区、直辖市，对同一类型取用水，地下水的水资源费征收标准应当高于地表水的标准，地下水超采区的水资源费征收标准应当高于非超采区的标准，地下水严重超采区的水资源费征收标准应当大幅高于非超采区的标准。水资源差别化有偿使用将有助于充分体现水资源的价值和稀缺程度，提高水资源利用效率和效益。

（三）完善矿产资源有偿使用制度

我国矿产资源有偿使用始于 20 世纪 90 年代初，已建立有偿取得和有偿开采相结合的矿产资源有偿使用制度，对矿产资源勘查开发者收取探矿权采矿权价款、探矿权采矿权使用费、矿产资源补偿费、资源税等，有效落实了国家所有者权益。但也存在矿产资源税费缺乏整体设计、定位不准确、功能不清晰，矿业权使用费调整机制不合理，矿业权出让未充分发挥市场决定性作用，矿业权出让审批权限与中央简政放权要求不适应等问题。为此，党的十八大以来，我国在强化矿产资源保护的前提下，完善矿业权有偿出让制度、矿业权有偿占用制度和矿产资源税制度，建立矿产资源权益金制度，健全矿业权分级分类出让制度。具体而言，在矿业权出让环节，取消探矿权价款、采矿权价款，征收矿业权出让收益，中央与地方分享矿业权出让收益的比例确定为 4∶6。在矿业权占有环节，将探矿权采矿权使用费整合为实行动态调整的矿业权占用费，利用经济手段有效遏制"圈而不探"等行为，中央与地方分享矿业权占用费的比例确定为 2∶8。在矿产开采环节，组织实施资源税改革，对绝大部分矿产资源品目实行从价计征，使资源税与反映市场供求关系的资源价格挂钩，同时，按照清费立税原则，将矿产资源补偿费并入资源税，取缔违规设立的各项收费基金，改变税费重复、功能交叉状况，规范税费关系。在矿山环境治理恢复环节，将矿山环境治理恢复保证金调整为矿山环境治理恢复基金，由矿山企业单设会计科目，按照销售收入的一定比例计提，计入企业成本，由企业统筹用于开展矿山环境保护和综合治理。这些制度将有利于提高矿业权市场化出让比重，理顺各类税费关系，促进矿产业可持续发展。

（四）建立国有森林资源有偿使用制度

我国森林资源有偿使用虽然在《中华人民共和国物权法》和1998年修正的《中华人民共和国森林法》中有原则性规定，但国有森林资源基本以无偿方式让渡给国有林场等单位管理和使用，尚未建立真正意义上的有偿使用制度。长期以来，国有森林资源有偿使用缺乏相关制度规定和法律文件，现实中存在国有森林资源自发性无序流转、森林资源旅游开发不规范等现象，造成国家所有者权益受损。《国务院关于全民所有自然资源资产有偿使用制度改革的指导意见》提出，国有天然林和公益林、国家公园、自然保护区、风景名胜区、森林公园、国家湿地公园、国家沙漠公园的国有林地和林木资源资产不得出让。对确需经营利用的森林资源资产，确定有偿使用的范围、期限、条件、程序和方式，支持通过租赁、特许经营等方式发展森林旅游。

（五）建立国有草原资源有偿使用制度

我国草原资源有偿使用仅在《中华人民共和国物权法》中有原则性规定，实际管理中存在权属界定不清、有偿使用法律制度缺失、国有划拨草原流转不规范等问题。为此，《国务院关于全民所有自然资源资产有偿使用制度改革的指导意见》提出在严格保护草原生态、健全基本草原保护制度的前提下，全民所有制单位改制涉及的国有划拨草原使用权，按照国有农用地改革政策实行有偿使用；对已确定给农村集体经济组织使用的国有草原，继续依照现有土地承包经营方式落实国有草原承包经营权；国有草原承包经营权向农村集体经济组织以外单位和个人流转的，应按有关规定实行有偿使用。

（六）完善海域海岛有偿使用制度

我国海域有偿使用始于 20 世纪 90 年代初，2002 年实施的《中华人民共和国海域使用管理法》确立了海域有偿使用制度，对海域使用者征收海域使用金，但也存在海域使用权权能不完整、市场化程度不高、价格形成机制不健全等问题。为此，《海域、无居民海岛有偿使用的意见》提出，完善海域使用权转让、抵押、出租、作价出资（入股）等权能，逐步提高经营性用海用岛的市场化出让比例，并建立海域使用金征收标准动态调整机制。

我国无居民海岛有偿使用源于 2010 年 3 月实施的《中华人民共和国海岛保护法》，对开发利用者征收无居民海岛使用金，但还存在无居民海岛缺失权利基础、市场化程度不高、使用权出让最低价标准不合理等问题。为此，《海域、无居民海岛有偿使用的意见》明确无居民海岛有偿使用的范围、条件、程序和权利体系，鼓励地方研究制定无居民海岛使用权招标、拍卖、挂牌出让有关规定，逐步扩大市场化出让范围。完善以上海域海岛有偿使用制度，将有助于促进海域海岛资源有效保护与可持续利用，保障国家海洋生态安全和海洋权益。

全民所有自然资源资产有偿使用制度改革涉及面广，综合性、系统性强，需要通过分领域实施方案或试点落实各项改革任务。目前，我国已经出台《关于扩大国有土地有偿使用范围的意见》《矿业权出让制度改革方案》《海域、无居民海岛有偿使用的意见》等文件，推动这些领域资源的有偿使用迈出了实质性进展。有一些领域如国有草原资源的有偿使用尚未制定具体实施方案，这是未来全民所有自然资源资产有偿使用制度改革的重点领域。

二、完善生态补偿制度

生态补偿是指在综合考虑生态保护成本、发展机会成本和生态服务价值的基础上，按照受益者付费的原则，采取财政转移支付或市场交易等方式，对生态保护者给予合理补偿。我国矿区和森林的生态补偿工作起步较早，1983 年，由于云南省内涌现了大量的磷矿，大规模的开采行为对矿区的植被与其他生态环境造成了巨大的损害，国家为了限制这种行为，改善矿区生态环境，向矿区的负责人收取了相应的恢复费用，这是我国首次实践生态补偿的经济措施。1992 年以后，生态补偿开始被写入国家政策文件，如 1992 年《国务院批转国家体改委关于一九九二年经济体制改革要点的通知》明确提出"要建立林价制度和森林生态效益补偿制度，实行森林资源有偿使用"[①]；1993 年《国务院关于进一步加强造林绿化工作的通知》指出，"要改革造林绿化资金投入机制，逐步实行征收生态效益补偿费制度"[②]；1998 年修正的《中华人民共和国森林法》明确提出"国家设立森林生态效益补偿基金，用于提供生态效益的防护林和特种用途林的森林资源、林木的营造、抚育、保护和管理"[③]。但以上规定只是简单地提出应当对开发利用环境资源行为征收费用、对生态保护行为予以补偿，并没有强制条款和实施细则。

进入 21 世纪以后，我国生态补偿制度快速发展。2004 年，财政部和国家林业局出台《中央森林生态效益补偿基金管理办法》，标志着我国森林生态效益补偿基金制度从实质上建立起来了。2005 年 10 月，中国共产党第十六届中央委员会第五次全体会议审议通过了《中共中央关于制定国民经济和社会发展第十一个五年规划的建议》，提出要加快建立生态补偿机制。2007 年，国家环保总局印发《关于

---

① 《十三大以来重要文献选编》（下），北京：人民出版社 1993 年版，第 1928 页。

② 《新时期党和国家领导人论林业与生态建设》，北京：中央文献出版社 2001 年版，第 232 页。

③ 《中华人民共和国森林法》，北京：中国民主法制出版社 2008 年版，第 2 页。

开展生态补偿试点工作的指导意见》，要求按照"谁开发、谁保护，谁破坏、谁恢复，谁受益、谁补偿，谁污染、谁付费"的原则，探索建立重点领域（自然保护区、重要生态功能区、矿产资源开发、流域水环境保护）的生态补偿标准体系和生态补偿机制。2005年以来，国家发展改革委组织开展了祁连山、秦岭—六盘山、武陵山、黔东南、川西北、滇西北、桂北等七个不同类型的生态补偿示范区建设，为建立生态补偿机制提供了经验。总之，21世纪以来，我国在实践中初步形成生态补偿制度框架，建立了中央森林生态效益补偿基金制度，建立了草原生态补偿制度，探索建立了水资源和水土保持生态补偿机制，形成了矿山环境治理和生态恢复责任制度，建立了重点生态功能区转移支付制度。据统计，中央财政安排的生态补偿资金总额从2001年的23亿元增加到2012年的约780亿元，累计约2500亿元。①

　　生态补偿机制建设虽然取得了积极进展，但由于这项工作涉及的利益关系复杂，因此在工作实践中还存在不少矛盾和问题，如补偿范围偏窄，生态补偿主要集中在森林、草原、矿产资源开发等领域，流域、湿地、海洋等生态补偿尚处于起步阶段，耕地及土壤生态补偿尚未纳入工作范畴；补偿标准普遍偏低，草畜平衡补助不足以弥补生产成本增加和减畜带来的经济损失；有的领域补偿标准过于笼统，不适应不同生态区域的实际情况；补偿资金来源渠道和补偿方式单一，补偿资金主要依靠中央财政转移支付，地方政府和企事业单位投入、社会捐赠等其他渠道明显缺失；有的地方补偿资金没有做到及时足额发放，有的甚至出现挤占、挪用补偿资金现象。

---

① 徐绍史：《国务院关于生态补偿机制建设工作情况的报告——2013年4月23日在第十二届全国人民代表大会常务委员会第二次会议上》，载《中华人民共和国全国人民代表大会常务委员会公报》2013年5月15日。

此外，生态补偿的技术支撑也不到位，生态补偿标准体系、生态服务价值评估核算体系、生态环境监测评估体系建设滞后，不能满足生态补偿工作的需要。

针对生态补偿机制的诸多现实问题，2013 年 11 月，中共十八届三中全会通过的《中共中央关于全面深化改革若干重大问题的决定》中，进一步确定要实行生态补偿制度，推动地区间建立横向生态补偿制度，建立吸引社会资本投入生态环境保护的市场化机制。党的十八大以来，我国出台一系列关于完善生态补偿制度的政策文件，要求到 2020 年，实现森林、草原、湿地、荒漠、海洋、水流、耕地等七个重点领域和禁止开发区域、重点生态功能区等重要区域生态保护补偿全覆盖，补偿水平与经济社会发展状况相适应，跨地区、跨流域补偿试点示范取得明显进展，多元化补偿机制初步建立，基本建立符合我国国情的生态保护补偿制度体系，促进形成绿色生产方式和生活方式[1]；到 2025 年，与经济社会发展状况相适应的生态保护补偿制度基本完备。以生态保护成本为主要依据的分类补偿制度日益健全，以提升公共服务保障能力为基本取向的综合补偿制度不断完善，以受益者付费原则为基础的市场化、多元化补偿格局初步形成，全社会参与生态保护的积极性显著增强，生态保护者和受益者良性互动的局面基本形成。到 2035 年，适应新时代生态文明建设要求的生态保护补偿制度基本定型。[2]

表 6-6　关于生态补偿制度的政策文件（2013—2022 年）

《国务院办公厅关于健全生态保护补偿机制的意见》，2016 年 4 月 《关于加快建立流域上下游横向生态保护补偿机制的指导意见》，2016 年 12 月

---

① 《国务院办公厅关于健全生态保护补偿机制的意见》，载《中华人民共和国国务院公报》 2016 年 5 月 30 日。

② 《中共中央办公厅 国务院办公厅印发〈关于深化生态保护补偿制度改革的意见〉》，载《中华人民共和国国务院公报》 2021 年 9 月 30 日。

（续表）

《中央财政促进长江经济带生态保护修复奖励政策实施方案》，2018 年 1 月
《建立市场化、多元化生态保护补偿机制行动计划》，2018 年 12 月
《生态综合补偿试点方案》，2019 年 11 月
《支持引导黄河全流域建立横向生态补偿机制试点实施方案》，2020 年 4 月
《国务院办公厅关于加强草原保护修复的若干意见》，2021 年 3 月
《支持长江全流域建立横向生态保护补偿机制的实施方案》，2021 年 4 月
《关于深化生态保护补偿制度改革的意见》，2021 年 9 月

（一）建立健全分类补偿制度

综合考虑生态保护地区经济社会发展状况、生态保护成效等因素来确定补偿水平，对不同要素的生态保护成本予以适度补偿。在森林生态补偿方面，健全国家和地方公益林补偿标准动态调整机制，完善以政府购买服务为主的公益林管护机制，合理安排停止天然林商业性采伐补助奖励资金。在草原生态补偿方面，合理提高禁牧补助和草畜平衡奖励标准，逐步加大对人工饲草地和牲畜棚圈建设的支持力度，充实草原管护公益岗位。在湿地生态补偿方面，探索建立湿地生态效益补偿制度，率先在国家级湿地自然保护区、国际重要湿地、国家重要湿地开展补偿试点。在荒漠生态补偿方面，开展沙化土地封禁保护试点，完善以政府购买服务沙区资源为主的管护机制。在海洋生态补偿方面，完善捕捞渔民转产转业补助政策，提高转产转业补助标准；继续执行海洋伏季休渔渔民低保制度；健全增殖放流和水产养殖生态环境修复补助政策；研究建立国家级海洋自然保护区、海洋特别保护区生态保护补偿制度。在水流生态补偿方面，在江河源头区、集中式饮用水水源地、重要河流敏感河段和水生态修复治理区、水产种质资源保护区、水土流失重点预防区和重点治理区、大江大河重要蓄滞洪区以及具有重要饮用水源或重要生态功能的湖泊，全面开展生态保护补偿，适当提高补偿标准。在耕地生态补偿方面，建立以绿色生态为导向的农业生态治理补贴制

度，对在地下水漏斗区、重金属污染区、生态严重退化地区实施耕地轮作休耕的农民给予资金补助；扩大新一轮退耕还林还草规模，逐步将 25 度以上陡坡地退出基本农田，纳入退耕还林还草补助范围；研究制定鼓励引导农民施用有机肥料和低毒生物农药的补助政策。

以草原生态补偿为例，从 2011 年起，国家在内蒙古、新疆、西藏、青海、四川、甘肃、宁夏和云南等 8 个主要草原牧区省区和新疆生产建设兵团，启动实施草原生态保护补助奖励政策。草原生态保护补助奖励政策分为补助和奖励两个部分，即对禁牧的草原给予适当补助，对实行草畜平衡的草原进行奖励。中央财政按照每亩每年 6 元的测算标准对牧民给予禁牧补助，对未超载的牧民按照每亩每年 1.5 元的测算标准给予草畜平衡奖励。到 2020 年，此项政策已实施两轮。2021 年 8 月，我国开始开展第三轮草原生态保护补助奖励政策，在继续保持政策目标、实施范围、补助标准、补助对象"四稳定"的前提下，将已明确承包权但未纳入第二轮草原补奖政策范围的草原优先纳入补贴范围，每年安排的草原补奖政策资金也较以前年度有所增加，中央财政按照禁牧补助 7.5 元/亩、草畜平衡奖励 2.5 元/亩的标准进行测算，地方可根据草场质量、草场类型等因素适当调高标准。比如，呼伦贝尔草原、锡林郭勒盟草原的草场质量非常高，如果把这些草场禁牧了，那牧民的损失就会多一些，所以补助奖励标准也相对较高一些。

草原生态保护补助奖励政策实施 10 年来，国家累计投入资金超过 1500 亿元，1200 多万户农牧民受益[1]，草原植被覆盖度显著提高，草原生态持续恢复，生物多样性明显增加，草原无序利用、过度开

---

[1] 顾仲阳：《草原生态保护补奖政策实施十年　1200 多万户农牧民受益》，《人民日报》2021 年 12 月 6 日。

发、过度放牧的状况得到扭转。如，2010 年到 2017 年，西藏天然草地植被综合覆盖度增加 2.5 个百分点，高覆盖度植被面积增加 8.2%。据监测，2017 年，西藏天然草原鲜草产量 9705.6 万吨，比 2010 年增长 23.99%。①

（二）建立流域横向生态保护补偿机制

流域横向生态补偿机制是通过流域上下游地方政府之间的协商谈判，让流域的生态受益地区对开展生态保护地区所付出的保护成本、机会损失和提供的生态服务价值给予合理补偿；同时，让实施流域环境破坏的地区对其他受影响的地区作出赔偿，弥补其遭受的环境损失和开展水环境治理修复的相关费用，从而协调和平衡生态保护地区与生态受益地区之间的利益关系，充分调动生态保护积极性。相比中央和地方间以财政转移支付为手段的纵向补偿，横向生态保护补偿机制是主体间以契约形式开展的生态补偿，补偿覆盖面更广，价值内涵更丰富，形式与手段更加灵活。

党的十八大以来，我国先后推动建立黄河、长江全流域横向生态保护补偿机制，支持沿线省（自治区、直辖市）在干流及重要支流自主建立省际和省内横向生态保护补偿机制。对生态功能特别重要的跨省和跨地市重点流域横向生态保护补偿，中央财政和省级财政分别给予引导支持。

以黄河流域横向生态保护补偿机制为例，2021 年 4 月，鲁、豫两省签订了《黄河流域（豫鲁段）横向生态保护补偿协议》，由此搭建起黄河流域省际政府间首个"权责对等、共建共享"的协作保护机制。根据协议，生态补偿资金分为水质基本补偿和水质变化补偿两个方面。水质基本补偿方面，若水质年均值达到Ⅲ类标准，山

---

① 代玲：《西藏全面实施草原补奖政策 保护草场就是保护饭碗》，《经济日报》2018 年 10 月 8 日。

东省、河南省互不补偿；水质年均值在Ⅲ类基础上，每改善一个水质类别，山东省给予河南省 6000 万元补偿资金；水质年均值在Ⅲ类基础上，每恶化一个水质类别，河南省给予山东省 6000 万元补偿资金。水质变化补偿方面，即断面化学需氧量（COD）、氨氮、总磷 3 项关键污染物，年度指数每下降 1 个百分点，山东省给予河南省 100 万元补偿；反之，每上升 1 个百分点，河南省给予山东省 100 万元补偿。2022 年 7 月 5 日，山东省政府新闻发布会公布"对赌"结果：近两年，由于黄河入鲁水质始终保持在Ⅱ类以上，山东作为受益方，共支付河南省生态补偿资金 1.26 亿元。[①]

同时，省内县际横向生态保护补偿机制也逐渐展开。2021 年 9 月，山东省 301 个跨县界断面全部签订横向生态保护补偿协议，在全国率先实现县际流域横向生态保护补偿全覆盖。截至 2022 年 5 月底，各县（市、区）共兑现 2021 年第四季度补偿资金 3.24 亿元。其中，下游补偿上游 2.17 亿元，上游赔偿下游 1.07 亿元，补偿金额大幅超出赔偿金额，反映了上游治理成效凸显，流域水质整体持续向好。[②]

除了流域的横向生态保护补偿机制，国家还鼓励地方探索大气等其他生态环境要素横向生态保护补偿方式，通过对口协作、产业转移、人才培训、共建园区、购买生态产品和服务等方式，促进受益地区与生态保护地区良性互动。

（三）加快推进市场多元化补偿

生态环境具有公共资源性，但这并不代表政府是唯一的补偿主体。根据"谁受益，谁补偿"的生态补偿原则，补偿主体可以是政

[①] 孙越：《用好跨省补偿机制，生态将成大赢家》，《科技日报》2022 年 7 月 26 日。

[②] 同上。

府，也可以是企业或社会组织。那么建立生态补偿机制，也有两条路可走：一条是政府，一条是市场化。因此，除了纵向和横向生态补偿，国家还鼓励研发绿色金融工具、发展生态产业等推进市场多元化补偿。

以浙江省青山村的市场化生态补偿制度为例，青山村是浙江省杭州市余杭区黄湖镇下辖的一个行政村，20世纪80年代，青山村周边出现很多毛竹加工厂。为了追求更大的经济利益，村民在龙坞水库周边的竹林中大量使用化肥和除草剂，以增加毛竹和竹笋的产量，造成了水库的面源污染，影响了饮用水安全。当地村委通过宣传教育的方式对村民使用化肥和农药的行为进行管控，但效果并不明显。

针对上述情况，生态保护社会组织大自然保护协会（TNC）在青山村以水基金信托的形式开展了水源地保护项目。"善水基金"通过林权流转的形式从43户农户手里获得超过500亩毛竹林的林地使用权，这些毛竹林正是水源地汇水区内受化肥农药施用影响最为集中的区域。农户与"善水基金"签署信托合同，农户可以从"善水基金"获得不少于往年毛竹经营收益的生态补偿金。

2015年，"善水基金"出资10万元成立了名为"水酷"的企业，在青山村毛竹林开展包括生态农产品、手工艺品、自然教育、生态体验等内容的多种项目，并将经营中约15%的收益捐给信托基金用于水源地保护。企业运营收益通过"善水基金"信托主要用于支付"善水基金"的日常运营费用、农户林地承包经营权的生态补偿金、信托到期后的分红，以及水源地的日常保护管理费用。

"水酷"也负责组织当地各类农产品销售，比如为春笋开拓销售渠道，和阿里巴巴西溪园区食堂以及各个企业社群建立合作关系。不再喷洒农药的毛竹林生产的笋，虽然产量较以往下降了20%～30%，但其市场价格约是粗放经营时的3倍。

"水酷"还在青山村设计开发了有针对性的自然主题公益体验活动，如砍枯竹、监测水质、植物染色等，将向往自然的城市居民带进乡村；将当地废弃小学改造成为阿里巴巴公众自然教育基地——青山自然学校，为社会公众提供参与公益团建和自然体验的活动场所。同时"水酷"还将青山村民培训成讲解员、项目活动组织者、民宿服务者等，使之获得了新的就业机会。另外，"水酷"还和公益媒体、体育赛事组织机构联合策划了水源地周边越野赛等活动，使得"善水基金"获得了更多的社会捐款。

在 TNC 的引荐下，中国最大的传统手工艺研究组织"融设计图书馆"入驻青山村，来自德国的设计师将当地传统的手工竹编技艺提升为金属编织技艺，并免费教授给村民。"水酷"企业与当地村民合作发展金属编织手工艺品产业，这些手工艺品以水源保护为主题，在"设计上海""米兰设计周"等国内外展览会公益展出，并在老板电器遍及全国的门店销售，最终获得了同类工艺品两倍的利润。

青山村水源地保护项目从根源上解决了水源地内农业面源污染的问题。村民逐渐改变了原有的生产生活方式，生态环保意识不断增强，建立起全新的可持续产业形态，项目生态效益、经济效益和社会效益显著。①

青山村案例反映的是将生态保护过程转化为生态产品市场化生产的过程，形成了绿色产业与生态保护相辅相成的格局。可见，市场化生态补偿机制的关键在于深挖当地资源文化特色，设计可持续的保护模式和商业模式，让符合可持续发展要求的业态在当地的产业链中找到自身位置，从而落地扎根，构建出绿色产业链，并充分保护当地居民的利益，形成合理的投资回报，避免出现与民争利的

---

① 王宇飞：《探索市场化多元化的生态补偿机制——浙江青山村的实践与启示》，载《中国国土资源经济》2020 年第 4 期。

"资本下乡"和掠夺式生态补偿。

总之，生态补偿机制使生态保护者的利益得到有效补偿，激发了全社会参与生态保护的积极性，为生态保护投入开辟了新的渠道。同时，生态补偿机制还促进了欠发达地区的转型发展，使这些地区更加注重处理开发与保护的关系，对于实施主体功能区战略、加强国家生态安全屏障和促使贫困人口共享改革发展成果具有重要意义。当然，我们也看到，目前我国的生态补偿机制主要还是纵向补偿，投入以财政资金为主，横向补偿和市场化补偿还处于起步阶段，补偿什么、如何补偿、补偿多少的问题，尚未形成共识。如何合理界定和配置生态环境权利，如何建立科学合理的考核指标和补偿标准，如何进行有效监督和绩效评价，这些是横向生态补偿和市场化生态补偿机制需要进一步明确解决的问题。

三、实行生态环境损害赔偿制度

在我国，矿藏、水流、城市土地，国家所有的森林、山岭、草原、荒地、滩涂等自然资源是国有财产，由国务院代表国家行使所有权，但是这些自然资源在受到损害后，缺乏具体索赔主体的规定。尽管《中华人民共和国侵权责任法》第六十五条指出，"因污染环境造成损害的，污染者应当承担侵权责任"，《中华人民共和国环境保护法》第六条也规定了"企业事业单位和其他生产经营者应当防止、减少环境污染和生态破坏，对所造成的损害依法承担责任"，但是这些法律的认定责任依据笼统，并未明确细化，实践赔偿中极难操作，导致在具体的环境侵权诉讼中，权利人请求法院保护的利益只是他自己所损失的那部分人身、财产或者精神利益，而不包括环境侵权行为所损害的那部分公共利益，进而引发破坏环境违法成本低，"企业污染、群众受害、政府买单"等困局。

2014年以来，腾格里沙漠污染案、秦岭北麓生态破坏案等系列案件的发生，促使国家和民众更为关注谁来替"不会说话"的生态环境"代言"，谁来追究义务人的赔偿责任，谁来修复受损的生态环境等问题。党的十八大和十八届三中、四中全会对生态文明建设作出了顶层设计和总体部署，把生态环境损害赔偿作为生态文明制度体系建设的重要组成部分，要求实行最严格的损害赔偿制度，把环境损害纳入经济社会发展评价体系。《中共中央 国务院关于加快推进生态文明建设的意见》则进一步提出，"建立独立公正的生态环境损害评估制度"，"加快形成生态损害者赔偿、受益者付费、保护者得到合理补偿的运行机制"，"基本形成源头预防、过程控制、损害赔偿、责任追究的生态文明制度体系"。

表 6-7　有关生态环境损害赔偿制度的政策文件（2013—2022 年）

《生态环境损害赔偿制度改革试点方案》，2015 年 12 月
《生态环境损害赔偿制度改革方案》，2017 年 12 月
《生态环境损害赔偿资金管理办法（试行）》，2020 年 3 月
《关于推进生态环境损害赔偿制度改革若干具体问题的意见》，2020 年 8 月
《关于发布〈生态环境损害鉴定评估技术指南　总纲和关键环节　第 1 部分：总纲〉等六项标准的公告》，2020 年 12 月

2015 年 12 月，中共中央办公厅、国务院办公厅印发《生态环境损害赔偿制度改革试点方案》，部署生态环境损害赔偿制度改革工作。2016 年以来，根据国务院授权，在吉林、江苏、山东、湖南、重庆、贵州、云南 7 个省市部署开展改革试点。7 个试点探索形成相关配套管理文件 75 项，开展 27 件案例实践，涉及总金额约 4.01 亿元，在赔偿权利人、磋商诉讼、鉴定评估、修复监督、资金管理等方面，取得阶段性进展。[①] 其中，贵州省息烽大鹰田违法倾倒废渣案和云南省李好纸业违法排污案分别探索司法确认和公证适用，确保

---

① 李干杰：《让生态环境损害赔偿制度改革成为人民环境权益的坚实保障》，载《中国环境报》2017 年 12 月 18 日。

磋商协议履行；山东省、重庆市、云南省等制定出台相关生态环境损害赔偿诉讼规则，明确诉讼主体、受案范围、管辖、审理、执行等规定；江苏省探索生态环境损害赔偿与环境公益诉讼衔接问题，强化司法保障机制；吉林省建立环境资源保护案件执行回访制度，重点探索磋商或诉讼后生态环境修复执行和监督机制，确保生态环境得到及时有效的修复；湖南省、山东省、贵州省、江苏省探索以代表、委托等方式指定相关具体部门开展赔偿工作，集中解决索赔工作授权问题。同时，试点省（市）在规范环境损害鉴定评估体系、明确赔偿资金管理措施等方面积极探索创新举措，大力夯实技术支持能力，形成了可供全国试行借鉴的经验。[①]

2017 年 12 月，在总结改革试点实践经验的基础上，我国出台《生态环境损害赔偿制度改革方案》，决定从 2018 年开始，在全国试行生态环境损害赔偿制度。到 2020 年，力争在全国范围内初步构建责任明确、途径畅通、技术规范、保障有力、赔偿到位、修复有效的生态环境损害赔偿制度。

（一）界定了生态环境损害范围

生态环境损害是指因污染环境、破坏生态造成大气、地表水、地下水、土壤、森林等环境要素和植物、动物、微生物等生物要素的不利改变，以及上述要素构成的生态系统功能退化。生态环境损害赔偿范围包括清除污染费用、生态环境修复费用、生态环境修复期间服务功能的损失、生态环境功能永久性损害造成的损失以及生态环境损害赔偿调查、鉴定评估等合理费用。而涉及人身伤害、个人和集体财产损失要求赔偿的，适用侵权责任法等法律规定；涉及海洋生态环境损害赔偿的，适用海洋环境保护法等法律及相关规定。

---

① 季林云、孙倩、齐霁：《刍议生态环境损害赔偿制度的建立——生态环境损害赔偿制度改革 5 年回顾与展望》，载《环境保护》2020 年第 24 期。

（二）确定了赔偿义务人和权利人

赔偿义务人包括造成生态环境损害的单位或个人。在赔偿权利人方面，2015 年印发的试点方案规定，赔偿权利人是省级政府，2017 年印发的改革方案则将赔偿权利人由省级政府扩大至市地级政府，因为生态环境损害赔偿案件主要发生在市地级层面，市地级政府在配备法制和执法人员、建立健全环境损害鉴定机构、办理案件的专业化程度等方面具有一定的基础，能够在开展生态环境损害赔偿制度改革工作中发挥积极作用，同时将赔偿权利人扩大至市地级政府，有利于提高生态环境损害赔偿工作的效率。省域内跨市地的生态环境损害，由省级政府管辖；跨省域的生态环境损害，由生态环境损害地的相关省级政府协商开展生态环境损害赔偿工作。

（三）明确了赔偿程序

当环境损害发生后，首先进行磋商。磋商类似于调解，又不同于调解：一是突出了主动性，是赔偿权利人主动提起的；二是突出了有限的处分权，只能在一定范围内进行磋商，而不能做过多的让渡；三是有期限限制，不能无休止地进行，要防止"久磋不决"。磋商有助于避免单一的诉讼途径产生的费时耗力、浪费司法资源等问题。赔偿权利人经调查发现生态环境受到损害，需要进行修复或者赔偿的，根据生态环境损害鉴定评估报告，与赔偿义务人进行磋商，达成赔偿协议，及时督促赔偿义务人修复受损的生态环境，可以提高生态环境的修复效率和效果，节省时间。在改革试点期间，磋商不是诉讼的前置条件，部分案件中出现不经磋商直接诉讼的情况。经研究，这种径行诉讼的方式，没有发挥出行政机关技术和专业力量的优势，也带来更多诉累，不利于及时有效修复受损生态环境，因此，《生态环境损害赔偿制度改革方案》中确定了磋商前置。磋商未达成一致的，赔偿权利人再提起赔偿民事诉讼，由环境资源审判庭或指定专门法庭审理生态环境损害赔偿民事案件。

（四）拓展多样化责任承担方式

考虑到生态环境损害赔偿数额往往比较巨大、企业承受能力可能相对有限，以及生态环境损害赔偿须与经济发展相协调等问题，生态环境损害赔偿制度在试点和试行中特别设计了多样化责任承担方式，如可以分期赔付；赔偿义务人自行修复或委托修复；赔偿权利人开展替代修复；等等。多样化责任承担方式避免将污染企业"一棍子打死"，让企业继续生存下来，这样既可以使受损的生态环境得到修复，又能督促企业转型升级，强化生态环境保护措施。

截至2020年11月，全国共办理生态环境损害赔偿案件2700余件，涉及赔偿金额超过53亿元。全国约83%的市地级已实际开展案例实践，其中山东、江苏、浙江等11个省份实现市地级实际办案全覆盖。各地共推动有效修复超过2370万立方米土壤、9140万平方米林地、620万平方米草地、4760万立方米地表水体、61万立方米地下水体。[①] 通过案件办理，各地有效推动受损的生态环境得到及时修复，形成了一批可供借鉴的经验和做法，推动生态环境损害赔偿制度不断创新完善。

如，宁夏美利纸业集团环保节能有限公司于2003年8月至2007年6月违法倾倒造纸产生的黑色黏稠状废物，造成腾格里沙漠内蒙古、宁夏交界区域14个地块的土壤、地下水和植被受损。经鉴定评估，生态环境损害赔偿数额为1.98亿元。通过探索"一次签约、分段实施"的方式，宁夏中卫市政府、内蒙古阿拉善盟行政公署与美利纸业公司于2020年12月达成赔偿协议。赔偿工作分两个阶段实施：第一阶段开展污染状况调查以及污染清理实施工程，支出费用

---

① 季林云、孙倩、齐霁：《刍议生态环境损害赔偿制度的建立——生态环境损害赔偿制度改革5年回顾与展望》，载《环境保护》2020年第24期。

4423 万元；第二阶段开展补偿性恢复、地下水监测、污染地块风险管控、林区管护、生态环境效益评估等工作，并以开展补偿性恢复荒漠和以林地生态效益抵扣两种方式，赔偿生态资源修复期间服务功能损失 1.54 亿元。该案是全国第一起跨省联合磋商并获司法确认的生态环境损害赔偿磋商案件。本案中首次以生态效益抵扣损害，创新了生态环境损害赔偿途径。

再比如，2017 年 5 月，南通市生态环境局开发分局在执法巡查中发现，张江公路西侧一处空地堆放了大量白色固体。经调查，该白色固体为钢丝绳生产废料磷化渣，属于危险废物。南通市启动应急处置工作，清理磷化渣约 18000 吨。该系列案件实际收缴应急处置费用、生态环境修复保证金共 3108.6 万元。该案涉及的钢丝绳生产企业共 33 家，牵涉面广，处置、追偿难度大。南通市生态环境部门牵头多次组织公、检、法等相关部门协调沟通，推动案件办理。经多轮磋商，2018 年 11 月，南通市生态环境局开发区分局与 33 家企业签订赔偿协议。该案是典型的同类型群发性生态环境损害集中索赔案件，涉案主体多、赔偿金额较大。案件办理过程中，多部门联动推进，创新性采取集中磋商、集中签约的方式，极大提高了办案效率；创新资金管理方式，设立临时环境损害磋商专用账户，确保资金用于实际修复，便于资金使用和监管；结合污染程度、周边情况及未来用途，因地制宜采取人工恢复、市政工程与修复工程相结合方式，实现了环境效益和经济效益双赢。该案的办理，对类似群发性生态环境损害行为具有较强的震慑作用，为类似群发性生态环境损害赔偿案件的办理提供了借鉴和示范。[①]

①《第二批生态环境损害赔偿磋商十大典型案例》， https：//www.mee.gov.cn/home/ztbd/2022/sthjpf/sthjshpcdxal/202206/p020220630450348109072.pdf

第四节　建立以国家公园为主体的自然保护地体系

　　自然保护地是生态建设的核心载体、美丽中国的重要象征，在维护国家生态安全中居于首要地位。我国自 1956 年就开始建立自然保护区，改革开放以来，以自然保护区为代表的各类自然保护地快速发展。1994 年《中华人民共和国自然保护区条例》的颁布，使自然保护区管理有法可依。到 2018 年，我国已经建立各级各类自然保护地达 1.18 万处，包括 2750 个自然保护区、3548 个森林公园、1051 个风景名胜区、898 个国家级湿地公园、650 个地质公园等，占我国陆域面积的 18% 左右，超过世界平均水平。[①] 数量众多、类型丰富、功能多样的各级各类自然保护地，初步形成了以自然保护区为主体的保护地格局，使我国重要的自然生态系统和独特的自然遗产得以保护，在保存自然本底、保护生物多样性、改善生态环境质量和维护国家生态安全方面发挥了巨大作用。但是，由于地方分割、部门分治的管理体制，许多自然保护区边界范围不合理，功能区划不科学，留下许多遗留问题，如完整的生态系统被人为分割，碎片化现象突出，形成"山一块、水一块、林一块、草一块"的地域分割局面，同一块保护地"山头林立、名目繁多"，功能定位不清，既存在区域重叠，又出现保护空缺，许多重要生态区域没有纳入自然保护地体系。还有一些乡镇、厂矿、耕地、人工林、商品林、集体林都被划入其中，一些在自然保护区成立之前就存在着的合法的生

---

　　① 唐芳林：《建立以国家公园为主体的自然保护地体系》，载《中国党政干部论坛》 2019 年第 10 期。

产生活活动，一些祖祖辈辈就生活在里面的原住居民，突然间与自然保护区管理规定产生矛盾，引发严重冲突等问题。

显然，单个、零散的自然保护地难以满足全面生态需求，为解决自然保护地空间重叠、边界不清的问题，需要把自然生态系统最重要、自然景观最独特、自然遗产最精华、生物多样性最富集、自然景观最独特的区域严格保护起来。党的十八大以来，我国启动了国家公园体制试点，党的十九大提出"建立以国家公园为主体的自然保护地体系"①，确立了国家公园的主体定位。国家出台系列文件，构建了我国国家公园制度体系的"四梁八柱"，推动国家公园在理论创新、体制改革、生态保护、和谐共生等方面取得重大突破。

一、划分三类自然保护地

中共中央办公厅、国务院办公厅于 2019 年 6 月印发的《关于建立以国家公园为主体的自然保护地体系的指导意见》指出，要制定自然保护地分类划定标准，对现有的自然保护区、风景名胜区、地质公园、森林公园、海洋公园、湿地公园、冰川公园、草原公园、沙漠公园、草原风景区、水产种质资源保护区、野生植物原生境保护区（点）、自然保护小区、野生动物重要栖息地等各类自然保护地开展综合评价，按照保护区域的自然属性、生态价值和管理目标进行梳理调整和归类，逐步形成以国家公园为主体、自然保护区为基础、各类自然公园为补充的自然保护地分类系统。自然保护地按照生态价值和保护强度高低强弱顺序，依次为国家公园、自然保护区、自然公园。

第一类是国家公园，指以保护具有国家代表性的自然生态系统

---

① 习近平：《决胜全面建成小康社会 夺取新时代中国特色社会主义伟大胜利——在中国共产党第十九次全国代表大会上的报告》，北京：人民出版社 2017 年版，第 52 页。

为主要目的，实现自然资源科学保护和合理利用的特定陆域或海域，是我国自然生态系统中最重要、自然景观最独特、自然遗产最精华、生物多样性最富集的部分，保护范围大，生态过程完整，具有全球价值、国家象征，国民认同度高。

第二类是自然保护区，指保护典型的自然生态系统、珍稀濒危野生动植物种的天然集中分布区、有特殊意义的自然遗迹的区域。具有较大面积，确保主要保护对象安全，维持和恢复珍稀濒危野生动植物种群数量及赖以生存的栖息环境。

第三类是自然公园，指保护重要的自然生态系统、自然遗迹和自然景观，具有生态、观赏、文化和科学价值，可持续利用的区域。确保森林、海洋、湿地、水域、冰川、草原、生物等珍贵自然资源，以及所承载的景观、地质地貌和文化多样性得到有效保护，包括森林公园、地质公园、海洋公园、湿地公园等各类自然公园。

同时，《关于建立以国家公园为主体的自然保护地体系的指导意见》指出，要分类有序解决历史遗留问题，对自然保护地进行科学评估，将保护价值低的建制城镇、村屯或人口密集区域、社区民生设施等调整出自然保护地范围。结合精准扶贫、生态扶贫，核心保护区内原住居民应实施有序搬迁，对暂时不能搬迁的，可以设立过渡期，允许开展必要的、基本的生产活动，但不能再扩大发展；依法清理整治探矿采矿、水电开发、工业建设等项目，通过分类处置方式有序退出；根据历史沿革与保护需要，依法依规对自然保护地内的耕地实施退田还林还草还湖还湿。

二、建立国家公园体制

在自然保护地体系中，国家公园处于"金字塔"的顶端，与一般的自然保护地相比，国家公园的自然生态系统和自然遗产更具有国家代表性和典型性，面积更大，生态系统更完整，保护更严格，管理层级更高，属于全国主体功能区规划中的禁止开发区域，纳入全国生态保护红线区域管控范围，实行最严格的保护。

"国家公园"这一概念最早在 1832 年由美国艺术家乔治·卡特林提出，他在探寻艺术之旅的途中，被密苏里河和黄石河交汇处的自然之美深深吸引，于是在其旅行日志中写道：这一地方以及西部其他一些地方应当被设立成"国家的公园，其中有人和动物，保留着自然的美和原生状态"①。这是"国家公园"概念的首次提出。世界上第一座国家公园——黄石公园于 1872 年在美国建成，此后国家公园建设受到世界各国的重视。经过 100 多年的研究和发展，全球已有 100 多个国家建立了自己的国家公园。

1969 年，国际保护自然及自然资源联盟（IUCN）对国家公园作了如下定义："一个国家公园，是这样一片比较广大的区域：①它有一个或多个生态系统，通常没有或很少受到人类占据及开发的影响，这里的物种具有科学的、教育的或游憩的特定作用，或者这里存在着具有高度美学价值的自然景观；②在这里，国家最高管理机构一旦有可能，就采取措施，在整个范围内阻止或取缔人类的占据和开发并切实尊重这里的生态、地貌或美学实体，以此证明国家公园的设立；③到此观光须以游憩、教育及文化陶冶为目的，并得到批准。"② 这个定义较为全面地阐释了建设国家公园对于生态、经济、文化、教育等方面的多重价值和意义。

2006 年 8 月，我国由地方政府定名为"国家公园"的香格里拉普达措国家公园开始试运行，2007 年 6 月正式挂牌成立。但地方立法机关没有权限批准国家公园，该公园不应被视为中国第一个官方

---

① 刘静佳、白戈枫：《国家公园管理案例研究》，昆明：云南大学出版社 2019 年版，第 3 页。

② 王维正：《国家公园》，北京：中国林业出版社 2000 年版，第 3 页。

的国家公园，然而它却对我国国家公园从无到有的跨越产生了重大意义。2008 年 10 月 8 日，环境保护部和国家旅游局批准建设中国第一个国家公园试点单位——黑龙江汤旺河国家公园。

2013 年 11 月，中共十八届三中全会通过的《中共中央关于全面深化改革若干重大问题的决定》的文件中正式提出"建立国家公园体制"，这标志着国家公园体制建设上升为国家战略。2015 年 5 月，国务院《关于加快推进生态文明建设的意见》提出，"建立国家公园体制，实行分级、统一管理，保护自然生态和自然文化遗产原真性、完整性"①。习近平总书记指出："中国实行国家公园体制，目的是保持自然生态系统的原真性和完整性，保护生物多样性，保护生态安全屏障，给子孙后代留下珍贵的自然资产。这是中国推进自然生态保护、建设美丽中国、促进人与自然和谐共生的一项重要举措。"②

2015 年 12 月 9 日，中央全面深化改革领导小组第十九次会议审议通过了《中国三江源国家公园体制试点方案》，我国首个国家公园体制试点全面展开。在三江源国家公园试点方案全面展开后的一年半的时间里，中国设立的国家公园体制试点达到 10 个，分别是三江源国家公园、东北虎豹国家公园、祁连山国家公园、大熊猫国家公园、海南热带雨林国家公园、武夷山国家公园、神农架国家公园、普达措国家公园、钱江源国家公园、南山国家公园。2021 年 10 月，通过对 10 个试点的评估验收工作，我国公布了首批 5 个国家公园的名单，分别为三江源国家公园、大熊猫国家公园、东北虎豹国家公园、海南热带雨林国家公园、武夷山国家公园，涉及 10 个省区，保

---

① 《中共中央 国务院关于加快推进生态文明建设的意见》， https://www.gov.cn/xinwen/2015-05/05/content_ 2857363. htm

② 《习近平致信祝贺第一届国家公园论坛开幕》，载《人民日报》 2019 年 8 月 19 日。

护面积达 23 万平方公里，超过美国全部 60 个国家公园面积之和，涵盖了我国陆域近 30% 的国家重点保护野生动植物种类①，标志着国家公园重大制度落地生根，具有重要的里程碑意义。国家公园建立后，在相同区域一律不再保留或设立其他自然保护地类型。

表 6-8　关于国家公园体制的政策文件（2013—2022 年）

《建立国家公园体制试点 2015 年工作要点》，2015 年 3 月
《国家公园体制试点区试点实施方案大纲》，2015 年 3 月
《建立国家公园体制试点方案》，2015 年 5 月
《建立国家公园体制总体方案》，2017 年 9 月
《关于建立以国家公园为主体的自然保护地体系的指导意见》，2019 年 6 月
《关于统一规范国家公园管理机构设置的指导意见》，2020 年 12 月
《国家公园设立规范》，2020 年 12 月
《国家公园基础设施建设项目指南（试行）》，2021 年 12 月
《国家公园等自然保护地建设及野生动植物保护重大工程建设规划（2021—2035 年)》，2022 年 3 月
《国家公园空间布局方案》，2022 年 12 月

下一步国家林草局将按照《国家公园等自然保护地建设及野生动植物保护重大工程建设规划（2021—2035 年）》总体目标，加快构建以国家公园为主体的自然保护地体系，进一步加大对大熊猫、东北虎、东北豹、亚洲象、长臂猿、雪豹、长江江豚、苏铁、兰科植物等国家重点保护野生动植物的保护力度。国家林草局相关负责人表示，2022 年我国在青藏高原、黄河流域、长江流域等生态区位重要和生态功能良好的区域，新设立一批国家公园，未来国家公园总面积预计约占国土陆域面积的 10%，远高于美国 2.3% 和世界平均3.4% 的水平，将有效保护中国最具代表性的生态系统和 80% 以上的

---

① 李晓晴：《首批国家公园保护面积达 23 万平方公里——重要生态区域实现整体保护》，载《人民日报》2021 年 10 月 22 日。

国家重点保护野生动植物物种及其栖息地。[①]

三、建立统一的自然保护地分类分级管理体制

《关于建立以国家公园为主体的自然保护地体系的指导意见》提出，到 2020 年"完成自然保护地勘界立标并与生态保护红线衔接，制定自然保护地内建设项目负面清单，构建统一的自然保护地分类分级管理体制"[②]。统一的自然保护地分类分级管理体制有两层含义：一是统一管理，二是分类分级管理。

统一管理，就是自然保护地由一个部门、一个管理机构实行全过程统一管理。为解决我国以前自然保护地以部门设置、以资源分类、以行政区划分设的体制导致的利益冲突弊端，2018 年 3 月，国务院机构改革将国家林业局的职责，农业部的草原监督管理职责，以及国土资源部、住房和城乡建设部、水利部、农业部、国家海洋局等部门的自然保护区、风景名胜区、自然遗产、地质公园等管理职责整合，组建国家林业和草原局，由自然资源部管理，不再保留国家林业局。国家林业和草原局加挂国家公园管理局牌子。国家林业和草原局（国家公园管理局）的主要职责是，监督管理森林、草原、湿地、荒漠和陆生野生动植物资源开发利用和保护，组织生态保护和修复，开展造林绿化工作，管理国家公园等各类自然保护地，提出自然保护地设立、晋（降）级、调整和退出规则，制定自然保护地政策、制度和标准规范，实行全过程统一管理。各地区各部门不得自行设立新的自然保护地类型。

分类分级管理，就是我国按照生态系统重要程度，将国家公园

---

① 寇江泽等：《2022 年，我国将新设立一批国家公园》，载《人民日报》 2022 年 5 月 23 日。

② 《关于建立以国家公园为主体的自然保护地体系的指导意见》，北京：人民出版社 2019 年版，第 4 页。

等自然保护地分为中央直接管理、中央地方共同管理和地方管理三种管理模式。其中，中央直接管理和中央地方共同管理的自然保护地由国家批准设立，地方管理的自然保护地由省级政府批准设立，管理主体由省级政府确定。同时，将国家公园和自然保护区内划分为核心保护区和一般控制区，核心保护区内原则上禁止人为活动，一般控制区内限制人为活动。

统一的自然保护地分类分级管理体制彻底解决了过去各类自然保护地存在的区域交叉、空间重叠等问题，做到一个保护地、一套机构、一块牌子，易于对各类自然保护地实行全过程统一管理，统一监测评估、统一执法、统一考核，推动制度配套落地并形成实效，为维持健康、稳定、高效的自然生态系统，为维护生物多样性和国家生态安全筑牢了基石。

第五节　完善国土空间规划体系

国土是生态文明建设的空间载体，是各类开发建设活动的基本依据。国土空间涉及多种空间类型和要素种类，我国有关国土空间用途管制的规划多达几十种，分属多个部门管理，空间规划存在类型过多、内容重叠冲突、地方规划朝令夕改等问题。比如，国土资源部组织编制土地利用规划、国土资源规划、矿产资源规划、地质勘查规划等规划，国家发展和改革委员会组织编制主体功能区规划，住房和城乡建设部组织编制城乡规划，水利部组织编制水资源规划，农业部组织编制草原规划，国家林业局组织编制森林、湿地等资源规划，国家海洋局组织编制海洋规划，等等。各种规划编制受资料所限和部门利益考虑，法律依据不统一、标准不统一、实施时间段不统一、基础不统一，割裂了"山水林田湖草"生命共同体的有机联系，也使规划在落实中大打折扣，甚至根本不能执行，只能作为图片在墙上挂挂，管理部门也只能是"望图兴叹"。

2013 年 5 月，习近平总书记在十八届中央政治局第六次集体学习时指出："国土是生态文明建设的空间载体。从大的方面统筹谋划、搞好顶层设计，首先要把国土空间开发格局设计好。要按照人口资源环境相均衡、经济社会生态效益相统一的原则，整体谋划国土空间开发，统筹人口分布、经济布局、国土利用、生态环境保护，科学布局生产空间、生活空间、生态空间，给自然留下更多修复空间，给农业留下更多良田，给子孙后代留下天蓝、地绿、水净的美好家园。"[①] 党的十八大以来，我国将建立统一的国土空间规划体系作为新时代推进生态文明建设的重要抓手。

一、推进"多规合一"

"多规合一"是指将国民经济和社会发展规划、城乡规划、土地利用规划、生态环境保护规划等多个规划融合形成各部门共同遵守的"一张蓝图"，解决现有各类规划自成体系、内容冲突、缺乏衔接等问题。党的十八大以来，我国"多规合一"改革以渐进式分为三个阶段开展。

表 6-9　关于"多规合一"改革的政策文件（2013—2022 年）

《住房城乡建设部关于开展县（市）城乡总体规划暨"三规合一"试点工作的通知》，2014 年 1 月

《省级空间规划试点方案》，2017 年 1 月

《中共中央　国务院关于建立国土空间规划体系并监督实施的若干意见》，2019 年 5 月

《自然资源部办公厅关于加强国土空间规划监督管理的通知》，2020 年 5 月

---

① 《习近平关于社会主义生态文明建设论述摘编》，北京：中央文献出版社 2017 年版，第 44 页。

（一）市县试点阶段

2014年1月，住房和城乡建设部出台《住房城乡建设部关于开展县（市）城乡总体规划暨"三规合一"试点工作的通知》，在县（市）探索经济社会发展、城乡、土地利用规划的"三规合一"。同年8月，国家发改委、国土部、环保部和住建部四部委联合下发《关于开展市县"多规合一"试点工作的通知》，提出在全国28个市县开展"多规合一"试点。当时的思路是推进经济社会发展规划、土地利用规划、城乡规划、生态环境保护规划等的"合一"，"多规合一"的对象既包括发展类规划，也包括空间类规划。但随着试点实践和理论探索的深入，各方面都逐渐倾向于首先推进空间类规划的"多规合一"，后期再整合发展类规划和空间类规划。此后发布的中央文件也对这一问题进行了明确，党的十八届五中全会提出"以主体功能区规划为基础统筹各类空间性规划，推进'多规合一'"[1]，《生态文明体制改革总体方案》提出"整合目前各部门分头编制的各类空间性规划，编制统一的空间规划，实现规划全覆盖"[2]。因此，"多规合一"的首要对象是空间性规划，推进"多规合一"是手段和过程，而编制空间规划、构建空间规划体系是目标。

（二）省级空间规划试点

2017年1月，中共中央办公厅、国务院办公厅印发了《省级空间规划试点方案》，确定了九个试点省区，包括吉林、浙江、福建、江西、河南、广西、海南、贵州、宁夏。其中，海南、宁夏是此前中央全面深化改革领导小组批准的试点，选择其他七个试点省区，主要考虑了三方面因素：一是福建、江西和贵州是我国设立的首批

---

[1] 《中国共产党第十八届中央委员会第五次全体会议文件汇编》，北京：人民出版社2015年版，第56页。

[2] 《中共中央 国务院印发〈生态文明体制改革总体方案〉》，北京：人民出版社2015年版，第10页。

国家生态文明试验区，按照中共中央办公厅、国务院办公厅《关于设立统一规范的国家生态文明试验区的意见》，开展空间规划改革是国家生态文明试验的重点内容之一，因此将这三个省份纳入试点范围。二是吉林、浙江、河南、广西四省区的现有工作基础和相关条件较好，在吉林省开展试点也有利于进一步支持东北地区振兴发展。三是上述九个省区的国土面积、资源本底、地形地貌、发展水平、陆海统筹等方面情况各不相同，具有一定的代表性，有利于丰富试点探索经验、校验试点成效并向全国推广。

《省级空间规划试点方案》科学设计了"先布棋盘、后落棋子"的技术路线。

第一步，开展资源环境承载能力和国土空间开发适宜性两项基础评价，摸清国土空间的基本家底和适宜用途。

第二步，"布棋盘"，即绘制空间规划底图。空间规划底图是由"三区三线"构成的大的空间格局和功能分区。"三区三线"是根据城镇空间、农业空间、生态空间三种类型的空间，分别对应划定的城镇开发边界、永久基本农田保护红线、生态保护红线三条控制线。首先，划定生态保护红线，并坚持生态优先，扩大生态保护范围，划定生态空间；其次，划定永久基本农田，考虑农业生产空间和农村生活空间相结合，划定农业空间；最后，按照开发强度控制要求，从严划定城镇开发边界，有效管控城镇空间。

第三步，"落棋子"，依托"三区三线"的空间格局，把各部门分头设计的管控措施，加以系统整合，把各类空间性规划的核心内容和空间要素，像"棋子"一样，按照一定的规则和次序，有机整合，落入"棋盘"，真正形成"一本规划、一张蓝图"。

从 2014 年开展市县"多规合一"试点，到 2017 年布局省级空间规划试点，表明"多规合一"的目标已经由"统一的规划体系"

变为"统一的空间规划体系"。海南是全国第一个开展省域"多规合一"改革试点的省份，自试点以来，"多规合一"取得明显成效，可归纳为几大方面：第一，"多规合一"将海南作为一个大城市、大景区整体规划，在规划路径、空间布局上把生态红线划定到具体地块，有利于守住生态底线。第二，"多规合一"解决了1587平方公里的耕地、林地、建设用地重叠图斑，消除了各类规划之间的矛盾。第三，从"多规合一"中，理出了适合海南发展的12个产业，推动市财政收入、农民收入和居民收入大幅度增长。第四，"多规合一"是边规划边推进的过程，通过"多规合一"，全省基础设施得以推进，海南基础设施建设水平得到提升。①

（三）全国开展国土空间规划"多规合一"

2018年3月13日，《国务院机构改革方案》提请十三届全国人大一次会议审议，根据该方案，国务院将国土资源部的职责，国家发展和改革委员会的组织编制主体功能区规划职责，住房和城乡建设部的城乡规划管理职责，水利部的水资源调查和确权登记管理职责，农业部的草原资源调查和确权登记管理职责，国家林业局的森林、湿地等资源调查和确权登记管理职责，国家海洋局的职责，国家测绘地理信息局的职责整合，组建中华人民共和国自然资源部，作为国务院组成部门，负责建立空间规划体系并监督实施。

2019年5月10日，我国正式印发《中共中央 国务院关于建立国土空间规划体系并监督实施的若干意见》，标志着国土空间规划体系构建工作正式全面展开。2020年5月发布的《自然资源部办公厅关于加强国土空间规划监督管理的通知》，进一步对国土空间规划的要点作出说明。我国国土空间规划体系建设的总体目标是"到2020

---

① 王佳：《"多规合一"试点成效明显》，载《光明日报》2017年3月7日。

年，基本建立国土空间规划体系，逐步建立'多规合一'的规划编制审批体系、实施监督体系、法规政策体系和技术标准体系；基本完成市县以上各级国土空间总体规划编制，初步形成全国国土空间开发保护'一张图'。到 2025 年，健全国土空间规划法规政策和技术标准体系；全面实施国土空间监测预警和绩效考核机制；形成以国土空间规划为基础，以统一用途管制为手段的国土空间开发保护制度。到 2035 年，全面提升国土空间治理体系和治理能力现代化水平，基本形成生产空间集约高效、生活空间宜居适度、生态空间山清水秀，安全和谐、富有竞争力和可持续发展的国土空间格局"①。

一是分级分类建立国土空间规划。在类别上，国土空间规划包括总体规划、详细规划和相关专项规划。在级别上，国家、省、市县编制国土空间总体规划，各地结合实际编制乡镇国土空间规划。相关专项规划是指在特定区域（流域）、特定领域，为体现特定功能，对空间开发保护利用作出的专门安排；详细规划是对具体地块用途和开发建设强度等作出的实施性安排。建立健全国土空间规划"编""审"分离机制，规划编制实行编制单位终身负责制，规划审查实行参编单位专家回避制度，推动开展第三方独立技术审查。

二是加强协调性。国土空间规划并不是采用拼凑模式将所有规划简单地进行合并，而是将经济、社会、土地、环境、水资源、城乡建设、综合交通社会事业等各类规划进行恰当衔接，确保任务目标、保护性空间、开发方案、项目设置、城乡布局等重要空间参数标准的统一性，以实现空间优化布局和资源有效配置。

三是强化规划权威。规划一经批复，任何部门和个人不得随意修改、违规变更，防止出现换一届党委和政府改一次规划。下级国

---

① 《中共中央 国务院关于建立国土空间规划体系并监督实施的若干意见》，https：//www.gov.cn/zhengce/2019-05/23/content_ 5394187. htm

土空间规划要服从上级国土空间规划,相关专项规划、详细规划要服从总体规划;坚持先规划、后实施,不得违反国土空间规划进行各类开发建设活动;坚持"多规合一",各地不再新编和报批主体功能区规划、土地利用总体规划、城市(镇)总体规划、海洋功能区划等其他空间规划。因国家重大战略调整、重大项目建设或行政区划调整等确需修改规划的,须先经规划审批机关同意后,方可按法定程序进行修改。

四是健全用途管制制度。以国土空间规划为依据,对所有国土空间分区分类实施用途管制。在城镇开发边界内的建设,实行"详细规划+规划许可"的管制方式;在城镇开发边界外的建设,按照主导用途分区,实行"详细规划+规划许可"和"约束指标+分区准入"的管制方式。对以国家公园为主体的自然保护地、重要海域和海岛、重要水源地、文物等实行特殊保护制度。

"多规合一"统领各类空间利用,把每一寸土地都规划得清清楚楚,是科学布局生产空间、生活空间、生态空间,加快形成绿色生产方式和生活方式、推进生态文明建设、建设美丽中国的关键举措,同时也使政府决策保持一定的连续性,久久为功,做到一张蓝图干到底,确保了中国在改革开放道路上始终沿着既定目标一步一个脚印地行稳致远。

二、划定"三条控制线"

三条控制线是指生态保护红线、永久基本农田、城镇开发边界,这三条控制线均与国土空间的开发利用有关。改革开放以来,我国国土空间开发利用以相对紧缺的资源赋存支撑了长达30多年的高速增长,但是也面临着许多新情况和新挑战。比如,伴随着城镇化快速推进,一些城市周边耕地数量的"红线"成了随意变动的"红飘带",建设占用耕地现象时有发生;"摊大饼"式的发展让不少城市遭遇了"成长的烦恼"，城市周边耕地、湿地减少了，城市生态带遭到破坏，环境质量改善难度加大，城市热岛效应凸显，雾霾天数增加，等等。坚持底线思维，把自然本底守住，科学划定生态保护红线、永久基本农田、城镇开发边界三条控制线，优化生产、生活、生态"三生"空间，已成为各方最基本的共识。

表 6-10　关于"三条控制线"的政策文件（2013—2022 年）

《国家生态保护红线——生态功能基线划定技术指南（试行)》，2014 年 1 月
《生态保护红线划定技术指南》，2015 年 5 月
《关于开展生态保护红线管控试点工作的通知》，2015 年 11 月
《中共中央　国务院关于加强耕地保护和改进占补平衡的意见》，2017 年 1 月
《关于划定并严守生态保护红线的若干意见》，2017 年 2 月
《自然生态空间用途管制办法（试行)》，2017 年 3 月
《"生态保护红线、环境质量底线、资源利用上线和环境准入负面清单"编制技术指南（试行)》，2017 年 12 月
《关于在国土空间规划中统筹划定落实三条控制线的指导意见》，2019 年 11 月
《关于加快推进永久基本农田核实整改补足和城镇开发边界划定工作的函》，2021 年 6 月

（一）严守生态保护红线

国土空间分为城镇空间、农业空间、生态空间，而生态保护红线是生态空间的最重要、最核心部分。所谓生态保护红线，是指在生态空间范围内具有特殊重要生态功能、必须强制性严格保护的区域，是保障和维护国家生态安全的底线和生命线，通常包括具有重要水源涵养、生物多样性维护、水土保持、防风固沙、海岸生态稳定等功能的生态功能重要区域，以及水土流失、土地沙化、石漠化、盐渍化等生态环境敏感脆弱区域。[①] 习近平总书记指出，"生态红线的观念一定要牢固树立起来"，"要精心研究和论证，究竟哪些要列

---

① 《十八大以来重要文献选编》（下），北京：中央文献出版社 2018 年版，第 576 页。

入生态红线，如何从制度上保障生态红线，把良好生态系统尽可能保护起来。列入后全党全国就要一体遵行，决不能逾越"①。

2012 年 3 月，环境保护部组织召开全国生态红线划定技术研讨会，邀请国内知名专家和主要省份环保厅（局）管理者对生态红线的概念、内涵、划定技术与方法进行了深入研讨和交流，并对全国生态红线划定工作进行了总体部署。10 月，生态红线技术组初步制定生态红线划定技术方法，形成《全国生态红线划定技术指南（初稿）》。2012 年底，环境保护部召开生态红线划定试点启动会，确定内蒙古、江西为红线划定试点。随后，湖北和广西也被列为红线划定试点。从 2013 年初起，我国生态保护红线划定工作在试点省份开展。在对试点生态红线区域实地调查的基础上，2014 年 1 月，环保部印发了《国家生态保护红线——生态功能基线划定技术指南（试行）》，成为中国首个生态保护红线划定的纲领性技术指导文件。2015 年 5 月，环保部在《国家生态保护红线——生态功能红线划定技术指南（试行）》基础上，进一步完善形成《生态保护红线划定技术指南》，指导全国生态保护红线划定工作。2015 年 11 月，环保部印发《关于开展生态保护红线管控试点工作的通知》，选择江苏、海南、湖北、重庆和沈阳开展生态保护红线管控试点，指导试点地区在生态保护红线区环境准入、绩效考核、生态补偿和监管等方面进行探索。2017 年，中共中央办公厅、国务院办公厅印发《关于划定并严守生态保护红线的若干意见》，要求全面开展生态保护红线划定和评估调整工作，形成一整套生态保护红线管控和激励措施。

我国生态红线保护的总体目标是，"2017 年年底前，京津冀区域、长江经济带沿线各省（直辖市）划定生态保护红线；2018 年年

---

① 《习近平关于社会主义生态文明建设论述摘编》，北京：中央文献出版社 2017 年版，第 99 页。

底前，其他省（自治区、直辖市）划定生态保护红线；2020 年年底前，全面完成全国生态保护红线划定，勘界定标，基本建立生态保护红线制度，国土生态空间得到优化和有效保护，生态功能保持稳定，国家生态安全格局更加完善。到 2030 年，生态保护红线布局进一步优化，生态保护红线制度有效实施，生态功能显著提升，国家生态安全得到全面保障"[1]。为划定和严守生态保护红线，我国作出了以下三项制度安排：

一是划定生态保护红线。

首先，明确划定范围。环境保护部、国家发展改革委会同有关部门，于 2017 年 6 月底前制定并发布生态保护红线划定技术规范，明确水源涵养、生物多样性维护、水土保持、防风固沙等生态功能重要区域，以及水土流失、土地沙化、石漠化、盐渍化等生态环境敏感脆弱区域的评价方法，识别生态功能重要区域和生态环境敏感脆弱区域的空间分布。将上述两类区域进行空间叠加，划入生态保护红线，涵盖所有国家级、省级禁止开发区域，以及有必要严格保护的其他各类保护地等。

其次，落实生态保护红线边界。按照保护需要和开发利用现状，主要结合以下几类界线将生态保护红线边界落地：自然边界，主要是依据地形地貌或生态系统完整性确定的边界，如林线、雪线、流域分界线，以及生态系统分布界线等；自然保护区、风景名胜区等各类保护地边界；江河、湖库，以及海岸等向陆域（或向海）延伸一定距离的边界；全国土地调查、地理国情普查等明确的地块边界。将生态保护红线落实到地块，明确生态系统类型、主要生态功能，通过自然资源统一确权登记明确用地性质与土地权属，形成生态保

---

[1] 《十八大以来重要文献选编（下）》，北京：中央文献出版社 2018 年版，第 577、578 页。

护红线全国"一张图"。在勘界基础上设立统一规范的标识标牌，确保生态保护红线落地准确、边界清晰。

二是严守生态保护红线。

首先，确立生态保护红线优先地位。生态保护红线划定后，相关规划要符合生态保护红线空间管控要求，不符合的要及时进行调整。空间规划编制要将生态保护红线作为重要基础，发挥生态保护红线对于国土空间开发的底线作用。

其次，明确属地管理责任。地方各级党委和政府是严守生态保护红线的责任主体，要将生态保护红线作为相关综合决策的重要依据和前提条件，履行好保护责任。建立目标责任制，把保护目标、任务和要求层层分解，落到实处。

最后，实行严格管控。生态保护红线原则上按禁止开发区域的要求进行管理。严禁不符合主体功能定位的各类开发活动，严禁任意改变用途。生态保护红线划定后，只能增加、不能减少，因国家重大基础设施、重大民生保障项目建设等需要调整的，由省级政府组织论证，提出调整方案，经环境保护部、国家发展改革委会同有关部门提出审核意见，报国务院批准后方可调整。

三是建立保护和修复生态保护红线的激励约束机制。

首先，要求以县级行政区为基本单元建立生态保护红线台账系统，制定实施生态系统保护与修复方案。分区分类开展受损生态系统修复，采取以封禁为主的自然恢复措施，辅以人工修复，改善和提升生态功能。有条件的地区，可逐步推进生态移民，有序推动人口适度集中安置，降低人类活动强度，减小生态压力。

其次，建立监测网络和监管平台。环境保护部、国家发展改革委、国土资源部会同有关部门建设和完善生态保护红线综合监测网络体系，充分发挥地面生态系统、环境、气象、水文水资源、水土保持、海洋等监测站点和卫星的生态监测能力，布设相对固定的生态保护红线监控点位，及时获取生态保护红线监测数据，提高生态保护红线管理决策科学化水平。实时监控人类干扰活动，及时发现破坏生态保护红线的行为，对监控发现的问题，依法依规进行处理。

最后，建立生态保护红线评价机制。从生态系统格局、质量和功能等方面，建立生态保护红线生态功能评价指标体系和方法，定期组织开展评价，及时掌握全国、重点区域、县域生态保护红线生态功能状况及动态变化，评价结果作为优化生态保护红线布局、安排县域生态保护补偿资金和实行领导干部生态环境损害责任追究的依据，并向社会公布。

到 2021 年 7 月，全国生态保护红线划定工作基本完成，初步划定的全国生态保护红线面积比例不低于陆域国土面积的 25%[①]，覆盖了重点生态功能区、生态环境敏感区和脆弱区，覆盖了全国生物多样性分布的关键区域，标志着我国生态保护红线制度基本建立。

（二）划定永久基本农田

耕地是我国最为宝贵的资源，是粮食生产的命根子，关系十几亿人吃饭的大事，必须保护好，绝不能有闪失。我国先天不足的农业资源禀赋，超多人口的粮食供给压力，使得耕地地力消耗过大，地下水开采过度，化肥农药大量使用，农业资源环境已不堪重负。在工业化和城镇化的进程中，耕地后备资源不断减少，耕地保护面临多重压力。党中央要求，"坚持最严格的耕地保护制度和最严格的节约用地制度，像保护大熊猫一样保护耕地，着力加强耕地数量、质量、生态'三位一体'保护""牢牢守住耕地红线……促进形成

---

① 《生态环境部：生态保护红线划定工作基本完成》，www.jjckb.cn/2021-07/08/c_ 1310049603. htm

保护更加有力、执行更加顺畅、管理更加高效的耕地保护新格局"①。

一是建立确保永久基本农田面积不减的制度。

要求粮食生产功能区和重要农产品生产保护区范围内的耕地要优先划入永久基本农田，实行重点保护。永久基本农田一经划定，任何单位和个人不得擅自占用或改变用途。建立耕地占补平衡责任落实机制，非农建设占用耕地的，建设单位必须依法履行补充耕地义务，无法自行补充数量、质量相当耕地的，应当按规定足额缴纳耕地开垦费。截至 2017 年 6 月底，永久基本农田划定工作总体完成，全国有划定任务的 2887 个县级行政区全部落到实地地块、明确保护责任、补齐标志界桩、建成信息表册、实现上图入库，划定成果 100% 通过省级验收，成果数据库 100% 通过质检复核。②

二是建立确保永久基本农田质量提升的制度。

土地肥力是衡量农田质量的关键指标，提高农田质量不能依赖于人工施肥，人工施肥在短时间内可以提高土地肥力，但是长此以往会导致土地碱化甚至产生毒性，20 世纪 60 年代出版的美国科普读物《寂静的春天》就证明了这点。实行耕地轮作休耕是顺应自然、尊重自然的最佳选择，耕地轮作休耕可以减轻开发利用强度、减少化肥农药投入，利于农业面源污染修复，缓解生态环境压力；可以调节土壤理化性状、改良土壤生态；还可以调整优化种植结构，增加紧缺农产品供给，满足多元化消费需求，全面提升农业供给体系的质量和效率。

2016 年，我国在具备较好条件的 9 个省份开展耕地轮作休耕制

① 《中共中央 国务院关于加强耕地保护和改进占补平衡的意见》，https：//www.gov.cn/zhengce/2017-01/23/content_ 5162649.htm

② 李海涛：《新时代中国特色社会主义发展战略》，北京：人民出版社 2019 年版，第 196 页。

度试点，试点面积 616 万亩，补助资金 14.36 亿元。[1]《探索实行耕地轮作休耕制度试点方案》要求，休耕期间采取土壤改良、培肥地力、污染修复等措施；加强对休耕地监管，禁止弃耕、严禁废耕；建立利益补偿机制，对承担轮作休耕任务农户的原有种植作物收益和土地管护投入给予必要补助，确保休耕不影响农民收入。同时，方案还提出了轮作休耕的具体技术路径，具有较强的操作性，如对于轮作，重点推广"一主四辅"种植模式；对于地下水漏斗区连续多年季节性休耕，实行"一季休耕、一季雨养"；重金属污染区连续多年休耕，采取施用石灰、翻耕、种植绿肥等农艺措施，以及生物移除、土壤重金属钝化等措施；生态严重退化地区连续休耕三年，改种防风固沙、涵养水分、保护耕作层的植物，同时减少农事活动，促进生态环境改善。

此后，试点规模不断扩大，试点面积由 616 万亩扩大到 3000 多万亩，试点省份由 9 个增加到 17 个；从实施范围看，在东北冷凉区、北方农牧交错区、河北地下水漏斗区、湖南重金属污染区、西南西北生态严重退化地区 5 个试点区域的基础上，逐步增加了黑龙江寒地井灌稻区、长江流域稻谷小麦低质低效区、黄淮海玉米大豆轮作区、新疆塔里木河流域地下水超采区等区域。轮作每亩补助 150 元，主要在东北等地扩大玉米种植、稳定大豆面积，在长江流域巩固双季稻，在南方地区开发冬闲田扩种冬油菜，在北方农牧交错带、东北、西北等地因地制宜发展花生等；休耕每亩补助 500 元，主要在地下水超采区、重金属污染区等实施[2]。这些试点的持续推进，初步探索了有效的组织方式、技术模式和政策框架，为轮作休耕常态

---

[1] 高云才：《让负重的耕地歇一歇》，载《人民日报》2018 年 2 月 27 日。
[2]《2021 年国家强农惠农富农政策措施》，载《农民文摘·2021 强农富农惠农政策专刊》2021 年第 6 期。

化奠定了坚实基础。

（三）划定城镇开发边界

城镇开发边界是在一定时期内因城镇发展需要，可以集中进行城镇开发建设、以城镇功能为主的区域边界，涉及城市、建制镇以及各类开发区等。①《关于加快推进永久基本农田核实整改补足和城镇开发边界划定工作的函》规定了城镇开发边界的九个规则，其中最为核心的五个规则有：一是守住自然生态安全边界，城镇开发边界不得侵占和破坏山水林田湖草沙的自然空间格局；二是将资源环境承载能力和国土空间开发适宜性评价结果作为划定城镇开发边界的重要基础，避让地质灾害风险区、蓄滞洪区等不适宜建设区域；三是贯彻"以水定城、以水定地、以水定人、以水定产"的原则，根据水资源约束底线和利用上限，引导人口、产业和用地的合理规模和布局；四是发挥好城市周边重要生态功能空间和永久基本农田对城市"摊大饼"式扩张的阻隔作用，重视区域协调发展，促进形成多中心、网络化、组团式的空间布局；五是城镇开发边界由一条或多条连续闭合的包络线组成，边界划定应充分利用河流、山川、交通基础设施等自然地理和地物边界，形态尽可能完整，便于识别和管理。

总之，"三条控制线"不能交叉冲突，当"三条控制线"出现矛盾时，必须强化底线约束，坚持保护优先，即生态保护红线要保证生态功能的系统性和完整性，坚持应保尽保、应划尽划，确保生态功能不降低、面积不减少、性质不改变；永久基本农田要保证适度合理的规模和稳定性，确保数量不减少、质量不降低；城镇开发边界要避让重要生态功能，不占或少占永久基本农田。划定并守住

---

① 《中共中央办公厅 国务院办公厅印发〈关于在国土空间规划中统筹划定落实三条控制线的指导意见〉》，载《中华人民共和国国务院公报》2019年11月20日。

"三条控制线",彰显了我国加强生态保护的底线原则和坚定决心。当然,"三条控制线"制度仍面临着不少挑战,"三线"不仅仅是表现在规划空间上的三条引导线,更重要的是要形成与之相配套的调查、监测、评估和考核等监管体系和标准规范,这些皆有待于更多的创新探索。

三、形成"五级三类四体系"国土空间规划体系

按照国家空间治理现代化的要求,目前,我国基本建立起整体性的国土空间规划体系,可以把它简单归纳为"五级三类四体系"。

"五级"是从纵向看,对应我国的行政管理体系,分五个层级,就是国家级、省级、市级、县级、乡镇级。其中国家级规划侧重战略性,省级规划侧重协调性,市县级和乡镇级规划侧重实施性。

"三类"是指规划的类型,分为总体规划、详细规划、相关的专项规划。总体规划强调的是规划的综合性,是对一定区域,如行政区全域范围涉及的国土空间保护、开发、利用、修复作出全局性的安排(详见表6-11)。

表6-11 国土空间总体规划

规划层级	规划内容	编制部门	性质
全国国土空间规划	对全国国土空间作出全局安排,是全国国土空间保护、开发、利用、修复的政策和总纲	由自然资源部会同相关部门组织编制,由党中央、国务院审定后印发	战略性
省级国土空间规划	对全国国土空间规划的落实,指导市县国土空间规划编制	由省级政府组织编制,经同级人大常委会审议后报国务院审批	协调性
市县和乡镇国土空间规划	对上级规划要求的细化落实和具体安排,可因地制宜,将市县与乡镇国土空间规划合并编制,也可以几个乡镇为单元编制	由当地人民政府组织编制	实施性

"四体系"是四个子体系,即规划编制审批体系、规划实施监督体系、法规政策体系、技术标准体系,这四个子体系共同构成国土空间规划体系。

详细规划强调实施性,一般是在市县以下组织编制,是对具体地块用途和开发强度等作出实施性安排,包括实施国土空间用途管制、核发城乡建设项目规划许可,进行各项建设的法定依据。在城镇开发边界外,还将村庄规划作为详细规划,进一步规范了村庄规划(详见表6-12)。

表6-12 国土空间详细规划

规划内容	编制部门
城镇开发边界内	由市县自然资源主管部门组织编制,报同级政府审批
城镇开发边界外的乡村地区	以一个或几个行政村为单元,由乡镇政府组织编制"多规合一"的实用性村庄规划,报上一级人民政府审批

相关的专项规划强调的是专门性,一般是由自然资源部门或者相关部门来组织编制,可在国家级、省级和市县级层面进行编制,特别是对特定的区域或者流域,为体现特定功能对空间开发保护利用作出的专门性安排(详见表6-13)。国土空间总体规划是详细规划的依据,是相关专项规划的基础;相关专项规划要互相协同,与详细规划做好衔接。

表6-13 国土空间专项规划

规划内容	编制部门
海岸带、自然保护地等专项规划以及跨行政区域或流域的国土空间规划	由所在区域或上一级政府自然资源主管部门牵头组织编制,报同级政府审批
交通、能源、水利等涉及空间利用的某一领域专项规划	由相关主管部门组织编制

总之，从深化"多规合一"改革到划定"三条控制线"，再到构建"五级三类四体系"的新时代国土空间规划体系，我国覆盖全域全类型、全面"严起来"的国土空间用途管控制度正在形成，自然资源全生命周期管理也已在全国多地成为现实。这些都为加快构建主体功能明显、优势互补、高质量发展的国土空间开发保护新格局奠定了重要基础。

第六节　建立山水林田湖草沙冰一体化治理机制

习近平总书记指出，"生态是统一的自然系统，是相互依存、紧密联系的有机链条。人的命脉在田，田的命脉在水，水的命脉在山，山的命脉在土，土的命脉在林和草，这个生命共同体是人类生存发展的物质基础"[1]。如果破坏了山、砍光了林，也就破坏了水，山就变成了秃山，水就变成了洪水，泥沙俱下，地就变成了没有养分的不毛之地，也必将导致水土流失、沟壑纵横，因此，必须从系统工程和全局角度寻求新的治理之道，不能再是头痛医头、脚痛医脚，各管一摊、相互掣肘，而是要统筹治水和治山、治水和治林、治水和治田、治山和治林等自然生态的各要素，统筹左右岸、上下游、陆上水上、地表地下、河流海洋、水生态水资源、污染防治与生态保护，整体施策，多措并举，"如果种树的只管种树、治水的只管治水、护田的单纯护田，很容易顾此失彼，最终造成生态的系统性破坏"[2]。

---

[1] 《习近平谈治国理政（第三卷）》，北京：外文出版社 2020 年版，第 363 页。

[2] 《习近平关于社会主义生态文明建设论述摘编》，北京：中央文献出版社 2017 年版，第 47 页。

2013 年 11 月 15 日在《习近平：关于〈中共中央关于全面深化改革若干重大问题的决定〉的说明》中首次提出"山水林田湖是一个生命共同体"的论断。2017 年 9 月，《建立国家公园体制总体方案》将"草"纳入了生命共同体，指出要"坚持将山水林田湖草作为一个生命共同体，统筹考虑保护与利用"①。2019 年 3 月 5 日，习近平总书记参加十三届全国人大二次会议内蒙古代表团审议时强调，"要加大生态系统保护力度。内蒙古有森林、草原、湿地、河流、湖泊、沙漠等多种自然形态，是一个长期形成的综合性生态系统，生态保护和修复必须进行综合治理"②，首次将沙漠也纳入了这一系统。2021 年 7 月 21 日，习近平总书记来到西藏，在听取雅鲁藏布江及尼洋河流域生态环境保护和自然保护区建设等情况时强调，雪域高原的冰雪是资源，也是独特的自然生态系统不可分割的一部分，在山水林田湖草沙之外，再加上一个"冰"字，提出要"坚持山水林田湖草沙冰一体化保护和系统治理"③。从"山水林田湖"到"山水林田湖草沙冰"，体现了中国共产党在统筹整体生态需求上的持续思考。依据山水林田湖草沙冰的共同体思想，党的十八大以来，我国生态文明制度建设主要开展了大部制改革、建立河长制和湖长制以及建立污染防治区域联动机制等创新举措。

一、组建生态环境部："大部制"带来"大环保"

过去多年来，生态环境方面的管理机构工作跨度很大，工业企业治理与工信部有关，农业污染治理与农业部有关，机动车污染与

① 《中共中央办公厅 国务院办公厅印发〈建立国家公园体制总体方案〉》，https://www.gov.cn/zhengce/2017-09/26/content_5227713.htm

② 于长洪等：《深情牵挂暖北疆——习近平总书记在内蒙古代表团的这五年》，载《瞭望》2022 年第 10 期。

③ 《青藏高原生态保护，总书记如此重视！》，https://baijiahao.baidu.com/s?id=1706168682155547223&wfr=spider&for=pc

交通部有关，水污染治理与水利部有关，土壤污染治理与国土部有关，很多问题都不是环保部门一家能够回答的。例如，发现村民的井水污染，以为要找环保部，但环保部说他们只管工业和餐饮排放，地下水归国土部门管；找到国土部，他们又说井水虽然属于地下水，但人饮用的井水检测则归卫生防疫部门。因此，生态环境治理长期以来存在多头管理、"九龙治水"、职责交叉重叠、权责不清晰、部分领域权责缺失等问题，由此带来了内耗较多、效率较低、监管不到位、"公地悲剧"等后果。

为了更加高效地推进生态文明建设，党的十九大报告对生态环境监管体制改革的诸多方面作出了重要部署。2018 年，《国务院机构改革方案》落实十九大报告的相关部署，将环境保护部的职责，国家发展和改革委员会的应对气候变化和减排职责，国土资源部的监督防止地下水污染职责，水利部的编制水功能区划、排污口设置管理、流域水环境保护职责，农业部的监督指导农业面源污染治理职责，国家海洋局的海洋保护职责，国务院南水北调工程建设委员会办公室的南水北调工程项目区环境保护职责整合，组建生态环境部作为国务院组成部门，不再保留环境保护部。2018 年 4 月 16 日上午，新组建的生态环境部正式挂牌。生态环境部的主要职责是，制定并组织实施生态环境政策、规划和标准，统一负责生态环境监测和执法工作，监督管理污染防治、核与辐射安全，组织开展中央生态环境保护督察等。

这是我国自 1974 年以来的第七次环保机构改革，从七次变革来看，环保工作由过去的工业污染防治到城市污染防治、农村污染防治，最后扩大到生态环境保护，赋予环保机构的人员编制和职责范围不断扩大，机构规格不断提升，体现了中央对环保工作越来越重视。

　　从环境保护部到生态环境部，虽然只是两个字的变动，却意味深长。大气圈、水圈、土圈之间存在着复杂的生物地球化学循环，是全球生态系统相互联系、相互影响、相互作用的子系统。以前，将生态保护和环境保护归属于不同的工作部门，不仅分割了生态保护工作和环境保护工作，也没有为环境保护工作提供一个根本性的依托，最终影响到了我国生态环境治理的整体水平。现在，在原环境保护部的基础上组建生态环境部，反映出我们在生态环境治理思路上的一个根本性转变，即立足于生命共同体这一大生态系统的基础，把原来分散的污染防治和生态保护职责统一起来，实现了"五个打通"：打通了地上和地下，打通了岸上和水里，打通了陆地和海洋，打通了城市和农村，打通了一氧化碳和二氧化碳，也就是统一了大气污染防治和气候变化应对。由一个部门统一部署，而非由多个部门来协调，这种统一行使生态和城乡各类污染排放监管与行政执法职责，统一负责生态环境监测和执法工作，统一监督管理污染防治、核与辐射安全的环境保护体制，使得治理全域国土上的各种生态环境污染责任就非常明确了，在后期进行监测、统计、考核、评价和奖惩时也更易操作，从而提高环境治理的效率，同时，扯皮推诿的事情可以大大减少，那些污染治理的灰色空间和监管盲区也可明显减少，从而确保监督、管理和治理无死角，以实现生态环境保护和治理的全覆盖。

　　生态环境部的组建不仅是统筹海陆空环境治理的需要，也有利于统筹国内节能减排和全球气候治理。应对气候变化涉及能源利用和二氧化碳排放等问题，二氧化碳本身不是污染物，却是造成温室气体变化的一种重要物质，因此，控制二氧化碳原本不属于环境污染治理的内容，不属于环保系统管理的问题。现在，将国家发展和改革委员会应对气候变化和减排职责并入生态环境部，把二氧化碳排放也纳入生态环境部的监管范围内，打通一氧化碳防治工作和二氧化碳防治工作，能够更加全面地监管排放物，实现了大气污染防治和全球气候变化应对的统一，有利于提升生态文明建设的总体成效。

除了组建生态环境部，"大部制"改革还组建了自然资源部和国家林业和草原局（国家公园管理局）。

二、建立河长制和湖长制

河流治理是生态文明建设和可持续发展战略的重要组成部分。据水利部和国家统计局 2013 年发布的《第一次全国水利普查公报》统计，我国共有流域面积 50 平方公里及以上河流共 45203 条，总长度达 150.85 万公里。常年水面面积 1 平方公里及以上天然湖泊 2865 个，湖泊水面总面积 7.80 万平方公里（不含跨国界湖泊境外面积）。随着经济社会的快速发展，我国河湖管理保护出现了一些新问题，如一些地方对河湖重开发轻保护，侵占河道、围垦湖泊、超标排污、非法采砂等现象时有发生，河道干涸、湖泊萎缩、水环境状况恶化、河湖功能退化等，给保障水安全带来严峻挑战。习近平总书记指出，"河川之危、水源之危是生存环境之危、民族存续之危"①。以前，一条河流分上游下游、水里岸上，治理部门多，权责难清，党的十八大以来，我国创新实施河长制和湖长制，让每条河流都有责任人，每条河流都有人管。

河长制最早是浙江省长兴县的创新举措。2003 年，浙江省长兴县为创建国家卫生城市，在卫生责任片区、道路、街道推出了片长、路长、里弄长，责任包干制的管理让城区面貌焕然一新。当年 10 月，县委办下发文件，对城区河流试行河长制，由时任水利局、环

---

① 《习近平关于社会主义生态文明建设论述摘编》，北京：中央文献出版社 2017 年版，第 53 页。

卫处负责人担任河长，对水系开展清淤、保洁等整治行动。包漾河是长兴的饮用水源地，当时周边散落着喷水织机厂家，污水直排河里，威胁着饮用水的安全。为改善饮用水源水质，2004 年，时任水口乡乡长被任命为包漾河的河长，负责喷水织机整治、河岸绿化、水面保洁和清淤疏浚等任务。河长制经验逐步扩展到包漾河周边的渚山港、夹山港、七百亩斗港等支流，由行政村干部担任河长。2008 年，长兴县委下发文件，由四位副县长分别担任四条入太湖河道的河长，所有乡镇班子成员担任辖区内的河道河长，由此县、镇、村三级河长制管理体系初步形成。2008 年起，浙江其他地区湖州、衢州、嘉兴、温州等地陆续试点推行河长制，水污染治理效果非常明显。①

党的十八大以来，中央政府将浙江省关于流域治理的成功经验推广到全国。2016 年 12 月，中共中央办公厅、国务院办公厅印发《关于全面推行河长制的意见》，明确提出在 2018 年底全面建立河长制。2017 年元旦，习近平总书记在新年贺词中发出"每条河流要有'河长'了"② 的号召。2018 年 1 月，中共中央办公厅、国务院办公厅印发《关于在湖泊实施湖长制的指导意见》，确定了全面推行湖长制的任务表、路线图。为推动河长制尽快从"有名"向"有实"转变，实现名副其实，取得实效，2018 年 10 月，水利部研究制定了《关于推动河长制从"有名"到"有实"的实施意见》。2020 年，党的十九届五中全会审议通过"十四五"规划建议，对强化河湖长制

---

① 光明日报调研组：《浙江探索实行河长制调查》，载《光明日报》2018 年 2 月 2 日。

② 《习近平主席新年贺词（2014—2018)》，北京：人民出版社 2018 年版，第 7 页。

作出部署，要求"完善河湖管理保护机制，强化河长制、湖长制"①。

河长湖长分为两类。一类是"官方河长"，由省、市、县、乡的主要领导担任河长湖长。"河长"是整个河流污染治理工作的直接负责人，如果"河长"工作职位过低，就容易在进行河流污染治理工作时遇到其他部门配合度不高的情况，使得治理工作难以推进。而"河长"由各级党政主要负责人担任，在治理河流污染问题时效率就高了很多。各省（自治区、直辖市）行政区域内主要河湖由省级负责同志担任河湖长；像长江、黄河这样的大江大河，跨越了若干个省份，要分级分段设立河长，由流经省份的省级领导担任，负责协调省内相关工作；跨市地级行政区域的河湖，原则上由省级负责同志担任河湖长；跨县级行政区域的河湖，原则上由市地级负责同志担任河湖长。各河湖所在市、县、乡均分级分段设立河湖长，由同级负责同志担任，实行网格化管理，确保所有水域都有明确的责任主体。广东、贵州、浙江等省份还在中央要求的四级河长体系基础上，将河长体系延伸至村一级，设立省、市、县、镇、村五级河长。

另一类是"民间河长"。各县区都聘请了当地企业负责人或者关心环境保护的居民担任"企业河长""百姓河长"。河长没有国籍限制，只要是热心河湖保护治理的人都可以成为河长，所以外国人也能当河长，被称为"洋河长"。目前，已有来自英国、荷兰、波兰、南非等不同国家的"洋河长"，主要开展河道日常巡查、河道垃圾清理、河道周边企业排污监督、及时上报发现的违法违规行为等。有一些"民间河长"是当地的民宿业主，在维护身边水环境、保护秀丽风景的同时也从中受益。需要强调的是，"民间河长"不能代替

---

① 《中华人民共和国国民经济和社会发展第十四个五年规划和2035年远景目标纲要》，北京：人民出版社2021年版，第121页。

"官方河长"的职能，各级党政领导要承担河道治理的主要责任，充分发挥"民间河长"的积极性，把河流管理和保护得更好。

各级河湖长负责组织领导相应河湖的河长会议制度、信息共享制度、工作督察制度，开展水资源保护、水域岸线管理、水污染防治、水环境治理等管理和保护工作，牵头组织对侵占河道、围垦湖泊、超标排污、非法采砂、破坏航道、电毒炸鱼等突出问题依法进行清理整治，对跨行政区域的河湖明晰管理责任，协调上下游、左右岸实行联防联控，督促相关部门单位按照职责分工，密切配合，落实责任，推进河湖管理保护工作由多头管水的"部门负责"向"首长负责、部门共治"迈进。

根据不同河湖存在的主要问题，各地建立差异化绩效评价考核机制，县级及以上河湖长负责组织对相应下一级河湖长进行考核，考核结果作为地方党政领导干部综合考核评价的重要依据。实行河湖生态环境损害责任终身追究制，对造成河湖面积萎缩、水体恶化、生态功能退化等生态环境损害的，严格按照有关规定追究相关单位和人员的责任。同时，政府部门还在河湖岸边显著位置竖立了河湖长公示牌，标明河道名称、河道长度、"河长""湖长"的姓名和职务、联系部门、管护目标、监督电话等内容，随时接受社会监督。

截至2018年6月底，全国31个省、自治区、直辖市已全面建立河长制，共明确省、市、县、乡四级河长30多万名，另有29个省份设立村级河长76万多名，打通了河长制"最后一公里"[1]，比中央要求的时间节点提前了半年，标志着流域治理实现了从突击治理到制度化治理的新阶段，江头江尾"同饮一江水"不再是梦想。各地建立"一河一档"，编制"一湖一策"，推进河湖管理范围划界，

---

[1] 刘诗平：《我国全面建立河长制　百万河长上岗》，载《经济日报》2018年7月17日。

120 万公里河流、1955 个湖泊首次明确管控边界。在各级河湖长的领导协调下，全国开展河湖"清四乱"（乱占、乱采、乱堆、乱建）专项行动、长江黄河岸线利用专项整治，集中清理整治河湖突出问题 18.5 万个，整治违建面积 4000 多万平方米，清除非法围堤 1 万多公里、河道内垃圾 4000 多万吨，清理非法占用岸线 3 万公里，打击非法采砂船 1.1 万多艘。实施华北地区地下水超采综合治理，部分地区地下水水位止跌回升，永定河、大清河、滹沱河、子牙河等多年断流河道实现全线贯通，白洋淀重放光彩。全国地级及以上城市黑臭水体基本消除，2020 年全国地表水 I 到 III 类水水质断面比例较 2016 年提高近 16 个百分点。[1] 实践证明，全面推行河湖长制完全符合我国国情、水情，是河湖保护治理领域根本性、开创性的重大举措，是一项具有强大生命力的重大制度创新。

继河长制和湖长制后，我国又分别在全国建立了省、市、县、乡四级林长制，四川、湖南等地正在探索实行"田长制"，将各级政府对河湖林田的环境质量负责的法定要求落实到具体人头，形成"一荣俱荣、一损俱损"的责任链条，由此把《中华人民共和国环境保护法》关于"地方各级人民政府应当对本辖区的环境质量负责"的规定落到了实处。

三、建立污染防治区域联动机制

水体和大气的流动具有跨区性甚至跨国性，局部地区的环境被污染或破坏，总会对其他地区造成影响和危害，如河流上游污染，下游遭殃；一个城市大气污染严重，其邻居也难免其幸。在京津冀、长三角和珠三角等区域，部分城市二氧化硫浓度受外来源的贡献率达 30% 至 40%，氮氧化物为 12% 至 20%，可吸入颗粒物为 16% 至

---

① 李国英：《强化河湖长制　建设幸福河湖》，载《人民日报》2021 年 12 月 8 日。

26%；区域内城市大气污染变化过程呈现明显的同步性，重污染天气一般在一天内先后出现。[①] 各个城市"各自为战"不可能解决区域性大气环境问题，而且若缺乏统一的权利义务均衡机制和交互配合体制，就会出现上游排污、下游遭殃或者上游造福、下游享福的不公平现象，利益博弈的结果就是谁都不愿意主动付出更多成本开展流动性自然要素的环境治理。因此，污染防治需要相关区域内各个地区建立一体化联动机制，也就是"区域视野，集体行动"。

我国最早的污染防治区域联动机制始于 2008 年奥运会筹备期间。为迎接 2008 年北京奥运会的到来，国家相关部门在奥运前期做了充足的准备工作，采取了相应的大气环境质量保护措施，以实现奥运期间人们能呼吸到新鲜的空气，同时在国际社会树立良好环境质量的国家形象。2006 年，国务院批准成立奥运会空气质量保障工作领导小组，批复《第 29 届奥运会北京空气质量保障措施》，规定奥运会前北京与周边的五省区市采取措施，重点控制和治理扬尘、燃煤等污染。奥运会期间，北京与河北等部分省市采取临时性的减排合作措施。面对日益严重的区域大气污染，2010 年 5 月，环保部等九部委共同制定《关于推进大气污染联防联控工作改善区域空气质量的指导意见》，这是我国首个专门针对区域性大气污染防治的综合性政策文件。

党的十八大以来，我国关于污染防治的重要文件如《重点区域大气污染防治"十二五"规划》（2012 年）、《大气污染防治行动计划》（2013 年）、《关于深入打好污染防治攻坚战的意见》（2021 年）等，对建立区域大气污染联防联控机制提出更加明确的要求。全国划分了 13 个大气污染防治重点区，其中京津冀、长三角、珠三角为

---

① 《重点区域大气污染防治"十二五"规划》，载《中国环保产业》 2013 年第 1 期。

复合型污染特别严重的地区，是我国开展大气污染联防联控工作的重点区域。大气污染联防联控的重点污染物是二氧化硫、氮氧化物、颗粒物、挥发性有机物等，重点行业是火电、钢铁、有色、石化、水泥、化工等，重点企业是对区域空气质量影响较大的企业，需解决的重点问题是酸雨、灰霾和光化学烟雾污染等。文件从联合执法监管、重大项目环境影响评价会商、环境信息共享、污染预警应急、空气质量监测体系等方面对区域大气污染联动防治机制进行了突破性创新。

在流域治理方面，我国也出台了一些污染防治区域联动机制的文件，如《重点流域水污染防治规划（2011—2015 年）》提出了流域污染防治统筹、流域协商、跨行政区断面水质考核等区域联动体制和机制，并要求流域所经各省级政府探索流域省际环境保护合作框架，建立定期会商制度和协作应急处置机制，积极推进跨界河流水污染突发事件的双边协调机制与应急处理能力建设，形成治污合力。2017 年的《按流域设置环境监管和行政执法机构试点方案》强调将流域作为管理单元，统筹上下游左右岸，理顺权责，优化流域环境监管和行政执法职能配置，实现流域环境保护统一规划、统一标准、统一环评、统一监测、统一执法，提高环境保护整体成效。

各地结合本地特点，相继制定了一系列区域联动防治具体政策，指导区域大气和流域污染联动防治实践。如 2013 年 2 月，为保障 2013 年南京亚青会和 2014 年南京青奥会的大气环境质量，南京市政府和常州市、镇江市、淮安市、扬州市、泰州市以及安徽省的滁州市、马鞍山市等相邻的七个地级市政府，打破省份之间以及地市之间的行政区划壁垒，签订《"绿色奥运"区域大气环境保障合作协议》。2013 年，广西和广东联合签署两省区跨界河流水污染联防联治协作框架协议，福建晋江和南安两市签署跨境流域水环境污染联防联治工作协议等。2013 年 9 月，环境保护部、发展改革委、工业和信息化部、财政部、住房城乡建设部、能源局联合发布了《京津冀及周边地区落实大气污染防治行动计划实施细则》，要求成立京津冀及周边地区大气污染防治协作机制，组织实施环评会商、联合执法、信息共享、预警应急等大气污染防治措施。

本文以京津冀大气污染防治区域联动机制为例，说明污染防治区域联动机制的运作机制。首先，京津冀三地统一大气排放物的标准，如统一实施机动车国五排放标准和油品标准，煤质标准和燃煤锅炉排放标准，空气重污染预警分级标准，规范预警发布、调整和解除程序等。其次，建立空气质量形势定期会商制度，当预判可能会有大范围的空气重污染发生时，由环保部统一调度，及时启动空气重污染预警，实施空气重污染应急措施。从 2020 年起，联动队伍从最初的京津冀三地，发展到山东、山西、河南、内蒙古也加入。每当发生区域性的重污染，七省区市联合会商，共享预报信息。再次，建立联动执法检查制度，根据工作计划或需要，由京津冀三地环保局（厅）定期或不定期统一人员调配、统一执法时间、统一执法重点开展联动执法，排查与处置跨行政区区域、流域重污染企业及环境污染问题、环境违法案件或突发环境污染事件；排查与处置位于区域饮用水源保护地、自然保护区等重要生态功能区内的排污企业；在国家重大活动保障、空气重污染、秸秆禁烧等特殊时期，联动排查与整治大气污染源；调查处理上级交办的重点案件。[①] 同时，京津冀三地环保局（厅）每年各牵头组织一至两次联合检查行动，互相派遣执法人员到对方辖区开展联合检查，并相互共享本辖区环境监察执法信息。最后，建立重点案件联合执法后督察制度，

---

① 倪元锦：《京津冀建立环境执法联动工作机制》，载《人民日报》 2015 年 11 月 27 日。

对同时涉及京津冀的重点环境违法案件联合进行环境行政执法后督察。此外，京津冀还开展了区域大气治理资金合作，北京市、天津市在 2015 年和 2016 年分别支持河北省四市大气污染治理资金 9.62 亿元和 8 亿元，其中北京市 2015 年和 2016 年连续支持河北 4.6 亿元和 5.02 亿元，极大促进了河北省相关地市的锅炉淘汰治理和散煤清洁化工作。

2019 年，京津冀三地的联动层级进一步下沉，在省级联动的基础上，下沉到区级。北京市 10 个远郊区均与河北、天津相邻县区市建立了联动执法机制。此举可有效避免地方环保监管的漏洞或盲区，区级的问题自行联动解决即可，省时省力，高效快捷。比如，2019 年 9 月，生态环境部移交给北京 6 处卫星遥感发现的散砂问题点位，涉及太行山东麓，而这些点位均位于北京房山区大石窝镇和河北省涞水县的交界处。北京市生态环境保护综合执法总队接到任务后，立即会同房山区大石窝镇政府，一起对照地域情况，发现要确定管辖范围很难，因为有些地块行政区划在北京，而土地权规划又在河北。两地多部门协商后确定策略，6 处污染点位得到了清理整顿。①

实践表明，京津冀大气污染区域防治联动机制取得了明显成效，区域空气质量得到了整体改善。2020 年 1 月至 11 月，京津冀及周边地区"2+26"城市 PM2.5 平均浓度 49 微克/立方米，同比下降 9.3%。在北京市 2020 年空气质量减排贡献比中，北京周边区域协同减排贡献率为 20% 至 30%。② 2021 年，北京市空气质量首次实现全面达标，PM2.5 年平均浓度从 2020 年的 38 微克/立方米下降到 2021 年的 33 微克/立方米。虽然只是几微克级别的变化，但反映到实际

---

① 骆倩雯：《协同联动打赢蓝天保卫战——大气治理北京实践系列报道之二》，载《北京日报》2021 年 1 月 11 日。

② 骆倩雯：《协同联动打赢蓝天保卫战——大气治理北京实践系列报道之二》，载《北京日报》2021 年 1 月 11 日。

改善成果上，却是里程碑式的突破①。久久为功的北京空气质量达标之路，也为全球治理大气污染贡献了"北京经验"。

第七节　构建完备的环境执法监督体系

习近平总书记指出，一些重大生态环境事件的背后"都有环保有关部门执法监督作用发挥不到位、强制力不够的问题"②，要在环境监管、环境执法上添一些"硬招"，"加大执法力度，对破坏生态环境的要严惩重罚。要大幅提高违法违规成本，对造成严重后果的要依法追究责任"。③ 党的十八大以来，我国进一步完善环境执法监督体系，推动环境执法全覆盖，对各类环境违法行为"零容忍"，对于推动建设美丽中国起到了极其重要的作用。

一、深化生态环境保护综合行政执法改革

所谓生态环境保护综合行政执法，是指整合环境保护和国土、农业、水利、海洋等部门相关污染防治和生态保护执法职责、队伍，统一实行生态环境保护执法。生态环境保护执法包括污染防治执法和生态保护执法两个主要方面。对污染防治执法领域而言，法律、标准体系较为健全，但执法权较为分散，个别领域存在"九龙治水"问题。以水污染防治执法为例，"地表水"执法由环保部门负责，"地下水"执法是由国土部门还是水利部门负责还存有争议；"岸

---

① 贺勇：《〈2021 年北京市生态环境公报〉发布——北京空气质量首次全面达标》，载《人民日报》（海外版）2022 年 5 月 18 日。

② 《习近平关于社会主义生态文明建设论述摘编》，北京：中央文献出版社 2017 年版，第 110 页。

③ 《习近平关于社会主义生态文明建设论述摘编》，北京：中央文献出版社 2017 年版，第 103 页。

上"的污染源执法由环保部门负责,"水上"的污染源执法由交通、海事、海洋等部门负责。执法权分散导致职责交叉不清,部门间协调不畅,同时也容易造成能力配置的重复浪费,多头执法。对生态保护执法领域而言,法律、标准体系以及执法事项和执法主体均较为分散。目前还没有针对生态保护执法的系统性专门立法,经过对法律和国务院行政法规的系统梳理,与生态保护高度相关的执法事项分散在《中华人民共和国水法》《中华人民共和国森林法》《中华人民共和国草原法》《中华人民共和国海洋环境保护法》《中华人民共和国防沙治沙法》等30多部法律法规中,涉及国土、水利、农业、林草、海洋、住建等部门,这些法律法规主要侧重于资源开发利用保护和生态建设,很多领域没有针对生态破坏的执法依据。党的十八大以来,我国着力解决环境执法不严格、不规范、不透明、不文明和不作为、乱作为等问题,与相关领域机构改革同步实施,统筹配置行政执法职能和执法资源,建立健全执行、监督、协作机制,给予相关环境执法部门以及专业部门政治上强有力的支持,给环境保护人员尤其是一线执法人员配备高科技的手段,从根本上改变了环境执法人员的弱势地位,解决了多头多层重复执法问题,基本做到了严格、规范、公正、文明执法。

表 6-14　生态环境保护行政执法的相关文件（2013—2022 年）

《关于加强环境保护与公安部门执法衔接配合工作的意见》,2013 年 11 月

《环境监察执法证件管理办法》,2013 年 12 月

《国务院办公厅关于加强环境监管执法的通知》,2014 年 11 月

《环境保护行政执法与刑事司法衔接工作办法》,2017 年 1 月

《按流域设置环境监管和行政执法机构试点方案》,2017 年 2 月

《关于深化生态环境保护综合行政执法改革的指导意见》,2018 年 12 月

《关于在生态环境系统推进行政执法公示制度执法全过程记录制度重大执法决定法制审核制度的实施意见》,2019 年 5 月

《国务院办公厅关于生态环境保护综合行政执法有关事项的通知》,2020 年 2 月

《生态环境保护综合行政执法事项指导目录（2020 年版)》,2020 年 3 月

（续表）

《关于对群众反映强烈的生态环境问题平时不作为、急时"一刀切"问题的专项整治方案》，2019 年 11 月
《生态环境保护综合行政执法装备标准化建设指导标准（2020 年版）》，2020 年 12 月
《"十四五"生态环境保护综合行政执法队伍建设规划》，2021 年 12 月

（一）优化执法机构和队伍

根据中央改革精神和相关的法律法规，我国整合了环境保护和国土、农业、水利、海洋等部门相关污染防治和生态保护执法职责，将环境保护部门污染防治、生态保护、核与辐射安全等方面的执法权，海洋部门海洋、海岛污染防治和生态保护等方面的执法权，国土部门地下水污染防治执法权，对因开发土地、矿藏等造成生态破坏的执法权，农业部门农业面源污染防治执法权，水利部门流域水生态环境保护执法权，林业部门对自然保护地内进行非法开矿、修路、筑坝、建设造成生态破坏的执法权整合到统一的生态环境部。按照编随事走、人随编走的原则，有序整合环境保护和国土、农业、水利、海洋、林业等部门相关污染防治和生态保护执法队伍，组建生态环境保护综合执法队伍。改革后，其他部门不再保留生态环境保护执法队伍。

同时，我国严把环境执法人员进口关，严禁将不符合行政执法类公务员管理规范要求的人员划入生态环境保护综合执法队伍，全面清理规范临时人员和编外聘用人员，严禁使用辅助人员执法。建立健全执法队伍管理制度，严格实行执法人员持证上岗、资格管理制度、考核奖惩制度以及立功表彰奖励机制。按照机构规范化、装备现代化、队伍专业化、管理制度化的要求，全面推进执法标准化建设，统一执法制式服装和标志，以及执法执勤用车（船艇）配备，努力打造政治强、本领高、作风硬、敢担当，特别能吃苦、特别能战斗、特别能奉献的生态环境保护执法铁军。

截至 2020 年 12 月底，全国共有 2883 个生态环保综合行政执法机构，比改革前减少 765 个。省一级出台的改革实施方案中，均将自然资源、农业、水利、林业等部门的生态环保相关执法事项纳入生态环保综合行政执法范围，一些地区还将内部职责与跨部门执法职责一并整合。① 全国执法队伍大约有 8 万人，占生态环境系统总人数的 1/3 以上，如，江西大幅加强市县生态环境执法力量，两级执法队伍编制由 1541 名增至 3194 名；上海行政执法编制由 610 个增加到 945 个；新疆生产建设兵团执法编制由 80 余个增加到 226 个，执法力量明显增强。② 执法证件、执法车辆、执法着装首次实现全国统一，生态环保综合行政执法队伍无论从职责上、承担的具体工作上、执法规范性上，还是人员数量上看，都是名副其实的"主力部队"。

（二）规范执法事项和程序

首先，明确执法层级。按照属地管理、重心下移的原则，减少执法层级，合理划分各级生态环境保护综合执法队伍的执法职责。省、自治区生态环境部门主要负责监督指导、重大案件查处和跨区域执法的组织协调工作，原则上不设执法队伍，要求已设立的执法队伍要进行有效整合、统筹安排。执法事项主要由市县两级生态环境保护综合执法队伍承担，设区的市生态环境保护综合执法队伍还应承担所辖区域内执法业务指导、组织协调和考核评价等职能。按照设区的市与市辖区原则上只设一个执法层级的要求，副省级城市、省辖市整合市区两级生态环境保护综合执法队伍，原则上组建市级生态环境保护综合执法队伍。

其次，清理执法事项。党的十八大以来，我国全面梳理、规范

---

① 郄建荣：《全国省市县级生态环保执法机构组建基本完成》，载《法治日报》2021 年 7 月 16 日。

② 对十三届全国人大四次会议第 5720 号建议的答复，https：//www. mee. gov. cn/xxgk2018/xxgk/xxgk13/202112/t20211207_ 963347. html

和精简了执法事项，实行环境执法事项清单管理制度。2020 年，我国出台《生态环境保护综合行政执法事项指导目录（2020 年版）》，对生态环保综合执法事项进行了整合，明确为 248 项。凡没有法律法规规章依据的执法事项一律取消，对长期未发生且无实施必要的、交叉重复的执法事项大力清理，最大限度减少不必要的执法事项，切实防止执法扰民。这些改革措施实施后，从国家层面厘清了生态环保综合行政执法职能和定位，并指导各级队伍规范制定权力清单和责任清单，推动建立权责明确、边界清晰的执法体制。

最后，规范执法程序。2019 年 5 月出台的《关于在生态环境系统推进行政执法公示制度执法全过程记录制度重大执法决定法制审核制度的实施意见》聚焦环境执法源头、过程、结果等关键环节，规范信息公示内容的标准、格式，规范文字、音像等方式记录行政执法全过程，规范归档保存，规范裁量范围、种类、幅度，实现全过程留痕和可回溯管理，对于促进生态环境保护综合执法队伍严格规范公正文明执法，切实保障人民群众合法环境权益，具有重要意义。

（三）健全环境行政执法与司法衔接机制

2013 年公安部与环保部联合制定了《关于加强环境保护与公安部门执法衔接配合工作的意见》，2017 年公安部、最高人民检察院、原环境保护部联合制定了《环境保护行政执法与刑事司法衔接工作办法》，要求各级环境保护部门与公安机关、人民检察院、人民法院之间要建立联动执法联席会议、常设联络员和重大案件会商督办等制度，完善案件移送、联合调查、信息共享和奖惩机制。移送和立案工作要接受人民检察院法律监督，发生重大环境污染事件等紧急情况时，要迅速启动联合调查程序，防止证据灭失。公安机关对涉嫌构成环境犯罪的，要及时依法立案侦查，实现行政执法和司法无缝衔接，坚决克服有案不移、有案难移、以罚代刑现象，进一步增强了运用治安管理处罚措施和刑法手段实现环境执法目的的能力。

以北京市为例，2017年，北京市环保局联合京津冀及全市有关部门开展联动执法，严厉查处各类环境污染违法行为，全市查处重大环境违法案件共938起，其中，环保和公安联合开展执法查处环境违法案件179起。如，2017年9月，北京市丰台区环保局对辖区某生产作坊进行现场检查，发现该作坊将着色过程中产生的废颜料等直接倒入下水道内。执法人员立即制止，并对部分产污设备、废颜料及原料进行扣押，实施查封。2017年，丰台区环保局曾两次对该单位排放含有毒物质的违法行为进行查处。在第三次检查中，又发现该单位同样的违法行为，丰台区环保局立即将此案件移送至公安部门，公安部门依法对犯罪嫌疑人杨某予以刑事拘留。丰台区人民法院对杨某作出一审判决："被告人犯污染环境罪，判处有期徒刑一年，并处罚金人民币二万元。"①

数据统计，2021年，全国法院系统审结一审环境资源案26.5万件，审结环境公益诉讼案4943件，同比增长38.97%；全国检察机关共办理公益诉讼案近17万件，其中生态环境和资源保护领域87679件，占公益诉讼案件总数的51.63%。2020—2022年，生态环境部、最高人民检察院、公安部连续三年组织开展严厉打击危险废物环境违法犯罪行为专项行动，查处涉及危险废物环境违法案11000余起，向公安机关移送2000多起，罚款8亿多元。②

（四）坚决禁止环境执法"一刀切"现象

在现实生活中，环境执法存在"一刀切""一律关停""先停再

① 《北京发布环保、公安联合执法十起典型案例》，载中国质量新闻网2018年2月6日。

② 孙金龙：《认真学习贯彻习近平法治思想 用最严格制度最严密法治推进美丽中国建设》，载《民主与法制》周刊2022年第33期。

说"等敷衍应付做法，如为减少冬季烧煤取暖导致的空气污染，近年来我国农村推行煤改气，但是在一些地方煤改气尚未完成，可冬季已至，一些百姓被迫采取烧煤或者烧秸秆等方式取暖，而当地环保部门却对这些老百姓通通采取禁烧或者罚款的处罚；一些企业一年内就被环保部门检查了 40 多次，但是检查的结果是这些企业基本上没有违法的行为。再好的初衷和目的，在执行和操作过程中都应注意文明和尺度，尤其不应粗暴限制人们的相关权利，否则，既有损政府公信，也容易招致对立情绪，得不偿失。对此，2019 年底，生态环境部组织召开"对群众反映强烈的生态环境问题平时不作为，急时'一刀切'问题"专项整治工作视频会，强调坚决制止漠视侵害群众利益的行为，坚决避免集中停工停业停产等简单粗暴行为，要求逐月梳理群众反映强烈和反复举报的问题，对守法情况好的企业要减少检查频次，简化环评程序；对采暖季仍未实现清洁取暖、洗浴的，要求地方按照限额供应质优价廉的洁净型煤，确保群众"温暖过冬"；严格执行畜禽养殖规范"九条"，明确在养殖档期内，比如鸡蛋正在孵化或母猪正在孕仔，不得强行关闭搬迁，而是必须小鸡出壳、母猪产仔后再关等，确保群众正常生产生活，落实生态惠民、生态利民、生态为民的原则立场，减轻企业负担。

总之，"十三五"时期，各级生态环境执法队伍全面推进生态环境保护综合行政执法改革，推动生态环境执法工作融入主战场，开创了新局面。一是推动生态环境法律法规落地见效取得新成绩。全国实施环境行政处罚案件 83.3 万件，罚款金额 536.1 亿元，分别较"十二五"期间增长 1.4 倍和 3.1 倍。二是打好污染防治攻坚战标志性战役收获新成效。持续开展大气重点区域监督帮扶，累计检查企业（点位）210 万个，帮助地方发现问题 27.2 万个，推动完成 6.2 万家涉气"散乱污"企业清理整顿；持续开展集中式饮用水水源地环境保护专项行动，完成全国 2804 个水源地 10363 个问题整治，累计取缔涉及水源保护区的违法排污口 6402 个，搬迁治理工业企业 1531 家；强力推进垃圾焚烧整治、"清废行动"及"洋垃圾专项行动"，推动 556 家垃圾焚烧发电厂、1302 台焚烧炉实现"装、树、联"，基本实现稳定达标排放。三是推进生态环境保护综合行政执法队伍建设取得新进步。生态环境保护综合行政执法队伍统一着装取得突破，连续 5 年开展"全年、全员、全过程"执法大练兵活动，培训人员近 12 万人次，实现执法人员岗位培训"全覆盖"，建成以移动执法系统为基础的生态环境监管执法平台，整合收录 130 万家污染源和 4.3 万名执法人员基础信息，初步实现执法工作和执法人员数字化管理。①

二、建立环保机构监测监察执法垂直管理体制

长期以来，由于属地管理模式下地方政府掌握环保部门的人权和财权，地方政府对当地环保部门的影响力要远远大于上级环保部门，地方政府追求 GDP 增长的惯性巨大，使一些地方重发展轻环保、干预环保监测监察执法，有法不依、执法不严、违法不究的现象大量存在，一些地方政府出台的限制环境监管执法的"土政策"花样繁多，屡禁不止，如在环评、打击环境违法的过程中，有时会接到当地领导"打招呼"的电话；在一些企业的大门上，也会挂上地方政府专门制作的"重点保护企业"的牌子，以规避环保监管；甚至出现环保干部因监管环境违法企业，却被当地政府集体停职的怪事。

针对地方保护主义对环境监测监察执法的干预问题，2015 年党的十八届五中全会提出要实行省级以下环保机构环境监测监察执法

---

① 《生态环境部印发〈"十四五"生态环境保护综合行政执法队伍建设规划〉》，载《中国环境监察》 2022 年第 1 期。

的垂直管理制度。2016年9月，中共中央办公厅、国务院办公厅印发的《关于省以下环保机构监测监察执法垂直管理制度改革试点工作的指导意见》提出，要调整地方环境保护管理体制，对地方各级政府在环境监测、监察与执法方面的事权划分进行了清晰界定。

首先，调整市县环保机构管理体制。县级环保局调整为市级环保局的派出分局，由市级环保局直接管理，领导班子成员由市级环保局任免。市级环保局实行以省级环保厅（局）为主的双重管理，仍为市级政府工作部门。省级环保厅（局）党组负责提名市级环保局局长、副局长；市级环保局党组书记、副书记、成员，征求市级党委意见后，由省级环保厅（局）党组审批任免。直辖市所属区县及省直辖县（市、区）环保局参照市级环保局实施改革。计划单列市、副省级城市环保局实行以省级环保厅（局）为主的双重管理。

其次，加强环境监察工作。将市县两级环保部门的环境监察职能上收，由省级环保部门统一行使，通过向市或跨市县区域派驻等形式实施环境监察。经省级政府授权，省级环保部门对本行政区域内各市县两级政府及相关部门环境保护法律法规、标准、政策、规划执行情况，一岗双责落实情况，以及环境质量责任落实情况进行监督检查，及时向省级党委和政府报告。

再次，调整环境监测管理体制。本省（自治区、直辖市）及所辖各市县生态环境质量监测、调查评价和考核工作由省级环保部门统一负责，实行生态环境质量省级监测、考核。现有市级环境监测机构调整为省级环保部门驻市环境监测机构，由省级环保部门直接管理，人员和工作经费由省级承担；领导班子成员由省级环保厅（局）任免。现有县级环境监测机构主要职能调整为执法监测，随县级环保局一并上收到市级，由市级承担人员和工作经费。

最后，调整环境执法工作体制。县级执法队伍随同级生态环境部门一并上收到设区的市，由设区的市生态环境局统一管理、统一指挥，由市级承担人员和工作经费。环境执法重心向市县下移，加强基层执法队伍建设，强化属地环境执法。

总之，将生态环境质量监测、环境监察职能以及环保局领导班子成员任免权"上收"，同时"下沉"执法力量，由市级环保局统一管理、统一指挥县级生态环境保护执法力量，这些"硬招"有效解决了环保干部"站得住顶不住，顶得住站不住"的老大难问题，环境执法人员"腰杆更硬了"，地方保护主义对生态环境监测执法的干预明显减少，地方环保部门"推开了推不开的大门，跨进了进不去的企业"，查办了一批过去查不动、罚不了的大案要案。如河北敬业钢铁有限公司是石家庄市平山县一家大型钢铁企业，也是当地第一利税大户，该企业在地方保护主义下长期存在无证排污、污染防治设施缺失等违法问题，在环境监察执法体制改革后，2018年河北省环保厅对河北敬业钢铁有限公司的4起环境违法行为依法立案处罚，破除了体制机制制约、地方保护主义、人为干扰弊端和监管盲区盲点。①

三、建立中央环保督察制度

过去，我国环境执法监管以"督查"为主，强调"督企"，主要检查和督促企业遵守环保政策法规、纠正环境违法行为。事实上，环境与发展关系的走向很大程度上受政府战略决策的影响，很多污染问题看似发生在企业，究其根源总会有政府的影子，地方政府对环境保护的态度才是决定环保政策能否落实的关键主体。尽管在"十一五"期间我国就建立了政府节能减排约束性指标，但是在现实

---

① 《着力破除地方保护主义 强化基层环境监管职能——省以下环保机构监测监察执法垂直管理制度改革成效综述》，https://www.gov.cn/xinwen/2018-05/29/content_5294596.htm

中，地方政府环保责任落实不到位的问题非常突出，成为制约生态文明建设的主要障碍。例如，素有"千湖之省"美誉的湖北省在2015年的考核工作中，生态环境类指标权重却从上年的13%～21%下降到6%～12%；除此之外，一些地市考核导向更不合理，荆门、潜江等地将招商引资任务完成情况列为环保部门年度评先评优的"一票否决"项。① 对环保指标考核不严的情况也大量存在，在重庆市2015年的环保考核中，31个区县的得分几乎相同；2015年郑州市空气质量下滑到全国倒数第三，环保目标考核未完成，却在全省的经济社会发展目标考核中列为优秀。② 为补齐地方政府环保责任难以落实的短板，党的十八大开始，我国一方面积极推动区域环保督察制度的法律化与规范化建设，另一方面转变了督查重点对象，从"督企"转向"督政"，创新建立环保督察制度，明确政府主体责任，推动地方政府环境保护的积极作为。

表6-15　中央环保督察的主要文件（2013—2022年）

《环境保护部约谈暂行办法》，2014年5月
《环境保护督察方案（试行）》，2015年7月
《中央生态环境保护督察工作规定》，2019年6月
《生态环境部约谈办法》，2020年8月
《中央生态环境保护督察整改工作办法》，2022年1月

2015年7月，中央全面深化改革领导小组第十四次会议审议通过《环境保护督察方案（试行）》，首次将各省、自治区、直辖市党委和部分地级市党委纳入监督范围，督察内容涵盖了地方对中央环境保护决策部署贯彻的落实情况等，标志着环境监管执法由从督查

---

① 丁瑶瑶：《第二批中央环保督察组晒7省（市）问题清单》，载《环境经济》2017年第7期。

② 郭施宏：《中央环保督察的制度逻辑与延续——基于督察制度的比较研究》，载《中国特色社会主义研究》2019年第5期。

到督察的转变。从督查到督察，一字之差，内容有实质的区别，督查是指监督和检查，而督察的对象特指党委和政府有关部门。也就是说，新时代以来，我国环境监管制度从以前单一查办企业到监企督政并重，并以督政为先，监管对象既有企业，也有党委和政府有关部门。

2016 年 1 月，被称为"环保钦差"的中央环保督察组亮相，由环保部牵头，中纪委、中组部的相关领导参加。首次环保督察试点设在河北。当年 5 月，中央环保督察组公布了在河北省督察的情况，按照边督边改的要求，共办结 31 批 2856 件环境问题举报，关停取缔非法企业 200 家，拘留 123 人，行政约谈 65 人，通报批评 60 人，责任追究 366 人。[①]

中央环保督察组的工作在河北试点后，分别于 2016 年 7 月和 11 月、2017 年 4 月和 8 月分四批开展 31 个省区市的环境保护督察，实现了中央环保督察全覆盖，在实践中探索构建起以三个督察层面、一个重要载体、八个压力传导机制、一个核心责任为主要内容的环保督察制度。

（一）三个督察层面

第一督察层面即中央环保督察，被视为全面诊断。首先，中央环保督察小组通过与省级领导访谈、调取资料、开会研究等方式对省级层面进行全面督察和了解情况；其次，基于督察省级时发现的问题线索，督查小组再下沉地市进行督察，通过多种方式进行问题搜集，例如调查取证、受理举报、走访问询和现场抽查等；最后，问题集梳理归档，将前两阶段发现的问题和分析结果反馈给相关部门，为制定整改方案和是否补充后续督察提供参考。

---

① 徐豪：《"不留情面"的中央环保督察：对违规部门逐个点名》，载《中国经济周刊》2017 年第 31 期。

第二督察层面是部长层面的专项性督查，是聚焦诊断。环保部就特定环境问题成立由部长和副部长带队的专门督查小组，进行空气质量和水质等的专项督查，重点督查地方党政在环境治理某一方面的不作为、慢作为、少作为、乱作为问题，党政责任同抓，将地方环境管理责任清单化，督促各级党委、政府及其有关部门落实责任。

第三督察层面是环监局和区域督查中心的例行性督查，视为常规诊断。环境监察局是环保部的直属司法部门，履行对地方环保部门的归口联系、业务指导、环境执法后督办等职能，其工作是常规性、常态化的例行性督查。区域督查中心是环保部的派出机构，主要负责辖区与跨区域环境执法情况和环境违法违规企业的定期督查，一方面强化环保主管部门链条的横向连接，另一方面打破环境让位经济的地方保护主义，规避地方政府与企业违法违规合作的风险。

（二）一个重要载体：环境行政约谈

环境行政约谈是行政约谈在环境领域的适用，研究环境约谈首先要明确何为行政约谈。我国学界对于行政约谈的定义看法比较一致，认为行政约谈是在行政相对人将要做出违法行为或已经做出违法行为时，为防止危害的发生或蔓延，行政主体运用协商对话机制，通过约请谈话的方式对行政相对人进行教育、预防、警告和监督的行为。行政约谈作为柔性执法手段，蕴含着"服务行政"的行政管理理念，体现了协商合作的精神。环境行政约谈，是指生态环境部约见未依法依规履行生态环境保护职责或履行职责不到位的地方人民政府及其相关部门负责人，或未落实生态环境保护主体责任的相关企业负责人，指出相关问题、听取情况说明、开展提醒谈话、提出整改建议的一种行政措施,① 其目的就是通过直接、公开约谈地方政府"一把手",对其施加压力,监督地方政府履行环保的主体责任。

2014年5月环保部印发《环境保护部约谈暂行办法》,这是专门针对环境行政约谈的中央层级的规范性文件。同年9月,环保部因污染减排目标责任书完成严重滞后,约谈了衡阳市市长,标志着环保约谈督政正式拉开序幕。环保约谈一定程度上打破了环境治理困境,提高了环境治理绩效,如临沂市被约谈后铁腕治污,倒逼企业转型,实现环境与经济"双赢",阵痛变重生;邯郸市因空气质量"爆表"被约谈,约谈后空气质量显著改善,稳居河北省前列。② 2020年8月,《生态环境部约谈办法》正式印发,从约谈范围、约谈主体及对象、约谈程序、约谈结果等方面对环保约谈制度进行了进一步完善,如新增了四种约谈情形,包括将对习近平总书记及其他中央领导同志作出重要指示批示的生态环境问题整改不力和对党中央、国务院交办事项落实不力,以及平时不作为、急时"一刀切"等问题纳入约谈重点内容等。

（三）八个压力传导机制

行政约谈更多是一种事前激励性措施,而八个压力传导机制则是多项事后惩罚性手段,侧重事后的相连责任追究惩戒。八个压力传导机制分别是区域限批、移交移送、行政问责、立案处罚、挂牌督办、限期整改、媒体曝光、事后督查,八个机制形成环环紧扣的链条,将中央问责高压传输给地方党政,促使地方政府尽快纠正环境违法违规行为。

---

① 《关于印发〈生态环境部约谈办法〉的通知》, https://www.gov.cn/zhengce/zhengceku/2020-08/27/content_ 5538024. htm

② 王蓉娟、吴建祖:《环保约谈制度何以有效?——基于29个案例的模糊集定性比较分析》,载《中国人口·资源与环境》2019年第12期。

（四）一个核心责任：党政同责

20世纪80年代以来，为提升国家治理能力、解决科层制内部运行的效率低下问题，很多国家开启了问责制的政府治理变革。西方公共行政学中常说的问责制是行政问责，是对行政官员过错行为进行惩戒的一种政府管理工具。对于我国而言，在中国共产党执政的社会主义政治制度安排下，我国的公共行政模式与西方国家有着显著差异，在实际工作中，党委享有重大经济社会事务的决策权。因此，如果全盘借鉴西方的行政问责模式，仅强调政府干部与其岗位相对应的行政责任，无疑会忽略更为关键的责任主体和责任内涵，出现权责不一、党委领导责任虚化等问题。

为实现权责一致，2015年《环境保护督察方案（试行）》和《党政领导干部生态环境损害责任追究办法（试行）》中规定各地区生态环境和资源保护责任由地方各级党委和政府共同承担，将党委及其领导成员纳为问责对象，抓住了环境治理问题的"牛鼻子"。比如在腾格里沙漠腹地排放污水案中，国家和甘肃有关部门经调查认定，武威市委、市政府负重要领导责任，凉州区委、区政府负主要领导责任，甘肃省环保厅负重要监管责任，武威市环保局负主要监管责任，凉州区环保局负直接监管责任，有关部门对14名国家机关工作人员依法依纪追责。[①]

第一轮督察从2015年底在河北省试点开始，用两年左右时间完成对全国31个省（区、市）和新疆生产建设兵团第一轮督察全覆盖。针对一些地方敷衍整改、表面整改、假装整改及"一刀切"的问题，2018年又分两批对20个省（区）第一轮督察整改情况开展"回头看"，并针对污染防治攻坚战七大标志性战役和有关重点领域

---

① 翟永冠、崔静、陈弘毅、杨维汉：《深改小组四份文件聚焦生态建设透露哪些新信号？》，https://www.gov.cn/zhengce/2015-07-05/content_ 2890451.htm

统筹开展专项督察。统计显示，第一轮督察及"回头看"总共约谈党政领导干部 18448 人，问责 18199 人，[1] 问责对象以基层干部为主，共受理群众举报 21.2 万余件，直接推动解决群众身边生态环境问题 15 万余件。[2]

总结第一轮环保督察的经验，2019 年 6 月，中共中央办公厅、国务院办公厅印发《中央生态环境保护督察工作规定》，进一步对中央生态环境保护督察工作进行规范。与《环境保护督察方案（试行）》不同的是，《中央生态环境保护督察工作规定》属于中国共产党党内法规的范畴，也是党在环境保护督察领域制定的第一部党内法规，显示了中国共产党高度重视环保督察的党内制度建设，把环保督察视为政党的重要事务而非单纯的行政机关事务。

2019 年 7 月，第二轮中央生态环境保护督察正式启动。与第一轮督察相比，第二轮督察有一些新变化：在督察对象上，将国务院有关部门和有关中央企业纳入了督察对象；在督察内容上，将聚焦污染防治攻坚战、聚焦"山水林田湖草"生命共同体，以大环保的视野来推动督察工作；在督察方式上，将进一步强化宣传工作，强化典型案例的发布，采用一些新技术、新方法，来提高督察效能。截至 2022 年 4 月 25 日，第二轮第六批 5 个中央生态环境保护督察组全面完成督察进驻工作，至此，第二轮中央生态环境保护督察实现了对 31 个省区市和新疆生产建设兵团的全覆盖。各督察组共收到群众来电、来信举报 16041 件，受理有效举报 13881 件，经梳理合并重复举报，累计向相关省（区）和兵团转办 11694 件。相关省（区）和兵团已办结或阶段办结 6952 件。其中，立案处罚 1299 家，立案

① 《首轮中央环保督察情况全反馈 31 省份有这些通病》，https：//www.xinhuanet.com/politics/2018-01/04/c_1122207914.htm

② 童克难：《勠力治污攻坚 守护绿水青山——贯彻新发展理念 深入打好污染防治攻坚战综述》，《中国环境报》2021 年 11 月 10 日。

侦查 62 件；约谈党政领导干部 257 人，问责党政领导干部 200 人。①

中央生态环境保护督察制度自 2015 年实施以来，不断改进和优化督察流程方法，不断完善督察制度体系。中共中央办公厅、国务院办公厅印发的《中央生态环境保护督察工作规定》和《中央生态环境保护督察整改工作办法》为督察工作顺利进行提供了坚强的制度保障。② 在这个制度体系中，有程序上的要求，有内容上的模板，有操作上的说明，有纪律上的规定，确保各个督察组的工作能够标准统一、工作有序，取得了"中央肯定、百姓点赞、各方支持、解决问题"的明显成效。

一是切实解决了一批群众身边的突出生态环境问题。中央生态环境保护督察始终坚持人民至上的原则，把水体黑臭、垃圾乱堆、油烟异味、噪声扰民等这些事关人民群众切身利益的"小问题"，作为督察关注的"大事情"，急群众所急、想群众所想，两轮中央生态环境保护督察公开曝光 262 个典型案例，累计受理转办群众生态环境信访举报 28.7 万件，已办结或者阶段办结了 28.6 万件。③ 比如，江西省南昌市麦园垃圾填埋场，场区垃圾和渗滤液产生的臭味问题突出，群众投诉强烈。在中央生态环境保护督察全力推动下，南昌市下大决心，累计投入约 35 亿元，对麦园垃圾填埋场开展全面彻底整治，使麦园垃圾填埋场环境问题在日常信访投诉中"归零"。④

二是敢于啃最硬的"骨头"，解最难的问题。中央生态环境保护

---

① 《第二轮第六批中央生态环境保护督察全面完成督察进驻工作》，https://www.cenews.com.cn/news.html? aid=971094

② 孙金龙、黄润秋：《坚决扛起中央生态环境保护督察政治责任》，载《人民日报》2022 年 8 月 4 日。

③ 《数读："中国这十年"生态环境保护成绩单》，https://www.mee.gov.cn/ywdt/xwfb/202209/t20220915_ 994077. shtml

④ 刘毅：《"咬住问题不放松"——中央生态环境保护督察成效综述之二》，载《人民日报》2022 年 7 月 11 日。

督察聚焦重大生态环境问题，紧盯甘肃祁连山生态破坏、陕西秦岭北麓违建别墅、青海木里矿区违法开采、长白山违建高尔夫球场和别墅、云南昆明长腰山过度开发等一批破坏生态环境的重大典型案件整改，推动解决了一批长期想解决而没有解决的问题，成为推动落实生态环境保护"党政同责、一岗双责"的硬招实招，有力促进了法律法规制度落地见效，得到人民群众的衷心拥护。如内蒙古呼伦湖、乌梁素海、岱海，是我国北方生态安全屏障的重要组成部分，习近平总书记曾多次提及"一湖两海"污染防治问题。2018 年中央生态环境保护督察"回头看"期间，督察组指出，内蒙古自治区及呼伦贝尔市在推进呼伦湖生态环境治理方面做了一些工作，但总体效果并不明显，工程项目随意调整，治理工作不严不实。内蒙古把督察压力化为治理动力，从"治湖泊"向"治流域"转变，使"一湖两海"生机盎然。呼伦贝尔市把呼伦湖保护治理作为筑牢生态安全屏障的"头号工程"，累计投资近 50 亿元，组织实施七大类 40 项保护治理项目。如今，保护治理取得积极成效，呼伦湖的一池碧水润泽草原、造福人民。[①]

三是促进了经济高质量发展。比如，环保督察倒逼新疆进行产业结构调整和产业布局，明确禁止"高污染、高能耗、高排放"的项目进疆；在广东东莞的华阳湖地区，之前污水、垃圾遍地，臭气熏天，经过这几年的整改，现在已华丽转身为国家级湿地公园。在一些地区，中央生态环保督察还解决了"劣币驱逐良币"的问题，通过对一些污染重、能耗高、排放多、技术水平低的"散乱污"企业的整治，有效规范了市场秩序，创造了公平的市场环境，从更深层次激发了生产要素的活力，使合法合规企业的生产效益逐步提升。

---

① 刘毅：《"咬住问题不放松"——中央生态环境保护督察成效综述之二》，载《人民日报》2022 年 7 月 11 日。

第八节　健全完善环境信息公开与公众参与制度

环境信息与公众的生产生活、身体健康和能否及时应对危机密切相关，是政府信息公开不可缺少的内容。环境信息公开可以使公众对政府环境管理的整个过程进行全面监督和客观评判，可以拓宽公众参与环境保护渠道、促进政府科学民主决策、提高环保部门的执行力和公信力、强化企业保护环境的社会责任意识，从而进一步建设和完善环境与发展的治理体系。党的十八大以来，我国完善环境信息的监测预警机制以确保环境信息的科学准确，健全环境信息的公开制度以确保公众的知情权，为推动环境保护公众参与提供了良好的平台，极大提升了我国环境治理的现代化水平。

一、完善环境监测预警机制

环境监测数据是客观评价环境质量状况、反映污染治理成效、实施环境管理与决策的基本依据。针对我国生态环境监测网络存在范围和要素覆盖不全，建设规划、标准规范与信息发布不统一，信息化水平和共享程度不高，监测与监管结合不紧密，地方不当干预环境监测行为时有发生，排污单位监测数据弄虚作假屡禁不止等突出问题，为提高监测的科学性、权威性和政府公信力，党的十八大以来，中央全面深化改革领导小组分别审议通过了《生态环境监测网络建设方案》《关于省以下环保机构监测监察执法垂直管理制度改革试点工作的指导意见》《关于深化环境监测改革提高环境监测数据质量的意见》等环境监测方面的改革文件，推动环境监测管理制度的改革，完善现代化生态环境监测体系，以更高标准保证监测数据"真、准、全、快、新"，有力支持生态环境质量持续改善。

表 6-16　关于环境监测预警制度的文件（2013—2022 年）

《生态环境监测网络建设方案》，2015 年 7 月
《环境监测数据弄虚作假行为判定及处理办法》，2015 年 12 月
《关于省以下环保机构监测监察执法垂直管理制度改革试点工作的指导意见》，
2016 年 9 月
《关于深化环境监测改革提高环境监测数据质量的意见》，2017 年 9 月
《关于建立资源环境承载能力监测预警长效机制的若干意见》，2017 年 9 月
《"十四五"生态环境监测规划》，2021 年 12 月

（一）全面设点，建立天空地一体化监测网络

党的十八大以来，生态环境部统一规划、整合优化环境质量监测点位，重点加强薄弱环节和县级监测网点布设，比如，着眼碳达峰碳中和目标落实和绿色低碳发展需要，新增碳监测评估业务。再比如，针对农村环境监测十分薄弱的现状，《"十四五"生态环境监测规划》提出，组织开展 3500 个特色村庄农村环境质量监测，指导各地实施灌溉规模 10 万亩及以上农田灌区用水、千吨万人及以上农村饮用水水源地、日处理能力 20 吨及以上农村生活污水处理设施出水、农村黑臭水体、非正规垃圾堆放点等专项监测。还有，我国要求重点排污单位必须依法安装使用污染源自动监测设备，确保监测数据完整有效。到 2020 年底，我国建成 1946 个国家地表水水质自动监测站，组建全国大气颗粒物组分和光化学监测网，布设 38880 个国家土壤环境监测点位并完成一轮监测，基本实现环境质量、生态质量、重点污染源监测全覆盖。①

同时，我国要求各级各类环境监测机构和排污单位要按照统一的环境监测标准规范开展监测活动，切实解决不同部门同类环境监测数据不一致、不可比的问题。到 2020 年底，我国累计发布监测标

---

① 《"十四五"生态环境监测规划》， https://www.mee.gov.cn/xxgk2018/xxgk03/202201/w020220121627956920736.pdf

准 1200 余项，检查国家和地方监测站点约 6.2 万个、监测机构 8000 余家，[①] 及时纠正不规范监测行为，以高质量的监测数据支撑践行"绿水青山就是金山银山"的理念。

（二）严厉惩处环境监测数据弄虚作假行为

随着环境监测市场的开放发展，承担监测数据的采集、分析工作的第三方机构越来越多。为规范环境监测市场，减少环境监测弄虚作假行为，党的十八大以来，我国建立"谁出数谁负责、谁签字谁负责"的环境监测数据责任追溯制度。2015 年 12 月出台的《环境监测数据弄虚作假行为判定及处理办法》，详细列出了篡改监测数据的 14 种情形、伪造监测数据的 8 种情形以及涉嫌指使篡改、伪造监测数据的 5 种行为，对排污单位或者环境监测机构存在监测数据弄虚作假行为的，予以列入不良记录名单、禁止其参与政府购买环境监测服务或政府委托项目等行政处罚。环境监测弄虚作假还首次被纳入《中华人民共和国刑法修正案（十一）》，适用"提供虚假证明文件罪""出具证明文件重大失实罪"，而涉嫌犯罪的排污单位或者环境监测机构，将被移交司法机关依法追究直接负责的主管人员和其他责任人的刑事责任，并对单位判处罚金。

为防范和惩治领导干部干预环境监测活动，我国对国家机关工作人员篡改、伪造的行为，依据《行政机关公务员处分条例》和《事业单位工作人员处分暂行规定》的有关规定予以处理；对党政领导干部指使篡改、伪造监测数据的行为，依据《党政领导干部生态环境损害责任追究办法（试行）》的有关规定予以处理。

近年来，各级环境保护、质量技术监督部门对环境监测机构开展"双随机"检查，持续保持高压态势，严厉打击监测数据弄虚作

---

① 《"十四五"生态环境监测规划》， https：//www. mee. gov. cn/xxgk2018/xxgk03/202201/w020220121627956920736. pdf

假行为，生态环境部还于 2020 年和 2021 年连续两年开展严厉打击重点排污单位自动监测数据弄虚作假环境违法犯罪专项行动，"保真""打假"两手发力，努力确保监测数据真实准确，"凡是弄虚作假的，一律严惩重罚，让他们'得不偿失'；凡是涉嫌犯罪的，一律依法追究刑事责任，绝不姑息"①。如，2022 年 4 月安徽省生态环境厅和省市场监管局联合对安徽省皖创环境检测有限公司进行了现场核查，发现该公司存在环境监测数据弄虚作假行为，查实其相关违法行为后，依法依规责令该公司停业整顿，处 22.5 万元罚款，对该公司主要负责人处 4.64 万元罚款。据了解，自 2019 年以来，安徽省已累计对 13 家涉及环境监测数据弄虚作假行为的机构进行处罚，罚款金额累计超过 250 万元。②

（三）建立监测预警评价结论统筹应用机制

党的十八大以来，我国要求结合国土普查每 5 年同步组织开展一次全国性资源环境承载能力评价，各地依据不同区域的资源环境承载能力监测预警评价结论，编制实施经济社会发展总体规划、专项规划和区域规划，合理调整优化产业规模和布局，引导各类市场主体按照资源环境承载能力谋划发展。对于超载地区，实时开展评价；对于临界超载地区，每年开展一次评价，动态了解和监测预警资源环境承载能力变化情况，同时通过书面通知、约谈或者公告等形式对地方政府进行预警提醒，督促相关地区转变发展方式，明确资源环境达标任务的时间表和路线图，降低资源环境压力，并将资源环境承载能力监测预警评价结论纳入领导干部绩效考核体系，将资源环境承载能力变化状况纳入领导干部自然资源资产离任审计

---

① 张伟：《如何确保环境监测数据真实？如何惩治造假？生态环境部答南方都市报》，载《南方都市报》 2022 年 5 月 27 日。

② 庄文倩：《环境监测数据弄虚作假　罚！》，载《江淮晨报》 2022 年 5 月 26 日。

范围。

二、建立企业环境信息强制性披露制度

依法开展环境信息披露是国际上落实企业环境责任的通行做法。1992 年的《里约环境与发展宣言》第 10 条规定："在国家一级，每一个人都应能适当地获得公共当局所持有的关于环境的资料，包括关于在其社区内的危险物质和活动的资料，并应有机会参与各项决策进程"①。2001 年 10 月 30 日联合国环境署宣布《在环境问题上获得信息、公众参与决策和诉诸法律的公约》（亦称《奥胡斯公约》）正式生效。《奥胡斯公约》在获得信息、公众参与和诉诸法律方面赋予公众权利，并为各缔约方和政府机构规定了义务，其中包括环境信息的公开内容和公开时限。到 2002 年 10 月第一次缔约方大会召开时，已经有 55 个国家和欧共体参加了该公约的大会，其中有 39 个国家和欧共体签署了该公约。现在，欧盟、美国等已经形成统一规范的企业环境信息披露形式与渠道，制定了较为严格的监督和惩戒机制，对于强化企业环境保护的社会责任具有重要作用。

我国于 2007 年制定了《环境信息公开办法（试行）》，这是第一个专门针对政府环境信息和企业环境信息公开的制度，具有里程碑意义。《环境信息公开办法（试行）》规定了政府环境信息公开的义务和范围，但是对于企业环境信息，除了污染物排放超标的企业，对其余企业仅做"自愿公开"的要求，企业信息披露远远滞后于政府的环境信息公开。由于企业环境信息的不透明，在 21 世纪的头十年，我国先后发生了宁波镇海炼化扩建项目、大连福佳 PX 项目、四川什邡钼铜项目、江苏启东王子造纸等项目引起的大规模群体抗议事件，这些群体性事件直接促使环保部 2012 年印发《关于发布〈建

---

① 万以诚等编：《新文明的路标》，长春：吉林人民出版社 2000 年版，第 39 页。

设项目环境影响报告书简本编制要求〉的公告》，要求各级环保部门在本部门网站上公示建设项目的环境影响评价报告书，并附审批部门联系人及联系方式。这一文件的出台成为企业环境信息公开规范的关键转折点。

党的十八大以来，我国着力推进企业环境信息披露制度建设，2016年，中国人民银行等七部门联合印发《关于构建绿色金融体系的指导意见》，提出要"逐步建立和完善上市公司和发债企业强制性环境信息披露制度"，要求按照三步走，从2017年开始，经过2018年，到2020年的12月要强制所有上市公司进行环境信息披露。但是，《中国上市公司环境责任信息披露评价报告（2020年度）》表明，截至2020年12月底，全国上市公司共计4418家，其中发布环境责任信息相关报告的企业有1135家，仅占上市公司总量的25.69%，而且上市公司因环保问题被通报或处罚后，未在其企业官网、企业社会责任报告或其他环境报告中披露相关信息。[1] 如，中国铝业集团广西有色稀土开发有限公司整改不到位、环境污染问题突出；中国铝业集团包头铝业有限公司环境管理粗放、污染扰民问题突出；中国建材集团齐齐哈尔市浩源水泥有限公司环境污染严重；中国建材集团祁连山水泥有限公司长期越界开采，披"迷彩服"假装恢复治理等。为进一步推动完善企业环境信息依法披露制度，我国提出《环境信息依法披露制度改革方案》，于2022年2月8日起正式施行《企业环境信息依法披露管理办法》，很大程度上解决了企业环境信息披露体系存在的内容零散、监管不足、信息质量差、信息获取难等问题，成为新时代我国环境信息公开制度建设的最大亮点。

---

[1] 李禾：《〈中国上市公司环境责任信息披露评价报告（2020年度）〉发布》，载《科技日报》2021年12月18日。

表 6-17 　关于企业环境信息公开制度的政策文件（2013—2022 年）

《国家重点监控企业污染源监督性监测及信息公开办法（试行）》，2013 年 7 月
《国家重点监控企业自行监测及信息公开办法（试行）》，2013 年 7 月
《关于加强污染源环境监管信息公开工作的通知》，2013 年 7 月
《污染源环境监管信息公开目录（第一批）》，2013 年 7 月
《建设项目环境影响评价政府信息公开指南（试行）》，2013 年 11 月
《环境信息依法披露制度改革方案》，2021 年 5 月
《企业环境信息依法披露管理办法》，2021 年 12 月

（一）明确企业环境信息强制性披露主体

《企业环境信息依法披露管理办法》聚焦重点企业和重要环境信息精准发力，将污染物排放量大、环境风险高、排放有毒有害物质、社会关注度高、与公民利益密切相关的企业确定为环境信息披露主体，主要有以下四类：一是重点排污单位；二是实施强制性清洁生产审核的企业；三是上一年度有因生态环境违法行为被追究刑事责任的、被依法处以十万元以上罚款的等六种情形之一的上市公司和发债企业，连续三年被纳入强制披露的名单；四是法律法规规定的其他应当披露环境信息的企业。

（二）明确企业环境信息强制性披露的形式和内容

各企业采用生态环境部统一制定的"企业环境信息依法披露格式准则"分别编制"年度环境信息依法披露报告"和"临时环境信息依法披露报告"，进行规范填报。

"企业年度环境信息依法披露报告"侧重常规性，包括企业基本信息，企业环境管理信息，碳排放信息，污染物产生、治理与排放信息，生态环境应急信息，生态环境违法信息等八项基本内容。此外，重点排污单位、实施强制性清洁生产审核的企业以及上市公司和发债企业还将额外披露其他相关信息。

"临时环境信息依法披露报告"侧重及时性。企业自收到相关法

律文书之日起五个工作日内，以临时环境信息依法披露报告的形式，披露生态环境行政许可事项变更、受到环境行政处罚、突发生态环境事件、生态环境损害赔偿等五项内容。

在时限上，《企业环境信息依法披露管理办法》要求企业应当于每年 3 月 15 日前披露上一年度 1 月 1 日至 12 月 31 日的环境信息。

（三）增强企业环境信息披露的规范性和易得性

《企业环境信息依法披露管理办法》要求企业环境信息披露要围绕公众、社会和市场关心的信息，使用符合监测标准规范的环境数据，不得有虚假记载、误导性陈述或者重大遗漏，便于环境管理部门科学统计归集环境信息。企业环境信息不仅要让公众"看得全"，还要让公众"看得懂""看得到"，披露的环境信息应当简明清晰、通俗易懂，减少描述性、一般性及专业性过强的信息，便于公众理解。同时，鼓励社会提供专业服务，完善第三方机构参与环境信息强制性披露的工作规范，引导咨询服务机构、行业协会商会等第三方机构为企业提供专业化信息披露市场服务，对披露的环境信息及相关内容提供合规咨询服务。此外，《企业环境信息依法披露管理办法》还要求生态环境主管部门将企业环境信息依法披露系统与信用信息共享平台、全国排污许可证管理信息平台、金融信用信息基础数据库等相关信息系统互联互通、共享共用，便于各有关部门获取使用。

（四）建立严格的监督与惩戒机制

根据《企业环境信息依法披露管理办法》规定，信息披露单位不披露环境信息，或者披露的环境信息不真实、不准确的，由设区的市级以上生态环境主管部门责令改正，通报批评，并可以处一万元以上十万元以下的罚款；对于披露不符合准则要求、超时限以及未将环境信息上传至披露系统的，或将面临五万元以下的罚款。同时，将环境信息强制性披露纳入企业信用管理，作为评价企业信用的重要指标，将企业违反环境信息强制性披露要求的行政处罚信息记入信用记录，有关部门依据企业信用状况，依法依规实施分级分类监管。

企业环境信息披露将与污染源相关的环境信息置于公众视野之中，不仅有利于提升公众对企业污染排放监督的有效性，而且可以通过为市场相关方提供全面准确的环境信息，引导社会对企业绿色低碳产品的判断与选择，从而发挥市场对环境资源配置的决定性作用，强化企业环保意识，增强企业污染物减排的自主性，有利于绿色技术的研发应用和环境污染治理第三方市场的发展，形成全社会推动产业绿色转型发展的合力。

三、完善环境保护公众参与制度

在地球上生活的每个人都是自然资源和生态环境的消费者，通过与自然环境之间的物质变换关系影响和改造自然界，因此，生态文明建设离不开公民的广泛参与。1973 年，我国第一次全国环境保护会议就制定了"全面规划，合理布局，综合利用，化害为利，依靠群众，大家动手，保护环境，造福人民"的三十二字方针，强调公众在环境保护中的重要作用。1979 年，《中华人民共和国环境保护法（试行）》颁布，其中第八条规定："公民对污染和破坏环境的单位和个人，有权监督、检举和控告。被检举、控告的单位和个人不得打击报复。"这为公众参与环境保护提供了最初的法律依据。但是，这个时期的环境保护公众参与主要是植树活动，公众在有关环境问题的决策中完全处于空场状态。

1992 年，苏州召开了具有里程碑式意义的全国首届环境教育会议，倡导建立具有中国特色的环境教育体系，为提高公众参与环境管理意识奠定了教育基础。再加上西方环保运动的影响，20 世纪 90

年代，我国各类民间环保组织如雨后春笋般出现，他们积极开展保护珍稀资源和环境监督活动，但是这个时期的环境保护公众参与主体是少数城市精英群体，部分环境利益相关者被卷入，参与主体依然游离在政策之外，绝大部分公众几乎没有环境保护的实质性参与行动。

21 世纪初，我国出台《环境影响评价公众参与暂行办法》《环境信访办法》《关于培育引导环保社会组织有序发展的指导意见》等文件，极大地调动了公众参与环境保护的积极性和主动性，但是也出现了盲目参与、过激参与等问题。

党的十八大以来，习近平总书记强调，"生态文明建设同每个人息息相关，每个人都应该做践行者、推动者"，要强化公民环境意识，把建设美丽中国化为人民自觉行动，"形成全社会共同参与的良好风尚"①。2014 年新修订的《中华人民共和国环境保护法》在总则中明确规定了"公众参与"原则，并对"信息公开和公众参与"进行专章规定，这也是首次以法律的形式确认了获取环境信息、参与和监督环境保护的具体权利。为贯彻落实党和国家对环境保护公众参与的具体要求，满足公众对良好生态环境的期待和参与环境保护事务的热情，也为了让公众参与环保事务的方式更加科学规范、参与渠道更加通畅透明、参与程度更加全面深入，避免出现盲目参与、过激参与等问题，我国于 2014 年 5 月出台《关于推进环境保护公众参与的指导意见》；同年 9 月，原环境保护部专门召开了全国环境保护公众参与研讨班，从理论和实践上对公众参与环保事务进行研讨；在此基础上，又于 2015 年 7 月出台《环境保护公众参与办法》，作为新修订的《中华人民共和国环境保护法》的重要配套细则，使环境保护公众参与具有了可操作性。此外，党的十八大以来，我国还

---

① 《习近平关于社会主义生态文明建设论述摘编》，北京：中央文献出版社 2017 年版，第 122 页。

制定了《公民生态环境行为规范（试行）》《绿色生活创建行动总体方案》《关于进一步推进生活垃圾分类工作的若干意见》等文件，从资源节约、绿色消费和低碳出行等方面为公众提供了行为规范参考，将公民参与环境保护落实到了日常生活，促使公民身体力行推动生态文明建设。

表6-18　关于环境保护公众参与的政策文件（2013—2022年）

《关于推进环境保护公众参与的指导意见》，2014年5月
《环境保护公众参与办法》，2015年7月
《公民生态环境行为规范（试行）》，2018年6月
《环境影响评价公众参与办法》，2018年9月
《绿色生活创建行动总体方案》，2019年10月
《关于进一步推进生活垃圾分类工作的若干意见》，2020年11月

（一）推进环境信息公开

信息公开是公众参与的前提，盲目的公众参与只能流于形式，"不明真相"的公众无法提出建设性的意见或诉求。我国相关制度规定，除法律法规规定的不得公开的环境信息外，各级环保部门应当主动公开环境信息。政府和环境保护行政主管部门要通过门户网站、政务微博、报刊、手机报等权威信息发布平台和新闻发布会、媒体通气会等便于公众知晓的方式，及时、准确、全面地公开环境管理信息和环境质量信息；要加强新闻发言人制度建设，及时回应群众关注的环保热点和焦点问题；要积极推动企业环境信息公开，定期公布重点企业污染物排放情况，监督企业公开污染物排放自行监测信息；开展企业环境信用等级评定工作，定期公布评定结果。

（二）畅通公众表达及诉求渠道

我国明确规定了环境保护主管部门可以通过征求意见、问卷调查，组织召开座谈会、专家论证会、听证会等方式开展公众参与环境保护活动，并对各种参与方式作了详细规定，如关于征求意见，

要求环境保护主管部门公布相关事项或者活动的背景资料、征求意见的起止时间、公众提交意见和建议的方式、联系部门和联系方式等信息；关于组织问卷调查，所设问题应当简单明确、通俗易懂，调查的人数及其范围应当综合考虑环境影响范围和程度、社会关注程度等因素；关于召开座谈会、专家论证会，应当提前将会议的时间、地点、议题、议程等事项通知参会人员，参会人员应当以相关专业领域专家、环保社会组织中的专业人士为主，同时应当邀请可能受相关事项或者活动直接影响的公民、法人和其他组织的代表参加。党的十八大以来，我国召开了专家论证会、民主听证会、居民论坛、乡村论坛等，充分运用"互联网+"思维，通过微信、微博或者专门的 App，打造形式多样的线下线上协商平台，为公众与国家机关工作人员、专业技术人员和环境利益相关方展开对话、协商提供了便捷渠道。

（三）明确公众环境参与重点领域

《关于推进环境保护公众参与的指导意见》明确了公众参与的重点领域，包括环境法规和政策制定、环境决策、环境监督、环境影响评价、环境宣传教育等。这五个领域是当前公众关注度高、影响面广、与公众生产生活息息相关的，故被列为优先加强环境保护公众参与力度的领域。大力推进环境法规和政策制定的公众参与将有助于使出台的环境政策更加科学合理；大力推进环境决策的公众参与，建立环境决策民意调查制，建立健全专家论证会制度等有利于提高环境决策民主化和科学化水平；大力推进环境监督的公众参与，建立环境保护特约检查员制度和环境保护监督员制度，有利于发挥群众监督力量，使之成为环境执法队伍的后备补充；大力推进环境影响评价的公众参与将很大程度上保障重大环保建设项目和规划项目的顺利进行，降低社会风险，减小环境群体性事件发生的可能性，减少资源浪费，打消各方疑虑，确保项目顺利推进和社会稳定和谐；大力推进环境宣传教育的公众参与，引导环保社会组织积极参与环境宣传教育和知识普及工作，有利于在全社会营造关心、支持、参与环境保护的文化氛围，树立尊重自然、顺应自然、保护自然的生态文明理念。

（四）建立环境保护公众参与的保障措施

我国政策规定，公民、法人和其他组织发现任何单位和个人有污染环境和破坏生态行为的，可以通过信函、传真、电子邮件、"12369"环保举报热线、政府网站等途径，向环境保护主管部门举报；环保部门可以对环保社会组织依法提起环境公益诉讼的行为予以支持，可以通过项目资助、购买服务等方式，支持引导社会组织参与环境保护活动；鼓励设立有奖举报专项资金，对保护和改善环境有显著成绩的单位和个人依法给予奖励，广泛凝聚社会力量，最大限度地形成治理环境污染和保护生态环境的合力。

比如，山东省通过政府购买环境监测数据的方式支持社会组织积极参与环境保护。2015年，山东将全省17市144个空气站的质量监测业务转让给了市场和企业，也就是说，政府不再直接负责日常环境监测事务，全部交给环保公司等专业机构来运营。环保部门主要负责质控考核，这既避免了可能的地方行政干预，也发挥了专业机构的专长，降低了成本。在"转让—经营"模式下，山东省设区、市空气站均运行稳定，设备运行率和数据准确率排名都居全省前列。如菏泽市实行新模式后，数据准确率由以前的84.4%大幅度提高到97.8%；据测算，实行"转让—经营"模式，全省空气站运行费用将降低15%左右。[①]

---

① 李禾：《公众参与　破解环保困局》，载《科技日报》2015年7月30日。

　　总之，环境保护公众参与回应了公众吁求，充分体现了社会主义民主法制的参与机制，对于缓解环保工作面临的复杂形势、构建新型的公众参与环境决策模式、化解社会风险、解决政府公关困境、消除公众误解、维护社会稳定均具有积极意义。《公民生态环境行为调查报告（2020年）》通过对我国公民关注生态环境、节约能源资源、践行绿色消费、选择低碳出行、分类投放垃圾、减少污染产生、呵护自然生态、参加环保实践、参与监督举报和共建美丽中国等十个方面的调查研究表明，公众生态环境行为总体有所提升，在呵护自然生态（91.5%的受访者基本不食用珍稀野生动植物）、选择低碳出行（68.5%的受访者经常做到）、节约资源能源（60.9%的受访者经常做到夏季空调温度设定不低于26℃）、分类投放垃圾（54.2%的受访者经常做到）、参与监督举报（55.6%的受访者参与过）和参加环保志愿活动（55.1%的受访者参与过）等方面表现相对较好，[①] 这说明我国基本构建起政府为主导、企业为主体、社会组织和公众共同参与的环境治理体系。调查中也发现，购买绿色食品、参与环境决策等方面表现得不尽如人意，这与公民受教育程度、环境保护知识水平、难以获得政府相关活动组织信息等方面有很大关系。随着社会文明程度的提高，我国环境保护公众参与制度将得到进一步落实和完善。

第九节　健全环境治理和生态保护市场体系

　　2013年11月，党的十八届三中全会提出"使市场在资源配置中

---

　　① 《公民生态环境行为调查报告（2020年）》，www.prcee.org/yjcg/yjbg/202007/t20200715_789385.html

起决定性作用"的新论断，进一步定义了在社会主义市场经济条件下政府和市场的关系。相应地，生态环境保护也要改变传统的以政府为主的要素组织和资源投入方式，通过价格杠杆和竞争机制，最大程度地调动微观经济主体的积极性、主动性和创造性，使要素和资源按照均衡、最优的方式投入生态环境保护领域。党的十八大以来，我国在运用财税金融工具、搭建市场交易平台、创新经济政策工具等方面进行了积极探索，逐步建立健全生态产品价值实现机制，促进绿水青山转化成金山银山，走出了一条生态优先、绿色发展的新路子，对于推动经济社会发展全面绿色转型具有重要意义。

一、构建 2.0 版绿色金融体系

绿色金融体系是指"通过绿色信贷、绿色债券、绿色股票指数和相关产品、绿色发展基金、绿色保险、碳金融等金融工具和相关政策支持经济向绿色化转型的制度安排"①。21 世纪初，我国探索发展绿色信贷、绿色债券、绿色保险等业务，动员和激励更多社会资本投入绿色产业，极大地促进了环保、新能源、节能等领域的技术进步，培育了新的经济增长点，提升了经济增长潜力。党的十八大以来，我国绿色金融在以上领域有了进一步的发展，2013 年原银监会正式颁发了《绿色信贷统计制度》，制定和印发了绿色信贷实施情况关键评价指标；2013 年 11 月，29 家主要银行代表中国银行业在福州签署了《中国银行业绿色信贷共同承诺》，承诺全面践行绿色信贷；2015 年，银监会制定和颁发了《能效信贷指引》，要求银行业机构在信贷活动中开展能效筛查，支持各类能效工程项目和能效合同项目，明确了能效信贷中风险控制的关键要素和操作要领；2015 年 12 月，国家发展改革委颁布了《绿色债券发行指引》，以绿色债

---

① 《关于构建绿色金融体系的指导意见》， https：//www.mee.gov.cn/gkml/hbb/gwy/201611/t20161124_ 368163.htm

券支持项目目录的方式，明确了绿色债券的适用范围、支持重点和审核要求。截至 2020 年 9 月，我国绿色信贷余额已经超过 11 万亿元，居世界第一；绿色债券的存量规模 1.2 万亿元，居世界第二位。全国 31 个省份均已开展环境污染强制责任保险试点。①

2015 年《生态文明体制改革总体方案》首次提出"建立绿色金融体系"总体目标。2016 年 8 月 31 日，中国人民银行、财政部、国家发展改革委、环保部、银监会、证监会、保监会等七部委联合印发《关于构建绿色金融体系的指导意见》，明确提出构建绿色金融体系的重点任务和具体措施，为绿色金融规范发展提供政策保障。在中国特色社会主义新时代，我国设立了国家绿色发展基金，鼓励通过政府和社会资本合作模式（PPP）发展绿色产业，特别是在建立企业环境信用评价制度方面有了实质性突破和明显成效。

（一）设立国家绿色发展基金

长期以来，我国企业在污染治理项目和环保产业发展方面，存在严重的融资难题，相关企业由于规模普遍较小，一般不具备上市资格，只能利用银行贷款和商业信用等融资方式。即便是能够进行银行贷款，也常常需要付出高昂的成本，不仅要上浮贷款利率，而且还要向担保公司、贷款银行支付不菲的担保费、抵押资产评估费、财务顾问费、业务咨询费等额外费用。设立国家绿色发展基金，体现了国家对绿色投资的引导和政策信号作用，可发挥中央财政投入的杠杆效应、乘数效应，引导资金流向生态环境领域，不仅能给打好污染防治攻坚战提供资金支持，同时还能创新生态环境领域投融资方式，也能有力缓解环保行业融资难的困境。这对发展环保产业、增强生态环境治理新动力、推动生态环境治理迈向中高端水平、促

---

① 昌校宇：《生态环境部：截至上半年绿色信贷余额已超 11 万亿元　居世界第一》，载《证券日报》2020 年 12 月 29 日。

进环境和经济社会可持续发展都具有重大意义。

2020 年 7 月 15 日，由财政部、生态环境部和上海市人民政府共同发起设立的国家绿色发展基金股份有限公司（以下简称"国家绿色发展基金"）在上海市揭牌。国家绿色发展基金整合原有节能环保等专项资金，首期募资规模为 885 亿元，以公司制形式参与市场化运作，股东共 26 位。其中，中华人民共和国财政部为第一大股东，持股比例为 11.30%；国家开发银行、中国银行、中国建设银行、中国工商银行、中国农业银行各持股 9.04%，交通银行持股比例为 8.47%，还包括长江经济带沿线 11 省（市）地方财政、部分金融机构和相关行业企业筹集的资金。① 这标志着历经 20 多年的曲折探索，生态环境保护领域第一个国家级政府投资基金终于开花结果，也标志着生态环境保护投融资机制改革取得了历史性突破和进展。

在基金的投向和使用上，国家绿色发展基金将坚持政策性、导向性、市场性的功能定位，实现"三个聚焦"：聚焦落实党中央、国务院确定的生态绿色环保中长期战略任务；聚焦引导社会资本投向大气、水、土壤、固体废物污染治理等外部性强的生态环境领域；聚焦推动形成绿色发展方式和生活方式，推动传统产业智能化、清洁化改造，加快发展节能环保产业，促进生态修复、国土空间绿化等绿色产业发展和经济高质量发展。目前，国家绿色发展基金已储备战略功能类、股权投资类、子基金类项目 80 个左右，对污水处理、垃圾焚烧、危废处理、清洁能源、电池回收利用、充电桩等十几个细分行业进行了分类支持。②

---

① 程亮、陈鹏等：《建立国家绿色发展基金：探索与展望》，载《环境保护》2020 年第 15 期。

② 同上。

（二）建立企业环境信用评价制度

为督促企业自觉履行环境保护法定义务和社会责任，并推动社会信用体系建设，党的十八大以来，我国推进企业环境信用体系建设，通过企业环境信用等级这一直观的方式，向公众披露企业环境行为实际表现，方便公众参与环境监督，还可以帮助银行等市场主体了解企业的环境信用和环境风险，作为其审查信贷等商业决策的重要参考。2013 年 12 月 18 日，环境保护部、国家发展改革委、中国人民银行、中国银监会印发《企业环境信用评价办法（试行）》和《企业环境信用评价指标及评分方法（试行）》，对企业环境信用的评价指标和等级、评价信息来源、评价程序、评价结果公开与共享、守信激励和失信惩戒等进行了较为细致的规定。

表 6-19　关于企业环境信用评价的政策文件（2013—2022 年）

《企业环境信用评价办法（试行）》，2013 年 12 月 《企业环境信用评价指标及评分方法（试行）》，2013 年 12 月 《关于加强企业环境信用体系建设的指导意见》，2015 年 11 月 《关于构建绿色金融体系的指导意见》，2016 年 8 月 《关于对环境保护领域失信生产经营单位及其有关人员开展联合惩戒的合作备忘录》，2016 年 7 月

一是明确企业环境信用评价工作的职责分工。省级环保部门负责组织国家重点监控企业的环境信用评价，其他参评企业的环境信用评价的管理职责由省级环保部门规定。环保部门也可以委托有能力的社会机构，开展企业环境信用评价工作。

二是明确应该纳入环境信用评价的企业范围。包括环境保护部公布的重点监控企业，地方环保部门公布的重点监控企业，重污染行业内企业，产能严重过剩行业内企业，可能对生态环境造成重大影响的企业，污染物排放超标、超总量企业，使用有毒、有害原料或者排放有毒、有害物质的企业，上一年度发生较大以上突发环境事件的企业，上一年度被处以 5 万元以上罚款、暂扣或者吊销许可证、责令停产整顿、挂牌督办的企业。

三是明确企业环境信用评价的等级、方法、指标和程序。企业环境信用等级分为环保诚信企业、环保良好企业、环保警示企业、环保不良企业 4 个等级，依次以"绿牌""蓝牌""黄牌""红牌"标示。评价指标主要包括污染防治、生态保护、环境监理、社会监督 4 个方面，共 21 项。同时，还规定了对在上一年度有未批先建、恶意偷排、构成环境犯罪等 14 种情形之一者，实行"一票否决"，直接评为环保不良企业（红牌）。

四是明确企业环境信用评价的结果运用。对于不同环境信用等级的四类企业，在环保专项资金、环保科技项目立项、污染物排放总量控制指标、环境执法监察频次、政府采购名录、评优评奖活动、信贷支持、环境污染责任保险费率等方面予以相应的激励性、约束性和惩罚性措施，构建环境保护"守信激励"和"失信惩戒"机制。

各地落实企业环境信用评价制度，陆续在省级平台公布了全省企业环境信用评价结果，将企业环境信用评价等级作为奖惩的重要参考依据，甚至依据企业环境信用评价等级实行差别电价、污水处理收费等，对于倒逼企业改善环境行为具有积极意义。

比如，温州某高新材料公司在 2019 年被温州市生态环境局永嘉分局评定为"红牌"环保信用不良企业。2019 年 9 月，该企业由于生产需要向银行申请新增资金贷款，银行告知该企业环保信用等级评价为红牌，已贷款的企业不能新增贷款，且贷款金额受限。经了解，该企业虽然完成了环境问题的整改，现已搬迁，并多次向环保部门申请环保信用等级修复，但因红牌企业环保修复需要 1 年的惩罚期限，该企业虽然已提交网上信用等级指标修复申请，但因 1 年惩戒期未到无法审核通过。企业也进一步认识到环境信用的重要性，表示要切实担当起企业的环保主体责任，认真做好各项环保污染治理工作。再比如，杭州市某公司 2019 年因超标排放水污染物、超标排放大气污染物等违法行为被该局立案查处，并分别予以行政处罚。杭州市生态环境局遂将该公司环境失信情况反馈给杭州市总工会，杭州市总工会实施联合奖惩措施，依照相关规定，取消了该公司 2020 年杭州市五一劳动奖状（章）的评选资格。

同时，环境信用好的企业会得到一系列奖励和激励。如，浙江遂昌利民科技有限公司近 3 年无环境违法行为，且持续加大环保治理设施的投入，推进环境污染治理工作，因此，丽水市生态环境局遂昌分局 2019 年安排污染治理奖补专项资金用于奖补该企业废气污染治理项目，激励企业治污积极性。再比如，2020 年 3 月 24 日，浙江巨泰药业有限公司等一批一年内无违法记录且在线监控数据稳定达标的环境信用优秀企业，被纳入生态环境监督执法"正面清单"。按照"正面清单"相关规定，衢州市生态环境局将不对这些企业进行现场执法检查，而是利用遥感、无人机巡查等科技手段开展非现场执法检查，最大程度减少对企业的干扰，助力企业复工复产和绿色发展。[①]

（三）创新 PPP 模式动员社会资本

2016 年 8 月的《关于构建绿色金融体系的指导意见》指出，要通过政府和社会资本合作（PPP）模式动员社会资本进入环保产业，"支持在绿色产业中引入 PPP 模式，鼓励将节能减排降碳、环保和其他绿色项目与各种相关高收益项目打捆，建立公共物品性质的绿色服务收费机制。推动完善绿色项目 PPP 相关法规规章，鼓励各地

---

① 《环境信用评价"正面"和"负面"典型案例，进来学习避免"踩坑"！》https：//www.cenews.com.cn/news.html？aid=83773

在总结现有 PPP 项目经验的基础上，出台更加具有操作性的实施细则。鼓励各类绿色发展基金支持以 PPP 模式操作的相关项目"①。

2017 年 2 月，我国首家全国性 PPP 资产交易平台在天津成立。2017 年 7 月，财政部、住房和城乡建设部、农业部和环境保护部联合发布的《关于政府参与的污水、垃圾处理项目全面实施 PPP 模式的通知》指出："拟对政府参与的污水、垃圾处理项目全面实施政府和社会资本合作（PPP）模式。"② 2018 年 10 月，国务院办公厅印发的《国务院办公厅关于保持基础设施领域补短板力度的指导意见》更是明确指出要聚焦生态环保等重点领域短板，加快推进已纳入规划的重大项目，"鼓励地方依法合规采用政府和社会资本合作（PPP）等方式，撬动社会资本特别是民间投资投入补短板重大项目。对经核查符合规定的政府和社会资本合作（PPP）项目加大推进力度，严格兑现合法合规的政策承诺，尽快落实建设条件"③。为进一步明确生态环保行业 PPP 项目重点领域，创新和完善 PPP 项目绩效管理，2019 年财政部 PPP 中心联合省财政厅就推进细分领域绩效指标体系研究工作达成一致意见，拟支持地方发布实施符合本地区情况的细分行业绩效指标体系和绩效评价方案，并初步选择污水、垃圾、黑臭水体等 4 个行业作为研究重点④。

PPP 模式应用于生态环境领域优势明显，不仅有助于破解我国在环境保护方面投资不足问题，盘活存量资产，扩大环保市场规模，

---

① 《关于构建绿色金融体系的指导意见》，https://www.mee.gov.cn/gkml/hbb/gwy/201611/t20161124_368163.htm。

② 《关于政府参与的污水、垃圾处理项目全面实施 PPP 模式的通知》，https://www.gov.cn/xinwen/2017-07/19/content_5211736.htm

③ 《国务院办公厅关于保持基础设施领域补短板力度的指导意见》，http://www.gov.cn/zhengce/content/2018-10/31/content_5336177.htm

④ 赵云皓、卢静、辛璐等：《怎么管好生态环境 PPP 项目?》，载《中国环境报》2020 年 8 月 6 日。

拓宽环保项目投融资的渠道，让环保企业在绿色发展领域发挥市场主导性优势，同时由于在 PPP 模式的环境保护项目里，施工一方通常就是项目的投资方，因此施工企业往往会加快项目的施工进程以提高效率，因而更加有利于全面提升我国生态环境公共产品与服务供给的质量与效率。生态环境治理领域 PPP 项目还是构建以政府为核心、企业为载体、社会公众参与的多元主体协同治理机制的具体实践，这对于推动国家生态环境治理能力现代化与创新环境保护体制改革具有重要意义。截至 2019 年底，全国生态环境 PPP 项目入库数量达 3196 个，总投资规模达 1.97 万亿元。从项目数量来看，污水处理项目最多，达到 1374 个，占比达到 42.99%；其次为综合治理项目，数量为 930 个，占比达到 29.10%；垃圾处理、垃圾发电项目数量分别为 510 个、121 个。[①] 自 2020 年以来，环保 PPP 项目已进入新的发展阶段。据全国 PPP 项目信息监测服务平台数据，截至2020 年 12 月，全国各地正在推进的 PPP 项目 7400 多个，总投资约10 万亿元。[②]

此外，党的十八大以来，我国还在绿色资产证券化、绿色抵押、绿色融资租赁等方面开展了创新探索，在众多领域实现了零的突破。如工商银行、农业银行、中国银行等机构发行了绿色银行债券，农业银行、华夏银行、光大银行等机构探索碳排放权、排污权质押融资方式，形成了包括节能减排技改项目融资、CDM 项目融资、节能服务商融资、绿色买方信贷、公用事业服务商融资、绿色融资租赁、排污权质押融资等丰富的绿色银行信贷体系，涵盖低碳经济、循环经济、生态经济三大领域，通过金融手段提高能源的利用效率、支

---

① 赵云皓、卢静、徐志杰等：《截至 2019 年底，生态环境 PPP 总投资达 1.97万亿元》，载《中国环境报》 2020 年 5 月 19 日。

② 张彦著、刘雨青：《我国生态环境领域 PPP 相关实践探析》，载《河北环境工程学院学报》 2022 年第 1 期。

持能源技术创新、助力生态农业循环发展、提高垃圾处理的效率、控制垃圾增长速度等，形成了一批可复制、可推广的有益经验。

二、完善和落实污染物排放许可制

污染物排放许可制简称"排污许可制"，是环境保护部门通过对企事业单位发放排污许可证，并依证监管污染物排放的环境管理制度。排污许可证是排污单位生产运营期排放行为的唯一行政许可。如第三章第二节所述，我国从 20 世纪 80 年代起就制定了排污许可制度，但是排污许可制度发展缓慢，有些地区存在重发证轻监管的问题，持证排污单位不按证排污、不达标排放的现象较为普遍，而针对无证排污、未按照要求标准排污等问题的制裁又缺少统一的标准，因而排污许可制度基本处于文件层面，在实践中少有落实。

党的十八大以来，完善和落实排污许可制度受到高度重视，大量的中央和国家文件频繁提出完善排污许可制度的要求。2013 年，《中共中央关于全面深化改革若干重大问题的决定》明确规定"完善污染物排放许可制"。2014 年修订的《中华人民共和国环境保护法》第 45 条规定，"国家依照法律规定实行排污许可管理制度。实行排污许可管理的企业事业单位和其他生产经营者应当按照排污许可证的要求排放污染物；未取得排污许可证的，不得排放污染物"[1]，对违反法律规定，未取得排污许可证排放污染物，被责令停止排污，拒不执行但尚不构成犯罪的，除依照有关法律规定予以处罚外，由县级以上人民政府环境保护主管部门或者其他有关部门将案件移送公安机关，对其直接负责的主管人员和其他直接责任人员，处十日以上十五日以下拘留；情节较轻的，处五日以上十日以下拘留。[2] 这

---

[1] 《中华人民共和国环境保护法（主席令第九号）》，https://www.gov.cn/zhengce/2014-04/25/content_ 2666434. htm

[2] 同上。

是我国第一次在《中华人民共和国环境保护法》中确立排污许可管理制度。2015 年，《中共中央 国务院关于加快推进生态文明建设的意见》在"完善生态环境监管制度"一节中规定，"建立严格监管所有污染物排放的环境保护管理制度。完善污染物排放许可证制度，禁止无证排污和超标准、超总量排污"①。2015 年，《生态文明体制改革总体方案》单独设立"完善污染物排放许可制"一节，规定"尽快在全国范围建立统一公平、覆盖所有固定污染源的企业排放许可制，依法核发排污许可证，排污者必须持证排污，禁止无证排污或不按许可证规定排污"②。2016 年，《中华人民共和国国民经济和社会发展第十三个五年规划纲要》提出"推进多污染物综合防治和统一监管，建立覆盖所有固定污染源的企业排放许可制，实行排污许可'一证式'管理"③。2018 年《中共中央 国务院关于全面加强生态环境保护 坚决打好污染防治攻坚战的意见》提出，"加快推行排污许可制度，对固定污染源实施全过程管理和多污染物协同控制，按行业、地区、时限核发排污许可证，全面落实企业治污责任，强化证后监管和处罚"，"2020 年，将排污许可证制度建设成为固定源环境管理核心制度，实现'一证式'管理"④。2019 年，《中共中央关于坚持和完善中国特色社会主义制度 推进国家治理体系和治理能力现代化若干重大问题的决定》规定，"构建以排污许可制为核心

---

① 环境保护部：《向污染宣战：党的十八大以来生态文明建设与环境保护重要文献选编》，北京：人民出版社 2016 年版，第 16 页。

② 环境保护部：《向污染宣战：党的十八大以来生态文明建设与环境保护重要文献选编》，北京：人民出版社 2016 年版，第 44 页。

③ 《中华人民共和国国民经济和社会发展第十三个五年规划纲要》，北京：人民出版社 2016 年版，第 112 页。

④ 《中共中央国务院关于全面加强生态环境保护坚决打好污染防治攻坚战的意见》，北京：人民出版社 2018 年版，第 27 页。

的固定污染源监管制度体系"①，再次确认了排污许可制的核心地位，并要求建立监管制度体系。

同时，关于排污许可制度的专门文件陆续出台。2021 年 1 月《排污许可管理条例》的出台进一步将排污许可管理由原来的部门规章上升到法律法规层级，实现了排污管理专项立法，明确了按证排污的法律地位，严格规定无证不得排污，确定"一证式"管理模式。《排污许可管理条例》对排污许可证的申请与审批、排污单位的主体责任、排污许可的事中事后监管等事项作出全面规定，为实践提供了细致有效的规范和指引，提高了排污许可制度的可行性、操作性和权威性。

表 6-20　排污许可制度的相关文件（2013—2022 年）

《控制污染物排放许可制实施方案》，2016 年 11 月
《排污许可证管理暂行规定》，2016 年 12 月
《固定污染源排污许可分类管理名录（2017 年版）》，2017 年 7 月
《排污许可管理办法（试行）》，2018 年 1 月
《固定污染源排污许可分类管理名录（2019 版）》，2019 年 12 月
《排污许可管理条例》，2021 年 1 月
《关于加强排污许可执法监管的指导意见》，2022 年 3 月

（一）明确污染物排放控制的主体责任

排污许可证不仅是排污资格证，而且还是排污行为的法律性要求和规范性要求载体。排污许可证记载的信息内容，包含污染物排放口位置和数量，污染物排放方式和排放去向，排放口设置及规范化管理要求，以及自行监测、环境管理台账记录、排污许可证执行报告等具体要求。载入排污许可证的内容既是排污单位满足排污许

---

① 《〈中共中央关于坚持和完善中国特色社会主义制度、推进国家治理体系和治理能力现代化若干重大问题的决定〉辅导读本》，北京：人民出版社 2019 年版，第 33 页。

可要求所需要实现的环保义务，也是排污许可证的一个守法公开承诺。排污单位要通过自行监测、提交执行报告等各种手段记录污染排放情况，并按照规定将有关信息公开，实现按证排污。上述要求使得排污单位履行污染物排放控制义务有法可依，也给排污单位强化对自身排放行为的管理和主动承担环境治理主体责任提供了明确依据。

（二）以排污许可证管理信息平台为载体，强化全过程监管

新时代的排污许可制突出排污许可证管理信息平台的作用，排污许可证的申请、审查与决定、信息公开等事项通过全国排污许可证管理信息平台办理；生态环境主管部门可以通过全国排污许可证管理信息平台监控排污单位的污染物排放情况，在平台上记录执法检查时间、内容、结果以及处罚决定；排污单位应当按照国家发布的76项排污许可技术规范、45项自行监测指南，如实在全国排污许可证管理信息平台上公开污染物排放信息。以排污许可证管理信息平台为统领，排污许可制形成了从排污许可、污染源监测、监管管理到许可符合性评价的闭环管理，避免了排污许可证业务办理和证后监管的流程割裂，解决了固定污染源数据的整合共享难题，也为社会监督与监管执法过程整合形成监管合力创造了条件。下一步，全国排污许可证管理信息平台还将为排污收费、环境统计、排污权交易等工作提供统一的污染物排放数据，有利于促进固定污染源管理的业务协同。

（三）建立排污许可分类管理制度

在世界上实行排污许可的其他主要国家或地区，排污许可制度大多并不要求覆盖所有的排污单位，而是针对不同环境要素的污染行为分开许可，或针对某一设备设施进行单独许可。前者如美国，其排污许可制度以其相应的环境法律为基础，由于对各类环境要素的许可证立法是相互独立的，美国实行的是单项许可证制度，即对

于不同环境要素中的污染行为分开许可；后者如德国，其排污许可制度以设备设施为许可对象，如果一个设施或设备会产生环境的影响或者以其他方式危害邻居或公众，使邻居或公众承担不利的负担，则应当取得许可。[①] 与之不同，我国的排污许可是生产运营期排污行为的唯一行政许可，该制度在改革之初就被赋予了普遍性。2016 年《中华人民共和国国民经济与社会发展第十三个五年规划纲要》提出，要推进多污染物综合防治和统一监管，建立覆盖所有固定污染源的企业排放许可制，实行排污许可"一证式"管理。这意味着我国的排污许可制度不是仅针对特殊主体，而是要覆盖所有的、数量极其庞大的污染物排放单位。

由于排污许可涉及的排污单位较多，各类排污单位的情况各有不同，不宜"一刀切"地实行同类管理。对此，《排污许可管理条例》特别规定了分类管理机制，对污染物产生量、排放量或者对环境的影响程度较大的排污单位，实行排污许可重点管理；对污染物产生量、排放量和对环境的影响程度较小的排污单位，实行排污许可简化管理；对污染物产生量、排放量和对环境的影响程度很小的企事业单位，则实行排污登记管理，只需要填报排污登记表，不需要申请取得排污许可证，并通过年度《固定污染源排污许可分类管理名录》予以落实，实现了对固定污染源的差别化、精细化管理。

（四）明确违规的惩罚性措施

《排污许可管理条例》详细列出了违规排污的各种情形，对之处以相应的惩罚。如，无证排污的，由生态环境主管部门责令改正或者限制生产、停产整治，处 20 万元以上 100 万元以下的罚款；以欺骗、贿赂等不正当手段申请取得排污许可证的，由审批部门依法撤

---

① 刘宁、汪劲：《〈排污许可管理条例〉的特点、挑战与应对》，载《环境保护》 2021 年第 9 期。

销其排污许可证，处 20 万元以上 50 万元以下的罚款，3 年内不得再次申请排污许可证；未按规定提交排污许可证执行报告的，处每次 5000 元以上 2 万元以下的罚款；不按证排污的，由生态环境主管部门责令改正，处 2 万元以上 20 万元以下的罚款。

以 2021 年全国各地排污许可领域的生态环境执法为例，江西省赣州市江西黑之宝生态农牧有限公司未取得排污许可证排放污染物，被处罚款 30 万元；广东省肇庆市珊西五金工艺（肇庆）有限公司未按照排污许可证的规定制定自行监测方案并开展自行监测案，也未按照排污许可证规定公开污染物排放信息，被处罚款 5 万元；重庆国豪食品有限公司超许可排放浓度排放水污染物，被处罚款 20 万元；黑龙江省双鸭山市华丰煤化工有限公司未如实记录环境管理台账，被处罚款 0.5 万元。[①] "截至 2021 年底，已组织全国将 304.24 万个固定污染源纳入排污许可管理范围，基本实现了固定污染源排污许可'全覆盖'，查处了各类违反《排污许可管理条例》的行政处罚案件 3500 余件，罚款 3 亿余元。"[②] 国家和地方持续通报违法典型案例，起到了比较好的震慑作用。

截至 2022 年 5 月，全国 330 多万个固定污染源全部纳入排污许可管理，其中核发排污许可证 35 万余张，实行排污许可登记 294 万多家，下达限期整改通知书 6000 多张，实现了排污许可环境监管的全覆盖。此外，对 40 多个排污量比较小的行业，将环评登记与排污许可登记管理合并，减轻了企业的负担。[③]

---

① 王仁宏：《无证排污、以欺骗手段获取排污许可证……8 家企业因违法违规排污等被通报》，finance. people. com. cn/n1/2022/0412/c1004-32396994. html
② 《中国严格执行排污许可制度　已查处各类行政处罚案 3500 余件》，ht-tps：//www. chinanews. com. cn/cj/2022/04-11/9726077. shtml
③ 高敬、吴雨：《生态环境部：排污许可环境监管已实现全覆盖》，www. news. cn/politics/2022-05/12/c_ 1128644897. htm

总之，党的十八大以来的排污许可制对我国固定污染源监管制度体系进行了全面的现代化变革：在法制体系上，解决了长期以来执行性法规缺失的问题，使得排污许可制的实施有法可依，从此企事业单位无证不能排污；在推行范围上，在全国范围统一推行，将地方开展的排污许可证工作逐步变更为按照国家规定统一发放排污许可证；在监管模式上，落实了企事业单位治污主体责任，实现了排污单位"要我守法"到"我要守法"的理念转变；在具体制度上，对排污许可制度与污染物排放总量控制制度、环境影响评价制度、环境监测、环境执法等制度的衔接融合作了修改完善，对自行监测数据的效力、异常情况报告等突出问题作了有针对性的规定；在实践层面，不仅对污染物产生量、排放量等定量标准，还对环境的影响程度等非定量标准，赋予了排污许可权责机关一定的裁量余地，有利于排污许可分类管理制度的落地与实施。

三、建立完善碳交易市场机制

20 世纪 80 年代以来，全球气温出现了明显的上升趋势，给人类社会的生存发展带来严峻挑战。科学研究发现，工业革命以来，人类活动排放了过多的温室气体，这是导致气候变暖的重要因素。这些温室气体大致有六种，其中大部分是二氧化碳。早在 1992 年，联合国环境与发展大会就通过了《联合国气候变化框架公约》，其主要的目的就是控制温室气体的排放，以应对气候变化带来的挑战，但这个公约只是制定了总体的目标和原则，却对各国不同阶段的具体行动目标没有明确的设定。为控制温室气体排放，国际社会进行了漫长而艰巨的谈判。1997 年 12 月在日本通过的《京都议定书》将市场机制作为解决以二氧化碳为代表的温室气体减排问题的新路径，即把二氧化碳排放权作为一种商品，形成二氧化碳排放权的交易，简称碳交易。《京都议定书》提出了三种碳交易机制：共同执行

（Joint Implementation，简称 JI）清洁发展机制（Clean Development Mechanism，简称 CDM），排放贸易（Emission Trading，简称 ET），其中，CDM 是发达国家和发展中国家之间的减排机制，主要是由发达国家向发展中国家提供额外的资金或技术转让，帮助发展中国家履行部分减排义务；JI 和 ET 是发达国家之间合作开展减排项目或相互出售减排指标。自 2005 年 2 月，《京都议定书》开始生效和实施以来，我国便以 CDM 的方式参与国际碳排放权交易，作为减排量的卖方获得了不少实质性的收益，这也成为我国风电、光伏、小水电等可再生能源项目快速发展的重要推动力之一。

（一）国内碳交易市场的试点启动阶段

2006 年，我国能源消耗量与二氧化碳排放量已超越美国，成为全球最大的二氧化碳排放国。虽然根据《联合国气候变化框架公约》和《京都议定书》中的"共同但有区别的责任"的原则，在短时间内我国没有义务承担温室气体的减排目标，但作为最大的温室气体排放国以及最大的发展中国家，我国一直在积极主动发展低碳经济，减缓温室气体排放，并以实际行动向国际社会作出减排承诺，应对气候变化。在 2009 年 12 月丹麦哥本哈根世界气候大会上，我国政府承诺以我国 2005 年单位 GDP 所产生的温室气体为基准，到 2020 年实现碳排放强度降低 40%～45% 的目标。

为实现节能减排目标，我国开始探索建立国内碳排放权交易市场，探索利用市场机制实现节能减排。2011 年 10 月，国家发展和改革委员会下发《关于开展碳排放权交易试点工作的通知》，批准在北京、上海、天津、深圳、重庆、湖北、广东等七省市开展碳排放权交易试点工作。试点工作启动以来，七个地方根据自身的产业结构、排放特征、减排目标等情况，设立专门管理机构，制定地方性法规，确定总量控制目标和覆盖范围，建立温室气体排放测量、报告和核查制度，制定配额分配方案，建立和开发交易系统和注册登记系统，建立市场监管体系，以及进行人员培训和能力建设等。

2013 年 6 月 18 日，深圳碳排放权交易平台正式上线交易，成为我国首个正式运行的碳交易市场。深圳根据自身产业结构特点和碳排放实际情况，重点将制造业、公共交通和大型公共建筑纳入管控范围，设计了同时覆盖生产端排放和消费端排放、可调控总量的碳排放交易体系。[①] 继深圳之后，上海、北京也陆续开展碳排放挂牌交易。截至 2014 年 6 月，七个试点全部成立碳交易市场。

七个碳市场交易试点独立运行，交易机制、配额方式及覆盖范围不同，在碳市场体系的设计和运行方面积累了经验。在实践中，试点碳交易市场减排成效初显，碳市场试点范围内的碳排放总量和强度保持双降趋势，如与 2014 年相比，2015 年、2016 年和 2017 年湖北试点碳市场纳入重点排放单位，碳排放分别下降了 3.14%、6.05% 和 2.59%，完成了控制温室气体排放的目标；上海试点 2019 年电力热力行业、石化化工行业、钢铁行业碳交易企业碳排放量分别下降 8.7%、12.6% 和 14%。[②] 生态环境部数据显示，截至 2021 年 6 月底，试点省市碳市场累计配额成交量 4.8 亿吨二氧化碳当量，成交额约 114 亿元。[③] 此外，由于碳排放管理直接影响到企业的盈利、投资和现金流，随着试点工作的持续推进，越来越多的企业通过参与碳市场交易提高了减碳意识，节能减排成了企业的自觉行为。

（二）全国碳市场建设启动

2014 年，在碳市场试点的基础上，我国比较和验证了各种不同

[①] 罗勉、曲静怡：《大胆探索市场机制　积极实践低碳发展——来自深圳市碳排放权交易试点的启示》，载《中国经济导报》 2014 年 2 月 15 日。

[②] 陈志斌、孙峥：《中国碳排放权交易市场发展历程——从试点到全国》，载《环境与可持续发展》 2021 年第 2 期。

[③] 《全国碳市场正式开市》，载《北京商报》 2021 年 7 月 16 日。

政策设计的适用性，开始进行全国碳市场制度的顶层设计和建设。

表 6-21　关于全国碳排放权交易的政策文件（2013—2022 年）

《碳排放权交易管理暂行办法》，2014 年 12 月

《国家发展改革委办公厅关于切实做好全国碳排放权交易市场启动重点工作的通知》，2016 年 1 月

《全国碳排放权交易市场建设方案（发电行业）》，2017 年 12 月

《碳排放权交易有关会计处理暂行规定》，2019 年 12 月

《碳排放权交易管理办法（试行）》，2020 年 12 月

《2019—2020 年全国碳排放权交易配额总量设定与分配实施方案（发电行业）》，2020 年 12 月

《碳排放权登记管理规则（试行）》，2021 年 5 月

《碳排放权交易管理规则（试行）》，2021 年 5 月

《碳排放权结算管理规则（试行）》，2021 年 5 月

2017 年 12 月，《全国碳排放权交易市场建设方案（发电行业）》的发布，标志着全国统一碳市场建设拉开帷幕。全国碳市场选择以发电行业为突破口，有两个方面的考虑：一是发电行业直接烧煤，所以发电行业的二氧化碳排放量比较大。包括自备电厂在内的全国 2000 多家发电行业重点排放单位，年排放二氧化碳超过了 40 亿吨，因此首先把发电行业作为首批启动行业，能够充分地发挥碳市场控制温室气体排放的积极作用；二是发电行业的管理制度相对健全，数据基础比较好。因为要交易，首先要有准确的数据。发电行业产品单一，排放数据的计量设施完备，整个行业的自动化管理程度高，数据管理规范，而且容易核实，配额分配简便易行。从国际经验看，发电行业都是各国碳市场优先选择纳入的行业。既然发电行业二氧化碳排放大、煤炭消费多，所以首先纳入，可以同时起到减污降碳协同的作用。①

① 吴晓璐：《生态环境部：全国碳市场选择以发电行业为突破口　有两方面考虑》，载《证券日报》2021 年 7 月 14 日。

2018 年，碳市场建设的具体技术性操作开始成为主要建设任务，如数据报送、注册登记等系统建设工作加速跟进。2019 年，随着相关基础工作的完成，以发电行业配额交易为主的全国统一碳市场进入重要的模拟、运行阶段。2020 年底，生态环境部印发规范性文件《2019—2020 年全国碳排放权交易配额总量设定与分配实施方案（发电行业）》，2225 家发电企业分到碳排放配额。经过近 3 年的准备与模拟运行，全国碳排放权交易于 2021 年 7 月 16 日开市，当日 9 点 30 分，首笔全国碳交易已经撮合成功，价格为每吨 52.78 元，总共成交 16 万吨，交易额为 790 万元。首批纳入发电行业重点排放单位 2162 家，覆盖约 45 亿吨二氧化碳排放量。这意味着中国的碳排放权交易市场一经启动，就成为全球覆盖温室气体排放量规模最大的碳市场。[①]

自 2021 年 7 月 16 日正式启动上线交易至 2021 年 12 月 31 日，全国碳市场已累计运行 114 个交易日，碳排放配额累计成交量 1.79 亿吨，累计成交额 76.61 亿元。按履约量计，履约完成率为 99.5%。2021 年 12 月 31 日收盘价 54.22 元/吨，较 7 月 16 日首日开盘价上涨 13%，市场运行健康有序，交易价格稳中有升，促进企业减排温室气体和加快绿色低碳转型的作用初步显现。[②]

（三）碳市场发展趋势展望

我国碳市场相较于发展较为成熟的欧盟碳市场，在流动性、价格、交易量等方面仍有较大差距，存在参与主体单一、交易方式局限于现货、流动性不足、碳价较低等问题，例如我国碳市场尽管配额规模 45 亿吨，欧盟碳交易市场不到 20 亿吨，但欧盟碳交易的换

---

① 田泓、寇江泽等《全球最大规模碳市场"开张" 助力双碳目标 推进绿色发展》，载《人民日报》 2021 年 7 月 22 日。

② 刘毅、寇江泽：《碳排放配额累计成交量 1.79 亿吨》，载《人民日报》（海外版）2022 年 1 月 4 日。

手率却是我国的 100 倍之多。[①] 2021 年 10 月 24 日发布的《中共中央 国务院关于完整准确全面贯彻新发展理念做好碳达峰碳中和工作的意见》为碳达峰碳中和这项重大工作进行了系统谋划、总体部署，明确提出要加快建设完善全国碳排放权交易市场，逐步扩大市场覆盖范围，丰富交易品种和交易方式，完善配额分配管理。

全国碳市场起步阶段只纳入了电力的排控企业，接下来将覆盖更多的主体，包括电力、能源、钢铁、有色金属、石化化工、建材、交通、建筑八大重点行业要纳入碳交易市场。目前生态环境部已经委托钢铁建材等行业进行碳核算，覆盖更多的参与主体是必然趋势。目前我国的配额是免费分配方式，从境外经验来看，未来应该会逐步过渡到拍卖的方式，同时加入市场交易中的配额占总排放量的比例也要进一步提升。配额的确定方式都将会有更明确的轨迹线，与碳中和的最终目标相衔接。

特别说明的是，林业碳汇将成为未来碳交易市场的热点。在国际碳信用市场上，林业碳汇已经取代可再生能源，成为碳信用签发量的主要来源。林业碳汇是目前最经济的碳吸收手段，去除二氧化碳的成本在 10 美元/吨至 50 美元/吨，其余途径成本均高于100 美元/吨，[②] 此外，森林等植物群落碳吸收效果佳，林业碳汇单位产出高，科学研究显示，森林每生长 1 立方米的蓄积量，平均能吸收 1.83 吨二氧化碳，释放 1.62 吨氧气。[③] 根据《2020 年中国碳价调查报告》预测，全国碳市场的平均价格预期会从 2020 年的 49 元/吨

---

① 梅德文等：《全球碳交易所运作机制对中国的启示》，载《现代金融导刊》2022 年第 4 期。

② 黄俊毅：《林业碳汇交易还有哪些坎》，载《经济日报》 2022 年 1 月 11 日。

③ 尚文博、焦玉海、贾达明：《应对气候变化 林业低碳前行》，载《中国绿色时报》 2010 年 3 月 5 日。

上升至 2025 年的 71 元/吨，并在 2030 年增至 93 元/吨。[①] 2021 年 8 月，国家林业和草原局、国家发展和改革委员会联合印发的《"十四五"林业草原保护发展规划纲要》提出了"十四五"林草事业发展的 12 个主要目标，其中有两项约束性指标，即森林覆盖率达到 24.1%，森林蓄积量达到 190 亿立方米，[②] 可见，我国林业碳汇具有巨大市场潜力。因此，《中共中央 国务院关于完整准确全面贯彻新发展理念做好碳达峰碳中和工作的意见》提出"将碳汇交易纳入全国碳排放权交易市场，建立健全能够体现碳汇价值的生态保护补偿机制"。

比如，2021 年 3 月，福建省三明市探索构建林业"碳票"制度。碳票就是林地林木的碳减排量收益权的凭证，相当于这片林子的固碳氧功能可以作为资产、进行交易的"身份证"，同时，开展林业碳汇质押贷款，开发以林业碳汇收益权质押的"碳汇贷"等绿色金融产品，以碳汇项目的预期收益作为信用基础进行贷款，促进林业碳汇产品的价值实现。2021 年，全市林业碳汇实现交易金额 1912 万元，林业碳汇产品交易量和交易金额均为全省第一。[③] 三明市的碳汇交易市场机制提高了村集体、村民、林业经营主体等开展育林造林和生态保护的积极性，增强了生态产品供给，有效盘活了沉睡的林业资源资产，打通了森林资源生态价值向经济效益转化的通道，推动形成"保护者受益、使用者付费"的利益导向机制，实现了生态美、产业兴、百姓富的有机统一。

---

① 《碳中和专题报告：2020 年中国碳价调查》，https://www.vzkoo.com/read/a2130a32f41278d7b3715867028fd4fc.html

② 迟诚：《〈"十四五"林业草原保护发展规划纲要〉印发》，载《中国绿色时报》2021 年 8 月 19 日。

③ 高建进：《福建三明：林票加碳票，青山变"金山"》，载《光明日报》2022 年 4 月 19 日。

2024 年 1 月，我国公布《碳排放权交易管理暂行条例》，首次以行政法规形式明确了碳排放权市场交易制度，全国碳市场建设有了详细指南。党的二十大报告指出，"实现碳达峰碳中和是一场广泛而深刻的经济社会系统性变革"，要"立足我国能源资源禀赋，坚持先立后破，有计划分步骤实施碳达峰行动"，从碳排放总量控制"逐步转向碳排放总量和强度'双控'制度"，"完善碳排放统计核算制度"，"提升生态系统碳汇能力"。[①] 在新征程上，我国碳排放权交易制度将不断更新完善，全国碳市场的交易产品和方式将进一步丰富，必定推动实现我国关于力争于 2030 年前二氧化碳排放达到峰值的国际承诺和努力争取于 2060 年前实现碳中和的愿景，履行大国责任，展现大国担当。

第十节　完善生态文明绩效评价考核和责任追究制度

生态文明建设成效如何，党中央、国务院确定的重大目标任务有没有实现，老百姓在生态环境改善上的获得感怎样，需要有一把尺子来衡量、来检验。党的十八大以来，党中央、国务院围绕生态文明建设作出一系列部署，《中共中央 国务院关于加快推进生态文明建设的意见》和《生态文明体制改革总体方案》等重大文件均要求建立能体现生态文明要求的目标体系、考核办法、奖惩机制，要"构建充分反映资源消耗、环境损害和生态效益的生态文明绩效评价考核和责任追究制度，着力解决发展绩效评价不全面、责任落实不

---

① 《习近平：高举中国特色社会主义伟大旗帜　为全面建设社会主义现代化国家而团结奋斗——在中国共产党第二十次全国代表大会上的报告》，cpc. people. com. cn/20th/n1/2022/1025/c448334-32551580. html

到位、损害责任追究缺失等问题"①。对此，我国研究制定了可操作的绿色发展指标体系，建立了生态文明建设目标评价考核办法，基本形成以更加注重资源节约、环境友好和生态保育为主要特征的领导干部在任考核、离任审计以及终身问责的制度体系，对地方政府和领导干部起到了很强的指挥棒作用，激发了各级政府部门和广大干部的积极性、主动性和创造性，推进形成了生态文明建设的强大动力。

一、建立生态文明目标评价考核体系

自"十一五"以来，环境保护评价考核逐步走向约束性考核，成为生态文明建设中的一个重要"指南针"。党的十八大进一步强调，"要把资源消耗、环境损害、生态效益纳入经济社会发展评价体系，建立体现生态文明要求的目标体系、考核办法、奖惩机制"②。党的十八届三中全会则指出要"完善发展成果考核评价体系，纠正单纯以经济增长速度评定政绩的偏向"③，加大资源消耗、环境损害、生态效益等指标的权重。2013 年 12 月，中共中央组织部印发《关于改进地方党政领导班子和领导干部政绩考核工作的通知》，要求完善干部政绩考核评价指标，根据不同地区、不同层级领导班子和领导干部的职责要求，设置各有侧重、各有特色的考核指标，把有质量、有效益、可持续的经济发展和民生改善、社会和谐进步、生态文明建设、党的建设等作为考核评价的重要内容。强化约束性指标考核，

---

① 环境保护部：《向污染宣战：党的十八大以来生态文明建设与环境保护重要文献选编》，北京：人民出版社 2016 年版，第 33 页。

② 《坚定不移沿着中国特色社会主义道路前进　为全面建成小康社会而奋斗——在中国共产党第十八次全国代表大会上的报告》，北京：人民出版社 2012 年版，第 41 页。

③ 《中共中央关于全面深化改革若干重大问题的决定》，北京：人民出版社 2013 年版，第 20、21 页。

加大资源消耗、环境保护、消化产能过剩等指标的权重。对限制开发区域和生态脆弱的国家扶贫开发工作重点县取消地区生产总值考核。"十一五"规划和"十二五"规划关于资源环境的约束性指标分别有三个和八个,"十三五"规划的生态环境指标则增加至九项。

同时,国家相关部门也陆续推出了衡量生态文明建设情况的指标体系,如国家海洋局发布《关于开展"海洋生态文明示范区"建设工作的意见》,提出了优化沿海地区产业结构、加强污染物入海排放管控等任务;水利部印发《水利部关于开展全国水生态文明建设试点工作的通知》,提出要研究制定水生态文明建设评价指标体系;原环境保护部印发了《国家生态文明建设试点示范区指标(试行)》的通知,提出了建设生态文明试点示范县(含县级市、区)和生态文明试点示范市(含地级行政区)的指标体系,由生态经济、生态环境、生态人居、生态制度和生态文化五大系统组成;原农业部下发《农业部"美丽乡村"创建目标体系》,设置了产业发展、生活舒适、民生和谐、文化传承、支撑保障五个方面的 20 项指标;原国家林业局印发《推进生态文明建设规划纲要(2013—2020 年)》,制定了包括到 2020 年森林覆盖率、森林蓄积量、湿地保有量、自然湿地保护率、新增沙化土地治理面积、义务植树尽责率等指标在内的指标体系;由国家发展改革委、财政部、原国土资源部、水利部、原农业部和原国家林业局联合制定的《国家生态文明先行示范区建设方案(试行)》推出国家生态文明先行示范区建设指标体系,由经济发展质量、资源能源节约利用、生态建设与环境保护、生态文化培育和体制机制建设构成。但是,这些指标体系明显打上了各自部门的烙印,具有一定的行业特色。各部门从各自角度解读生态文明,使指标体系基本上都侧重局部,而且指标体系之间存在矛盾或重复,导致地方政府面临多种考核标准,反复提供相同数据,进行许多重复性的工作，在一定程度上影响了生态文明建设合理有序开展。

为规范生态文明建设目标评价考核工作，2016 年 12 月，中共中央办公厅、国务院办公厅联合印发《生态文明建设目标评价考核办法》，对生态文明建设目标评价考核的方式、主体、对象、内容、时间及结果应用、组织协调、能力保障等作出制度规范和具体规定。据此，国家发展改革委、国家统计局、生态环境部、中央组织部等部门在 2016 年底共同印发了《绿色发展指标体系》和《生态文明建设考核目标体系》，为开展生态文明建设评价考核提供依据，这是我国首次建立的国家层面的生态文明建设目标评价考核制度，标志着统一的生态文明建设目标评价考核体系正式形成。

（一）"年度评价"与"五年考核"相结合

生态文明建设目标考核采取年度评价和五年考核相结合的方式，既监测评价每年的绿色发展进展成效，也综合考核生态文明建设阶段效果。之所以实行五年一考核，一是考核目标主要是五年规划纲要确定的资源环境约束性目标，目标期限为五年，考核时间与目标期限保持一致；二是生态文明建设成效是一个较长的累进过程，以五年为期进行考核，能够更加科学客观地衡量各地区生态文明建设成果，这将从根本上杜绝拉闸限电等"运动式"做法，引导各级政府长远谋划、系统推进；三是考核在五年规划期结束后次年开展，与地方各级党委和政府换届时间比较接近，也有利于考核结果应用。

年度评价按照《绿色发展指标体系》实施，侧重于工作引导。《绿色发展指标体系》包含考核目标体系中的主要目标，增加有关措施性、过程性的指标，包括资源利用、环境治理、环境质量、生态保护、增长质量、绿色生活、公众满意程度等七个方面，共 56 项评价指标，主要评估各地区生态文明建设进展的总体情况，引导各地区落实生态文明建设相关工作，每年开展一次。

五年考核按照《生态文明建设考核目标体系》实施，侧重于约束。《生态文明建设考核目标体系》主要考核国民经济和社会发展规划纲要确定的资源环境约束性指标，以及党中央、国务院部署的生态文明建设重大目标任务完成情况，强化省级党委和政府生态文明建设的主体责任，每个五年规划期结束后开展一次。在目标设计上，包括资源利用、生态环境保护、年度评价结果、公众满意程度、生态环境事件等五个方面，共23项考核目标；在目标赋分上，对环境质量等体现人民获得感的目标赋予较高的分值，对约束性、部署性等目标依据其重要程度，分别赋予相应的分值；在目标得分上，体现"奖罚分明""适度偏严"，对超额完成目标的地区按照超额比例进行加分，对三项（含）约束性目标未完成的地区考核等级直接确定为不合格。

（二）在专项考核的基础上综合开展

生态文明建设目标评价考核是综合性的考核，但是并不替代节能减排、大气污染防治、最严格耕地保护等专项考核，而且是在专项考核的基础上综合开展。因为资源环境专项考核涉及面广、专业性强，开展方式、方法、时间等差异较大，综合性的考核一时还难以完全替代。同时，开展专项考核有利于保持相关工作的深入推进，对生态文明建设目标考核形成有力的支撑。此外，生态文明建设目标评价考核采用有关专项考核认定的数据，不进行现场考核，有利于减轻地方负担。

（三）构建差异化考核机制

我国各地区的情况不一、差异很大，《生态文明建设目标评价考核办法》在强调各地区落实中央生态文明建设总体要求的同时，也对差异化考核进行了考虑，主要体现在目标分解上，结合各地经济社会发展水平、资源环境禀赋等因素，将考核目标科学合理地分解落实到各省、自治区、直辖市。如《北京市生态文明建设考核目标体系》以"清洁空气行动计划完成情况"替代"地级及以上城市空气质量优良天数比例"指标，因为考虑到与地级市相比，北京市各区行政辖区面积过小，环境质量更易受外来因素影响，因此将部分不适于北京市分区评价的指标用符合北京市实际情况的同类指标替代，把"地级及以上城市空气质量优良天数比例"等指标采用北京市"清洁空气行动计划完成情况"指标替代，更全面客观地反映各区大气污染治理工作效果。[①] 同时，在结果应用上，将考核结果纳入地方党政领导班子和领导干部综合考核评价时，会充分考虑各地区的区位特点、发展定位和生态基础，予以差别对待。

（四）强化结果应用

考核结果将作为各省、区、市党政领导班子和领导干部综合考核评价、干部奖惩任免的重要依据，在结果应用上体现"奖惩并举"，重点强调"党政同责""一岗双责"。比如，2019 年初，山东省通报 2018 年度生态文明建设目标评价考核结果，对考核等级为优秀、生态文明建设工作成效突出的市，给予通报表扬；对考核等级为不合格的市，进行通报批评，并约谈其党政主要负责人，提出限期整改要求；对生态环境损害明显、责任事件多发地区的党政主要负责人和相关负责人（含已经调离、提拔、退休的），按照《党政领导干部生态环境损害责任追究办法（试行）》及山东省实施细则等规定，进行责任追究。[②]

总之，党的十八大以来的生态文明建设目标评价考核体系把资

---

① 《北京市生态文明建设目标评价考核办法及指标体系解读》，https：//www.beijing.gov.cn/zhengce/zcjd/201905/t20190523_ 78299.html

② 李铁：《推动生态文明建设迈上新台阶》，载《大众日报》 2019 年 3 月 4 日。

源消耗、环境损害、生态效益等指标的情况反映出来，有利于加快完善经济社会发展评价体系，更加全面地衡量发展的质量和效益，特别是发展的绿色化水平，而且还树立了政绩考核新导向，把中央关于"不简单以生产总值增长率论英雄"的要求落到了实处，引导和督促地方各级党委和政府坚持"绿水青山就是金山银山"理念，在发展中保护、在保护中发展，改变了重发展、轻保护或把发展与保护对立起来的倾向和现象。

二、建立领导干部自然资源资产离任审计制

在经济发展的进程中，一些地区急功近利，对自然资源乱挖滥采、搞掠夺式经营，导致自然资源匮乏、生态系统失调、国土空间承载负荷大，经济社会快速发展与资源环境承载力不足的矛盾、人民群众不断增长的环境需求与生态产品供给不足的矛盾日益突出。党的十八大以来，我国抓住领导干部这个"关键少数"和"牛鼻子"，突破传统审计只关注领导干部经济责任的情况，将审计范围扩展到自然资源资产管理和环境保护，建立领导干部自然资源资产离任审计制度，这不仅是践行绿色发展理念的重大制度创新，也拓展了审计监督工作的新内涵，实现了新时代审计工作的跨越式发展。

2013 年 11 月，党的十八届三中全会通过的《中共中央关于全面深化改革若干重大问题的决定》中提出，"探索编制自然资源资产负债表，对领导干部实行自然资源资产离任审计"[1]。2014 年 10 月，《国务院关于加强审计工作的意见》中要求探索实行自然资源资产离任审计。2015 年中共中央、国务院印发的《生态文明体制改革总体方案》，对领导干部自然资源资产离任审计作了进一步较为详细的要求，"在编制自然资源资产负债表和合理考虑客观自然因素基础上，

---

[1] 《中共中央关于全面深化改革若干重大问题的决定》，北京：人民出版社2013 年版，第 65 页。

积极探索领导干部自然资源资产离任审计的目标、内容、方法和评价指标体系。以领导干部任期内辖区自然资源资产变化状况为基础，通过审计，客观评价领导干部履行自然资源资产管理责任情况，依法界定领导干部应当承担的责任，加强审计结果运用。在内蒙古呼伦贝尔市、浙江湖州市、湖南娄底市、贵州赤水市、陕西延安市开展自然资源资产负债表编制试点和领导干部自然资源资产离任审计试点"①。

表6-22　关于领导干部自然资源资产离任审计的政策文件（2013—2022年）

《编制自然资源资产负债表试点方案》，2015年11月
《开展领导干部自然资源资产离任审计试点方案》，2015年11月
《自然资源资产负债表试编制度（编制指南）》，2015年12月
《领导干部自然资源资产离任审计规定（试行）》，2017年6月
《自然资源资产负债表试编制度（试行）》，2018年12月

（一）编制自然资源资产负债表

摸清自然资源资产"家底"及其变动情况，是开展领导干部自然资源资产离任审计的信息基础。2015年11月，中共中央办公厅、国务院办公厅会同有关部门，在深入调查研究、借鉴国际经验、广泛征求各方面意见的基础上，制定了《编制自然资源资产负债表试点方案》，将内蒙古自治区呼伦贝尔市、浙江省湖州市、湖南省娄底市、贵州省赤水市、陕西省延安市作为试点地区，同年12月，国家统计局等八部门联合印发《自然资源资产负债表试编制度（编制指南）》，标志着编制自然资源资产负债表试点工作正式启动。

自然资源资产负债表以资产账户的形式，对全国或一个地区主要自然资源资产的存量、质量及其变化进行分类核算，可以全面反映全国或一个地区的自然资源存量、质量及变动情况，揭示经济活动主体对自然资源资产的占有、使用、消耗、恢复和提质活动情况，

---

① 《中共中央 国务院印发〈生态文明体制改革总体方案〉》，北京：人民出版社2015年版，第25页。

为制定地区发展战略、产业优化布局和衡量经济发展的资源消耗、环境损害、生态效益提供基础依据，对推动协调发展、绿色发展理念的落实，具有不可替代的作用。我国自然资源资产负债表的核算内容主要包括土地资源、林木资源和水资源，土地资源资产负债表主要包括耕地、林地、草地等土地利用情况，耕地和草地质量等级分布及其变化情况；林木资源资产负债表包括天然林、人工林、其他林木的蓄积量和单位面积蓄积量；水资源资产负债表包括地表水、地下水资源情况，水资源质量等级分布及其变化情况。

从 2016 年开始，全国有近 20 个省份自主开展自然资源资产负债表编制试点工作。2018 年 12 月，在总结试点地区和部分自主开展试点地区经验的基础上，国家统计局等八部门联合印发《自然资源资产负债表试编制度（试行）》，正式在国家和 31 个省（区、市）开展自然资源资产负债表试编工作。各地分别出台本地自然资源资产负债表试编制度，在一些关键领域和重点环节取得了一些进展。例如，深圳市大鹏新区首创完成了林地自然资源资产核算，发布了全国首个区县级的自然资源资产负债表，同时上线运行了全国首个"自然资源资产数据库管理系统"①，在国内率先进入实操阶段。目前我国已经基本完成 2019 年全国和省级自然资源资产负债表的试编工作，基本厘清了我国的"生态家底"和"生态账本"。

（二）开展领导干部自然资源资产离任审计试点

2015 年 11 月，中共中央办公厅、国务院办公厅印发《开展领导干部自然资源资产离任审计试点方案》，明确领导干部自然资源资产离任审计试点于 2015 年至 2017 年分阶段分步骤实施，2017 年制定

---

① 《大鹏新区全国首推自然资源资产负债表》，载《深圳特区报》 2017 年 9 月 8 日。

出台《领导干部自然资源资产离任审计暂行规定》，自 2018 年开始建立经常性的审计制度。2015 年在湖南省娄底市实施了领导干部自然资源资产离任审计试点；2016 年组织在河北省、内蒙古呼伦贝尔市等 40 个地区开展了审计试点；2017 年上半年又组织对山西等 9 省（市）党委和政府主要领导干部进行了审计试点。

审计试点坚持问题导向，重点探索揭示自然资源资产管理和生态环境保护中存在的突出问题，审计内容从围绕森林、土地、水、矿产等四个自然资源要素，拓展为森林、土地、水资源、水环境、矿产、草原、海洋、土壤、大气等九个要素，又调整为按资源环境管理行为进行分解，实现了对资源环境的要素和行为的全覆盖。当然，在试点中，各地各有侧重，如在江苏，南京市 2017 年突出了大气污染防治、黑臭河整治等群众关切度高的问题；在浙江，德清县将莫干山镇作为审计对象，养殖业污染治理、"五水共治" 等专项整治行动目标任务完成情况是重点；在福建，闽东南地区聚焦海洋资源、水资源，闽西北地区则是森林资源、矿产资源。[①] 试点地区围绕"审什么、怎么审、如何进行评价"，边试点、边探索、边总结，初步形成了一套较成熟完善的审计制度。据审计署 2017 年 10 月公布的数据，全国审计机关已经开展 827 个领导干部自然资源资产离任审计项目，问责 1210 人。[②]

（三）全面开展领导干部自然资源资产离任审计

2017 年，《领导干部自然资源资产离任审计规定（试行）》正式印发实施，这标志着自然资源资产审计工作发展到全面开展阶段。

---

① 齐志明：《欠下生态账　不能没交代——试点以来全国逾千名领导干部接受审计》，载《中国经济周刊》 2018 年第 6 期。
② 李兆东：《领导干部自然资源资产离任审计的现状与对策》，载《财政监督》 2019 年第 17 期。

自 2018 年起，领导干部自然资源资产离任审计已经作为经常性审计任务纳入全国各级审计机关每年的审计项目计划之中。

首先，在审计对象上，包括地方各级党政主要领导干部、承担自然资源资产管理和生态环境保护工作部门（单位）的主要领导干部。

其次，在审计内容上，包括领导干部贯彻执行中央生态文明建设方针政策和决策部署情况，遵守自然资源资产管理和生态环境保护法律法规情况，自然资源资产管理和生态环境保护重大决策情况，完成自然资源资产管理和生态环境保护目标情况，履行自然资源资产管理和生态环境保护监督责任情况，组织自然资源资产和生态环境保护相关资金征管用和项目建设运行情况，以及履行其他相关责任情况。

再次，在审计程序上，审计工作运用查账、对图、核表、实地勘查等传统审计方法，以及利用卫星影像、遥感测绘、大数据等先进技术，对比领导干部在任前后自然资源资产的数据变化情况，围绕自然资源资产实物量"多了还是少了"、生态环境质量"好了还是坏了"，充分考虑地域、气候、季节、生长期等自然因素影响，以及环境问题的潜伏性、时滞性、外部性等，对被审计领导干部任职期间自然资源资产管理和生态环境保护情况变化产生的原因进行综合分析，按照好、较好、一般、较差、差五个等次客观评价被审计领导干部履行自然资源资产管理和生态环境保护责任情况。

最后，在审计结果上，针对领导干部自然资源资产离任审计揭示的问题，及时整改，尽快恢复自然环境。对审计发现的人为因素造成严重损毁自然资源资产和破坏生态环境的责任事故等问题线索，审计机关依纪依法移送有关部门处理。

各地实施自然资源资产离任审计制度，对于领导班子加强自然资源资产管理，落实三条控制线和国土空间开发制度，以及促进自然资源资产节约集约利用和维护生态安全提供了强约束力的制度保障，在实践中取得了明显的经济、社会和生态效益。如，福建南平市人民政府通过领导干部自然资源资产离任审计规范问题资金 7.12 亿元，挽回经济损失 8300 余万元，促进 2.96 亿元专项资金拨付到位；全市森林覆盖率从 71.1% 提升至 77.3%，闽江、富屯溪、建溪水质状况优，空气质量优良天数比例保持全国全省前列。[①] 再如，2017—2021 年，广西各级审计机关共组织实施领导干部自然资源资产离任（任中）审计项目 267 个，涉及被审计领导干部 439 人，其中地厅级 26 人、县处级 119 人、乡科级 294 人，审计查出问题 1868 个，涉及问题金额 78.89 亿元，从体制、机制和制度三个层面提出审计建议 281 条，移送问题线索 28 条。[②]

三、建立生态环境损害责任追究制度

党的十八大以来，针对长期以来地方政府环境保护不力的弊病，习近平总书记一针见血指出，"实践证明，生态环境保护能否落到实处，关键在领导干部。一些重大生态环境事件背后，都有领导干部不负责任、不作为的问题，都有一些地方环保意识不强、履职不到位、执行不严格的问题，都有环保有关部门执法监督作用发挥不到位、强制力不够的问题。要落实领导干部任期生态文明建设责任制"，"一旦发现需要追责的情形，必须追责到底，决不能让制度规定成为没有牙齿的老虎"。[③] 2015 年 8 月，我国抓住党政"一把手"

---

① 《我市领导干部自然资源资产离任审计试点工作取得明显成效》，https://www.np.gov.cn/cms/html/npszf/2018-03-13/239256772.html

② 《广西组织开展领导干部自然资源资产离任审计成效显著》，https://baijiahao.baidu.com/s? id=1742041307342955846&wfr=spider&for=pc

③ 《习近平关于社会主义生态文明建设论述摘编》，北京：中央文献出版社2017年版，第110、 111页。

这个"关键少数"和"牛鼻子",聚焦各级党政领导干部的权力责任,出台《党政领导干部生态环境损害责任追究办法（试行）》,这是我国首次针对党政领导干部开展生态环境损害追责的制度性安排,是用制度治党、严格规范党政领导干部环境行为的长效机制。生态环境损害责任追究制度提出了生态环境损害的追责主体、责任情形、追责形式、追责程序以及终身追究制等规定,体现了"权责统一、党政同责、失职追责、问责到位"的原则,总体上对权力引发的生态问题怎么办、权力造成的生态损害怎么管的问题给出了明确答案。

（一）党政同责、一岗双责

2015 年 8 月,中共中央办公厅、国务院办公厅印发了《党政领导干部生态环境损害责任追究办法（试行）》,规定"地方各级党委和政府对本地区生态环境和资源保护负总责,党委和政府主要领导成员承担主要责任,其他有关领导成员在职责范围内承担相应责任"①。所谓党政同责,是指不仅地方政府领导是本行政区域生态环境保护第一责任人,地方党委领导同样也是本行政区域生态环境保护第一责任人,党委和政府领导对本行政区域的生态环境质量职责同负、责任共担。早期的环境污染事件事后问责指向企业,21 世纪以来,突发重大环境污染事件的责任追究既指向企业,也针对政府或有关部门主要负责人,这就是国际通用的行政问责。而党的十八大以来,环境责任追究制度明显地将党政组织和党的领导干部纳入其中,将行政问责拓展至党政问责,甚至更为强调在地方公共决策和政策执行中起到关键性作用的党委领导干部的责任。这是中国特色国家治理现代化的制度创新,也是落实党的全面领导在生态文明

---

① 《中共中央办公厅、国务院办公厅印发〈党政领导干部生态环境损害责任追究办法（试行）〉》,https://www.gov.cn/zhengce/2015-08/17/content_2914585.htm

建设中的具体体现。

2015 年 9 月的《生态文明体制改革总体方案》指出，"实行地方党委和政府领导成员生态文明建设一岗双责制"[①]。所谓一岗双责，是指各相关部门在履行岗位业务工作职责的同时履行生态环境保护工作职责，比如，住建部门既要管建房的事，也要管建房施工过程中造成的粉尘污染；交通运输部门既抓交通运输管理，也要抓交通运输产生的污染；自然资源部门既要抓矿产资源开发，也要抓污染防治。

"党政同责、一岗双责"是党的十八大以来我国公共领域的治理模式创新，促使党委和政府主要领导在关于生态文明建设的议题上做到重要工作亲自部署、重大问题亲自过问、重要环节亲自协调、重要案件亲自督办，压实各级责任，层层抓落实，使小环保变成了大环保，从环保部门一家"单打独斗"、小马拉大车，变成党政部门之间加强联动、统筹协调，密切配合、形成合力，齐心协力开展生态文明建设。

2015 年以来，中央和地方层面在环境责任追究的专门性文件以及体现在各类考核办法中的责任追究相关规定都强调资源环境保护党政同责，突出了党组织和党的领导干部在资源环境治理体系中的责任。各地也相继出台和落实生态环境保护工作"党政同责、一岗双责"实施办法，如 2020 年 7 月 6 日，四川省通报了中央生态环境保护督察"回头看"及沱江流域水污染防治专项督察移交生态环境损害责任追究问题问责情况，根据查明事实，绵阳市委、市政府及有关部门对安州区磷石膏堆场环境污染治理工作推进不力，整改敷

---

① 《中共中央 国务院印发〈生态文明体制改革总体方案〉》，北京：人民出版社 2015 年版，第 25 页。

衍应对，导致磷石膏削减缓慢、磷石膏堆存不规范、"三防措施"不到位、磷石膏综合处置效率低等问题，给予时任绵阳市安州区委书记通报批评，给予时任绵阳市安州区委副书记、区长谈话诚勉，给予绵阳市安州区委常委、副区长政务警告处分。①

（二）明确追责情形和程序

《党政领导干部生态环境损害责任追究办法（试行）》明确规定了不同级别党政领导干部造成生态损害的25种情形，分别包括应当追究相关地方党委和政府主要领导成员的责任的8种情形，应当追究相关地方党委和政府有关领导成员的责任的5种情形，应当追究政府有关工作部门领导成员的责任的7种情形，追究党政领导干部利用职务影响的5种情形。同时，规定了监管工作部门、纪检监察机关、组织（人事）部门的协作联动机制。上述相关部门对发现的追责情形应当调查而未调查，应当移送而未移送，应当追责而未追责的，要追究有关责任人员的责任。这种覆盖多种失责违规行为的制度，填补了生态环境责任追究的很多空白，消除了很多责任盲区和模糊地带，强化追责者的责任则形成一个闭环系统，构成疏而不漏的"天网"，确保对党政领导干部的生态环境损害行为"零容忍"。

《党政领导干部生态环境损害责任追究办法（试行）》还明确规定了党政领导干部生态环境损害责任追究的主要形式，包括诚勉、责令公开道歉；组织处理，包括调离岗位、引咎辞职、责令辞职、免职、降职等；党纪政纪处分。追责对象涉嫌犯罪的，应当及时移送司法机关依法处理。在责任追究结果运用上，"受到责任追究的党

---

① 钟寰轩：《四川：查清问题事实，问责77人，坚决落实生态环境保护"党政同责""一岗双责"》，载《中国环境监察》2020年第7期。

政领导干部，取消当年年度考核评优和评选各类先进的资格。受到调离岗位处理的，至少一年内不得提拔；单独受到引咎辞职、责令辞职和免职处理的，至少一年内不得安排职务，至少两年内不得担任高于原任职务层次的职务；受到降职处理的，至少两年内不得提升职务。同时受到党纪政纪处分和组织处理的，按照影响期长的规定执行"①。这些问责形式多种多样，均与党政领导干部的政治前途直接挂钩，将会对其执政行为产生较强约束，从而倒逼实现生态环境保护的目标。

总之，《党政领导干部生态环境损害责任追究办法（试行）》的追责情形更加全面，不仅仅局限于突发重大环境事件的事后问责，而且在时间节点上逐步将关口前移，对虽未发生重大环境事件但没有完成资源环境保护任务的地区进行常态化责任追究，更是在追责情形中运用了"贯彻落实中央关于生态文明建设的决策部署不力"等表述。责任追究的具体方式也不仅局限于调离岗位、引咎辞职、降职处理等比较激烈的方式，还可以是取消当年年度考核评优和评选各类先进资格、党纪政纪处分等，体现了客观公正、科学认定、权责一致的原则。

（三）实行终身追责制

《党政领导干部生态环境损害责任追究办法（试行）》提出，"实行生态环境损害责任终身追究制。对违背科学发展要求、造成生态环境和资源严重破坏的，责任人不论是否已调离、提拔或者退休，都必须严格追责"②。环境问题具有较长的潜伏期，但官员的任期却基本以五年为一个基本周期，因而往往是上一任项目导致的环境污

---

① 《中共中央办公厅、国务院办公厅印发〈党政领导干部生态环境损害责任追究办法（试行）〉》， https://www.gov.cn/zhengce/2015-08/17/content_ 2914585.htm
② 同上。

染和生态破坏效应到了下一届任期内甚至更长时间才会显现出来，这就增加了生态环境损害追责的复杂性，很多污染问题因为找不到责任人而不了了之，或者产生"谁任上出现大问题，谁倒霉"的情况。对损害生态环境"终身追责"的规定，一改长期以来对领导干部的环保工作泛泛要求、笼统评议、法不责众的状况，补齐了以环境促发展、以环境换政绩之后"拍屁股走人"的制度漏洞，显示出责任追究对象由原来的执行主体向决策主体的重大转变。这意味着党政领导干部任职有期限，但生态环境损害事后追责没有任期之限，退休不再是"避风港"，调离不等于"安全着陆"。终身追责如同给每一位领导干部配备了一份如影随形的"责任档案"，无论其身在何地何职，一旦突发环境事件，都可对其追责。这无疑有利于领导干部重建对绿水青山的敬畏，促使其真正按照科学发展的要求为政用权，杜绝因环境问题滞后性而产生"期权腐败"行为。

在实践中，我国对一些离任或退休官员开展了环境追责并依法处置，极大地促进了领导干部牢固树立生态红线观念和科学政绩观。如 2017 年 7 月，湖南省宁乡县发生特大洪灾，造成了重大损失。之后，湖南省委进行责任倒查，发现了不少问题，其中一个问题涉及前后四任县委书记：2010 年，在修建公园景观工程项目中，当地违规决策，防洪堤高降低了 1.3 米至 1.5 米。这一问题后来被发现，湖南省市县防指办，先后总共发了 6 次整改通知或督办函，但直至洪灾发生，均未按要求整改到位。之后，四任县委书记均被问责。①

---

① 《领导干部注意！又一个终身追责来了》，https：//m.gmw.cn/2021-09/15/content_ 1302579998. htm

本章总结

党的十八大以来，我国加快推进生态文明顶层设计，深化生态文明体制机制改革，密集出台关于生态文明建设的政策文件，推进生态环境保护法律法规体系、法治保障体系、法治监督体系、法治实施体系建设，构建了完善的现代环境治理体系，推动生态文明建设达到新的水平。党的十八大以来这十年，是生态文明建设和生态环境保护认识最深、力度最大、举措最实、推进最快、成效最显著的十年。生态环境保护在关键领域、关键指标上实现重大突破，与2015年相比，2021年全国地级及以上城市 PM2.5 平均浓度下降34.8%，成为世界上治理大气污染速度最快的国家；到"十三五"末，我国单位 GDP 二氧化碳排放较 2005 年降低 48.4%，超额完成下降 40%~45% 的目标，成为全球能耗强度降低最快的国家之一。[①]生态环境质量持续改善，人民群众的生态环境获得感、幸福感和安全感显著增强，为建设美丽中国和人与自然和谐共生的社会主义现代化国家奠定了坚实基础。总体而言，党的十八大以来，我国生态文明制度建设具有以下四个特点：

第一，覆盖领域全面。党的十八大以来，我国依据实践需要，创新建立的生态文明制度既有宏观的全国性指导，如生态红线、生态环境损害赔偿体系、空间规划体系、农村人居环境整治机制等，又有微观的具体规范，如生态文明建设目标评价考核、自然资源资

[①] 孙金龙：《认真学习贯彻习近平法治思想 用最严格制度最严密法治推进美丽中国建设》，载《民主与法制》周刊 2022 年第 33 期。

产离任审计、生态环境损害责任追究、禁止洋垃圾入境、危险化学品处置等政策，还有黄河流域、长江流域等区域性环境保护制度，填补了环境立法和生态文明基础性制度的许多空白，补齐了制度短板，形成了全面覆盖生态环境和自然资源的自然资源资产产权制度、国土空间开发保护制度、空间规划体系、资源总量管理和全面节约制度、资源有偿使用和生态补偿制度、环境治理体系、环境治理和生态保护市场体系、生态文明绩效评价考核和责任追究制度等，顺利搭建完成生态文明制度体系的"四梁八柱"，推动我国诸多领域的环境保护由突发式、"风暴式"执法向常态化、长效性监管的历史性转变。

第二，注重整合协同。党的十八大以来，我国坚持山水林田湖草沙冰是一个生命共同体，统筹兼顾、整体施策、多措并举，不断增强制度合力，充分发挥制度效能。首先，经济社会和生态环境的协同推进，把生态文明建设融入经济建设、政治建设、文化建设和社会建设的各方面和全过程，协同推进新型工业化、信息化、城镇化、农业现代化和绿色化，实现生产发展、生活富裕和生态良好的共赢。其次，跨区域、跨流域的协同治理。长江、黄河等七大流域分别建立了水污染防治联动协作机制，京津冀及周边地区建立了大气污染联防联控协作机制，区域生态环境明显改善。最后，管理职责的协同整合。把分散的部门职责整合到一起，组建生态环境部和自然资源部，实现了自然资源资产所有权的统一、自然资源资产用途管制职责的统一、环境保护职责的统一，克服了环境管理体制多头治理、相互掣肘、效率低下的弊病。

第三，制度执行严格。党的十八大以来，我国把全面深化生态文明体制机制改革和生态文明法治化建设相结合，加大制度和法治的执行力度，用最严密的制度和最严格的法治来保障生态文明，令行禁止和执法必严成为新时代我国落实生态文明制度的鲜活特点。2014 年我国重新修订的《环境保护法》，引入了按日连续罚款、查封扣押、限产停产、行政拘留、公益诉讼等法治措施，被称为"史上最严"的环境保护法。从 2015 年开始开展中央生态环境保护督察，完成对 31 个省（区、市）的环保督察全覆盖，并对督察结果以及整改方案和整改进展情况进行公示，一大批群众身边的突出环境问题得到快速解决。加强行政执法和刑事司法联动，实行生态环境保护部门与公安机关、检察机关、审判机关信息共享、案情通报、案件移送制度，加大对环境污染、生态破坏行为的惩治力度。这些严格的制度"建得好、用得好，敢于动真格，不怕得罪人，咬住问题不放松，成为推动地方党委和政府及其相关部门落实生态环境保护责任的硬招实招"①。

第四，强化"一把手"责任。生态环境问题归根到底是人的问题。党的十八大以来，我国针对环境保护制度执行不力、落实不严、保护主义等问题，一针见血地抓住党政领导干部这个"关键少数"，将生态文明建设考核结果作为各级领导班子和领导干部奖惩和提拔任用的重要依据，对那些损害生态环境的领导干部，做到真追责、敢追责、严追责，并实行终身追责。在直接问责党政领导干部的制度武器下，生态文明成为各地"一把手工程"，国家的生态文明建设方案很快落地生根、开花结果。

当然，由于一些生态文明制度是首次创新建立，因此这些制度以暂行条例、试行规定的形式出现，难免存在一些不完善之处，如推进山水林田湖草沙一体化保护和系统治理等方面法律法规标准不够系统；一些地区领导干部依法履职能力亟待提高，平时不作为、

---

① 习近平：《推动我国生态文明建设迈上新台阶》，载《求是》 2019 年第 3 期。

急时"一刀切"等问题时有发生，一些法律确立的生态环境保护制度措施尚未完全落实；利用"高科技"、隐蔽式的违法现象不断增加，环境违法行为发现难问题凸显，取证难问题依然存在。未来，在生态文明制度"四梁八柱"的方向性引导下，我国将不断适应新情况、总结新经验，及时对相应的法律法规制度进行修订完善，为解决生态文明领域的深层次矛盾和问题提供制度保障，为建设人与自然和谐共生现代化注入新生动力。

第七章

新中国生态文明制度建设的基本经验

　　新中国成立以来，中国共产党对自然生态环境的认知日益深化，从最初把自然环境仅仅作为生产生活的物理环境，到充分理解自然生态环境是经济社会可持续发展的前提条件，再到把尊重和保护自然的思维方式、生产方式和生活方式作为开启人类文明新形态的重要标志，不断将我国生态文明建设事业推向新的高度，从早期以植树绿化、工业污染防治、生活环境卫生整治为主的浅层生态文明建设，发展到宏观规划国土空间、精准开展环境监测预警、创新设计生态市场机制等深层生态文明建设，这些改变使得我国生态文明建设不仅为增进民生福祉和实现中华民族永续发展奠定了坚实的基础，还为建设更加美好的地球家园做出了不可估量的巨大贡献，我国也成为全球生态文明建设的引领者。在开展自然环境保护的实践中，我国出台了保证生态文明建设顺利开展的制度规范，通过不断解决治国理政中的新情况和新问题，完善措施、总结经验、创新对策，在对已有生态文明制度继承发展的基础上，积累形成了具有中国特色的生态文明制度体系，成为推进国家治理体系和治理能力现代化的重要组成部分，同时为推动构建公平合理、合作共赢的全球环境治理体系贡献了中国智慧。回顾新中国成立以来生态文明制度建设的历史进程，深刻总结生态文明制度建设的历史经验，对于未来进一步完善生态文明制度具有重要的现实意义。

第一节　坚持运用科学思维方式，统筹谋划防治体系

社会的发展和变革与人的思维方式有着密切关系，社会发展的形式是人的思维方式的外化表现，思维方式是社会发展和变革的根本指南。中国革命、建设、改革是在独特的国情基础上发生的，没有现成的经验可以照搬，认识、分析、解决实践过程中面临的各种问题，离不开思维方式的创新。思维方式正确与否，直接决定实践的成败。中国共产党在长期的实践过程中，形成了包括辩证思维、战略思维、历史思维、创新思维、法治思维、系统思维和底线思维等在内的一整套思维方式。在这些思维方法的指导下，我国生态文明制度构建形成了"源头严防、过程严管、后果严惩"的制度体系，这一体系促使人们推动绿色发展的自觉性和主动性显著增强，美丽中国建设迈出重大步伐，我国生态环境保护发生历史性、转折性、全局性变化。

（一）坚持辩证思维方式

恩格斯曾言："一个民族要想站在科学的最高峰，就一刻也不能没有理论思维。"① 恩格斯这里所说的理论思维就是指辩证思维。习近平总书记指出，辩证思维是最根本的思维方法，要求领导干部"学习掌握唯物辩证法的根本方法，不断增强辩证思维能力，提高驾驭复杂局面、处理复杂问题的本领"②。所谓辩证思维，就是承认矛

---

① 《马克思恩格斯文集》（第9卷），北京：人民出版社2009年版，第437页。
② 《习近平系列重要讲话读本（2016年版）》，北京：人民出版社2016年版，第280页。

盾，以发展变化和普遍联系的视角分析问题和解决问题，使矛盾对立的双方达到统一。比如，生态保护和经济发展是一对不能回避的矛盾，那么如何来认识这对矛盾呢？习近平总书记指出："如果仍是粗放发展，即使实现了国内生产总值翻一番的目标，那污染又会是一种什么情况？届时资源环境恐怕完全承载不了……经济上去了，老百姓的幸福感大打折扣，甚至强烈的不满情绪上来了，那是什么形势？所以，我们不能把加强生态文明建设、加强生态环境保护、提倡绿色低碳生活方式等仅仅作为经济问题。这里面有很大的政治。"① 这段话表明习近平总书记坚决不赞成"用绿水青山去换金山银山"的粗放型发展思路，而是"我们既要绿水青山，也要金山银山。宁要绿水青山，不要金山银山，而且绿水青山就是金山银山"②。为此，我国的生态文明建设从最初的单纯环境保护发展到将生态文明建设融入经济建设、政治建设、文化建设、社会建设各方面和全过程，在生态文明制度建设方面具体体现为创新完善环境经济机制，激励市场主体优化产业布局，淘汰落后产能，提升产业技术水平，促进经济结构转型；加强党和政府对生态文明建设等一系列重大决策的执行力度，将生态文明建设的目标责任制作为干部考核的重要内容；完善环境管理信息公开制度，健全环境决策听证制度，强化公众对政府环境保护工作的监督力度，提高公众在生态文明建设中的参与程度；规范绿色产品标准，引导绿色消费文化，培育生态消费意识等。

（二）坚持系统思维方式

习近平总书记指出："生态是统一的自然系统，是相互依存、紧

---

① 《习近平关于社会主义生态文明建设论述摘编》，北京：中央文献出版社2017年版，第5页。

② 《习近平系列重要讲话读本》，北京：人民出版社2014年版，第120页。

密联系的有机链条。"① 我国生态文明制度建设要牢牢把握自然界普遍联系的整体性和各类自然要素的相互交织性特征，一方面，打破"一亩三分地"的条条框框，树立全国"一盘棋"的思想，实施跨地区按流域行政执法和联防联控，开展生态环境保护和自然资源管理的大部制改革，打通地上和地下、岸上和水里、陆地和海洋、城市和农村、一氧化碳和二氧化碳，统筹"修山—保水—扩林—调田—治湖—护草"，形成大环保工作格局。另一方面，构建全过程全方位防治体系，从源头、过程和后果多环节整体发力，强调打好前后呼应、相互配合的"组合拳"，一体化推进源头预防、过程控制、损害赔偿、责任追究，如源头预防注重从结构、布局等经济社会宏观层面解决生态环境保护的根本性问题；过程控制注重从节能降耗、污染减排等方面解决生产生活环节的绿色化问题；损害赔偿和责任追究注重从经济成本内部化、"关键少数"行为追责和后果追责两个角度协同解决末端结果问题，让各项制度措施形成联动效应，实现生态文明建设的乘法效应。

（三）坚持底线思维方式

中国共产党是生于忧患、成长于忧患、壮大于忧患的政党，底线思维是中国共产党一贯坚持的工作方法。所谓底线思维就是凡事做最坏的打算、争取最好的结果的思维方式和工作方法。底线思维也是一种边界思维，设定边界，划出底线，从而保证社会有序运行。我国生态文明制度建设把不损害生态环境作为底线，以国土空间规划为依据，划定"三区三线"（城镇、农业、生态空间和生态保护红线，永久基本农田保护红线，城镇开发边界）和环境准入负面清单，作为调整经济结构、规划产业发展、推进城镇化不可逾越的红

---

① 《习近平谈治国理政（第三卷）》，北京：外文出版社 2020 年版，第 363 页。

线，并建立完善严格的生态红线监管制度，让生态保护红线成为不可触碰的"高压线"，保障粮食生产安全的耕地保护红线和满足人类生存栖息的城市发展边界，努力构建结构稳定、功能优化的生态安全格局。

（四）坚持法治思维方式

生态文明建设过程中，必然要面临经济利益与生态效益、社会转型与环境保护、短期规划与长远发展、整体利益与局部利益等之间的矛盾，处理这些矛盾仅靠道德说教是远远不够的。为了社会的可持续发展，国家必须运用法治思维开展生态文明制度建设。所谓法治思维，不仅指有建立法律法规制度的意识，还要高度重视严格依法办事，做到有法可依、有法必依、执法必严、违法必究。有了法律法规制度，并不意味着就有了法治，"天下之事，不难于立法，而难于法之必行"，"如果有了法律而不实施，或者实施不力，那再多法律也是一纸空文，依法治国就会成为一句空话"①。因此，我国生态文明制度建设在单项制度突破的基础上，不断强化对制度违反者惩罚的公平性，提高环境违法的成本，"对那些不顾生态环境盲目决策、造成严重后果的人，必须追究其责任，而且应该终身追究。真抓就要这样抓，否则就会流于形式"②，"一旦发现需要追责的情形，必须追责到底，决不能让制度规定成为没有牙齿的老虎"③。如《党政领导干部生态环境损害责任追究办法（试行）》进一步细化党委和政府主要领导成员的"责任清单"，使生态文明建设成为领导干部头顶的"紧箍咒"；严格落实新修订的环境保护法关于按日连续计

① 《习近平系列重要讲话读本》，北京：人民出版社2014年版，第82页。
② 《习近平关于社会主义生态文明建设论述摘编》，北京：中央文献出版社2017年版，第100页。
③ 《习近平关于社会主义生态文明建设论述摘编》，北京：中央文献出版社2017年版，第111页。

罚、查封扣押、行政拘留、限产停产等罚则，在环境监管、环境执法上添了一些硬招，在全社会树立起环境有价、损害赔偿的理念，有效打击了非法排污和破坏生态等违法行为。

（五）坚持创新思维方式

任何一个事物，随着人们对其认识的深化以及时代现实情况的变化，都需要不断与时俱进、推进创新。在生态文明制度建设中，中国共产党依据生态环境的变化情况以及人民群众日益增长的对绿水青山、优质生态产品的需要，摒弃陈规旧矩，寻求新思路，开拓新局面，有所侧重地推动重要领域、关键环节、重点层面的生态文明制度从无到有、从旧到新、从有到优。从新中国成立初期的植树造林制度、"三同时"制度、废品收购制度到新时代的河长制、林长制、党政领导干部"一把手"问责制、生态红线制度、生态环境损害责任终身追究制、领导干部自然资源资产离任审计制度等，这些都是中国独创的生态文明制度。在改革开放的历程中，我国借鉴国际社会先进的环境保护机制和政策，结合中国国情进行创造性的转化，如我国吸收国外关于生态补偿的理论和做法，既开展纵向补偿，结合中央财力状况逐步增加重点生态功能区转移支付规模，又探索科学的横向补偿机制，推动建立长江、黄河全流域横向生态保护补偿机制以及跨行政区域生态保护补偿机制，还加快推进多元化补偿，建立占用补偿、损害赔偿与保护补偿协同推进的生态环境保护机制，同时不断扩展以生态环境要素为实施对象的分类补偿范围，基本建立补偿水平与经济社会发展状况相适应，覆盖森林、草原、湿地、荒漠、海洋、水流、耕地、水生生物资源等全要素，符合我国国情的生态保护补偿制度体系。诸如此类的还有借鉴国外做法，征收环境保护税、设立环境责任保险、创新绿色金融等市场机制，探索不同资源禀赋生态产品价值的实现路径。我国在已有的国内外历史经验的基础上创造性地建成了具有中国特色、因地制宜、科学有效的生态文明制度体系，也为其他国家提供了绿色发展的中国方案和中国智慧。

（六）坚持战略思维方式

"战略问题是一个政党、一个国家的根本性问题。战略上判断得准确，战略上谋划得科学，战略上赢得主动，党和人民事业就大有希望"[1]。中国共产党始终高度重视并善于运用战略思维，从全球高度思考中华民族的前途命运，以大历史观谋划中华民族的复兴伟业。在生态文明制度建设中，我国以国际合作共赢的视野和为世界谋大同的战略胸怀应对生物多样性减少、气候变暖等全球生态问题，这是从"类危机""类主体""类意识""类行动"的"类视野"角度深入思考我国生态文明建设问题。如构建统一规范的碳排放统计核算体系，推动能耗"双控"向碳排放总量和强度"双控"转变；加快推动出台《碳排放权交易管理暂行条例》，持续加强全国碳市场数据质量管理，在发电行业碳市场运行良好基础上，逐步将市场覆盖范围扩大到更多高排放行业；将碳达峰、碳中和目标任务落实情况纳入中央生态环境保护督察范围，加快构建市场导向的清洁机制和减少温室气体排放的制度创新体系，为推动中华民族和整个人类社会的可持续发展提供坚强的法规和政策保障。

第二节　坚持试点先行逐步推广，提高制度科学化水平

我国地域辽阔、自然环境复杂多样、经济社会发展不平衡，某

---

[1] 《习近平关于协调推进"四个全面"战略布局论述摘编》，北京：中央文献出版社 2015 年版，第 9 页。

项生态文明制度不可能立刻就在全国范围内统一推广实施，因此，在实践中我国的很多环境保护制度创新均采取试点先行的办法。在试点的基础上不断总结经验，在探索中"排雷"和清除"荆棘"，提升制度落实落细的针对性、有效性，形成一系列可借鉴、可复制的政策要求，再稳步推广至全国。通过总结试点的新鲜经验，使感性认识上升为理性认识，这既体现了马克思主义实践论的观点，同时也是党的群众路线的具体体现。

纵观我国某项具体生态文明制度的演变史，最初的制度规定都是以试行、暂行规定、草案等文件形式出现，比如，我国第一部环境保护基本法是1979年的《中华人民共和国环境保护法（试行）》，直到1989年才修订为《中华人民共和国环境保护法》，还有《工业"三废"排放试行标准》《废物进口环境保护管理暂行规定》《中共中央关于确定林权、保护山林和发展林业的若干政策规定（试行草案）》《野生动物资源保护条例（草案）》《党政领导干部生态环境损害责任追究办法（试行）》等。

在关于具体生态文明制度的实施方案中，我国也将先行先试作为一条基本的原则，如《国务院办公厅关于健全生态保护补偿机制的意见》提出四条原则，第四个原则是"试点先行、稳步实施。将试点先行与逐步推广、分类补偿与综合补偿有机结合，大胆探索，稳步推进不同领域、区域生态保护补偿机制建设，不断提升生态保护成效"[1]；在大力发展循环经济的政策中，要求"在重点行业、产业园区、城市和农村实施一批循环经济试点"[2]。还有直接以设立试点或试验区命名的制度探索文件，如《关于健全国家自然资源资产

---

[1] 《国务院办公厅关于健全生态保护补偿机制的意见》，https://www.gov.cn/gongbao/content/2016/content_ 5076965.htm

[2] 《十六大以来重要文献选编》（下），北京：中央文献出版社2008年版，第330页。

管理体制试点方案》《关于开展市县"多规合一"试点工作的通知》《关于设立统一规范的国家生态文明试验区的意见》等。

在试行中，我国根据制度实践存在的漏洞和操作性问题，及时完善制度规范。以排污许可制为例，2016 年我国出台《排污许可证管理暂行规定》（以下简称《暂行规定》），2018 年发布《排污许可管理办法》（以下简称《管理办法》），《管理办法》是《暂行规定》的继承和发展，但是《管理办法》进一步明确了许可排放浓度和排放量的确定方法，将《暂行规定》中许可排放浓度和排放量的确定原则进行细化，明确按污染物排放标准许可排放浓度，细化许可排放量确定依据和步骤，进一步规范许可事项的确定，同时细化规定了企业承诺、自行监测、台账记录、执行报告、信息公开等 5 项具体制度，使得排污许可制具有更强的操作性。2021 年我国进一步出台《排污许可管理条例》，新增了对无证排污行为的具体罚款数额、实行排污许可分类管理、对排污单位相应违法行为按日连续计罚的法律责任等规定，极大地增强了排污许可制的约束性和监管效能，使得排污许可成为一项成熟的制度固定下来。

通过"试点先行、总结经验、逐步推开"的路径，我国将一些重要领域的成熟的行政法规上升为更高层次的法律。以环境影响评价制度为例，1978 年 10 月，中共中央批转的国务院《环境保护工作汇报要点》首次提出了环境影响评价的构想；1979 年 4 月，国务院环境保护领导小组在《关于全国环境保护工作会议情况的报告》中，把环境影响评价作为我国环境管理的一项重要政策在全国实行；1998 年《建设项目环境保护管理条例》规范了建设项目环境影响评价的内容、程序和法律责任；经过 30 多年的实践，2002 年我国通过《中华人民共和国环境影响评价法》，进一步将环境影响评价从建设项目拓展至发展规划，从根本上提高了环境影响评价制度的社会地位、知名度和执行率。再比如,《中华人民共和国野生动物保护法》也是在《野生动物资源保护条例（草案)》的实践中总结发展而来的。未来,我国还将有更多关于自然资源和生态环境的规定、政策、法规等上升为环保单行法。

生态文明制度建设先行先试是中国改革开放"摸着石头过河"成功经验的延续。边试点、边探索、边总结、边完善的策略最大限度减少了重大失误发生的可能性,这种渐进式改革本质上是一种试错和纠正机制,使国家有时间和空间来调整体制机制以适应不断变化的经济和社会,可以有效缓解不断增加的市场风险的压力。正如邓小平大力推动改革开放时所说,"要坚决地试。看对了,搞一两年对了,放开;错了,纠正,关了就是了"①。我国试点先行、逐步推广的改革策略也得到国外学者的高度认可,他们认为中国在渐进改革中不断调整政策,"改革—调整—再改革—再调整……在这个循环中,每一次改革都会带来某些后果（有些是意料之中,有些则是意料之外),接下来又导致调整和进一步的改革"②,从而保持调适性和灵活性;试点先行最大限度减少了改革阻力,因为全面改革很容易招致反对改革的人联合起来抵制,使改革难以进行下去,但渐进式改革却很容易在政策制定者中获得通过;③ 稳步渐进式改革有利于人们为接受改革做好思想准备,如果改革成功则可以进一步推广,

---

① 《邓小平文选》(第三卷),北京:人民出版社1993年版,第373页。
② ［美］ 沈大伟:《中国共产党:收缩与调适》,吕增奎译,北京:中央编译出版社2012年版,第5页。
③ Shaun Breslin, "The Political Economy of Development in China： Political agendas and economic realities", https：//link. springer. com/article/10. 1057/palgrave. development. 1100402.

为全面改革奠定基础。[1]

第三节　坚持创新环境经济机制，释放市场主体活力

由于生态环境具有明显的公共性和外部性特征，经济主体为追求利益最大化，往往会将环境污染成本向社会转移，这亦是"搭便车"现象和"公地悲剧"的根源。如果把环境保护看作游离于经济活动之外、仅仅应该由政府承担的公益性事业，那就很容易产生由于信息不对称所造成的干预不当、决策成本过高、政策效应滞后等政府失灵问题以及政府财政投入不足等问题。因此，尊重客观经济规律、充分调动市场主体的环境保护积极性是生态文明制度建设必须考虑的核心问题。我国从最初运用排污收费政策开始，不断探索和完善自然资源产权制度、生态补偿机制、绿色金融体系、资源环境价格机制、排污权交易机制等市场手段，基本形成了涵盖价格、税收、财政、信贷、收费、保险等比较完备的环境保护经济政策体系，建构了一个科学合理的激励约束机制，不仅促使企业将环境污染成本内部化，提升了环境治理效率，而且提高了社会资本参与环境保护的积极性，培育了一大批环保企业，实现了市场主体从"让我减"到"我要减"的根本性转变，在环保技术创新、扩大环保投入、发展环保产业方面取得了有目共睹的突出成就，有力推动了我国生产方式和经济发展方式的转型升级。可见，市场机制是实现环境治理现代化的必由之路，忽视了市场主体，就违背了生态文明建

---

[1] Bert Hofman, "Reflections on 40 years of China's reforms", in Ross Garnaut, Ligang Song, and Cai Fang, (eds.), *China's 40 Years of Reform and Development*: *1978—2018*(Canberra：ANU Press, 2018). pp. 56—72.

设的科学规律，环境保护就没有效益可言。只有注重对经济主体的内生调控，环境保护才既具有生态效益又具有经济效益，才能走上生产发展、生活富裕、生态良好"三生"共赢的良性发展道路。

首先，坚持将生态文明建设融入经济建设的全过程，构建和完善环境市场机制。环境市场机制是以经济手段调节市场主体的环境行为的制度安排，本质是一种经济政策，因此它必然且必须在经济建设的实践中才能发展和完善。我国按照人与自然和谐发展的要求，坚持以统筹经济社会发展与生态环境保护、经济社会效益与生态环境效益协同发展为基本手段和方法，在生产力布局、城镇化发展、重大项目建设中充分考虑自然条件和资源环境承载能力，特别是21世纪以来，为转变经济发展方式和调整经济结构，国家将生态文明建设与区域发展、产业振兴、对外开放等重大战略规划结合起来，将生态文明理念贯穿于生产、流通、分配、消费的各个环节，将产业生态化和生态产业化统一起来，促进了生态经济的发展，催生了一套环境经济政策体系。比如，党的十八大以来，在"绿水青山就是金山银山"的理念指导下，各地立足自身独特的天然禀赋，在发展生态农业、生态工业、生态旅游的过程中，创新了水权和林权等使用权抵押、产品订单抵押等绿色信贷业务，探索了"生态资产权益抵押+项目贷"模式，建立了生态产品调查监测机制、生态产品价值评价机制、生态产品经营开发机制等，基本形成了保护生态环境的利益导向机制和生态产品价值实现机制，不仅使生态产品"难度量、难抵押、难交易、难变现"等问题得到有效解决，增强了生态优势转化为经济优势的能力，推动了产业转型升级、新旧动能转换的加快以及经济的高质量发展，也推动新时代生态文明制度建设迈上了新台阶。

其次，以健全产权制度为核心，发挥市场配置自然资源的决定性作用。经济关系即生产关系，生产关系的基础是生产资料所有制，而产权是所有制的核心和主要内容，因此，建立完善环境市场机制的关键是要抓住自然资源产权和自然资源要素市场化这两个重点。我国生态文明制度建设不断解决自然资源产权存在的"虚化"和"弱置"问题，在划清自然资源国家所有、明确界定自然资源的用途的前提下，扩权赋能，落实土地、矿藏、海域、森林、草原、山岭等自然资源所有权、承包权、经营权"三权分置"，完善经营权出让、转让、抵押、出租、入股、互换等权能，使自然要素流动起来。在自然资源经营权的流转实践中，我国开展了自然资源资产有偿使用制度改革，建立了自然资源资产开发利用产业准入政策，推进了自然资源资产交易平台和服务体系建设等，激发了环境市场机制的活力，不仅从源头上减少了自然资源盲目、低效开发的问题，建立了自然资源资产保值增值的激励和约束机制，而且通过平等保护各类自然资源资产产权主体的合法权益，建立了市场经济体制下自然资源资产的利益补偿机制、利益冲突调处机制、利益分配机制等，自然资源保护成效和开发利用效率显著提升，为维护生态安全和资源安全、促进经济社会全面协调可持续发展做出了贡献。

最后，以资源有偿使用为重点，建立反映市场供求和资源稀缺程度以及体现生态价值的环境市场机制。价格和税收制度是有效调节资源优化配置的经济杠杆，具有重要的信号导向和约束作用。我国环境市场机制一方面以土地、水资源以及原油、天然气、煤炭、矿产等重要基础战略性资源的价格和税收改革为切入点和突破口，不断扩大资源有偿使用的范围，积极完善市场竞争机制，按照价值规律和供求关系决定资源产品及其生态服务的价格，使价位作为反映自然资源稀缺程度和开发强度的"温度计""晴雨表"，扭转了"资源无价"的思想观念，解决了在开发利用中资源无偿占有、低效开发和垄断开发的问题，为建立起统一、开放、公平、高效、有序的自然资源产品开发利用的现代市场竞合体系创造了条件。另一方面，实施差别税率和税收优惠政策，如在提高非再生性、稀缺性资源的税率的基础上，将资源税的计税依据由销售数量和自用量改为按实际生产量计征。同时，依据严格的产品标准，从投资、生产、销售和研发等环节对有利于自然资源节约、循环和高效利用的经营活动采取差别化的优惠制度，减免或降低增值税、所得税或消费税等税率，以激励企业积极从事技术革新，采用清洁生产工艺、安装节能设备进行生产，并回收利用可再生资源。反之，对于在生产中严重损害、浪费资源的企业，则加重其增值税、所得税税率，对以稀缺资源或不可再生资源为原材料的消费品提高其消费税率，使自然资源利用具有较为灵活的税收政策保障。

第四节　坚持扩大公众环境参与，提高制度民主化水平

回顾世界环境保护史，环境保护运动最早就是由民间发起的，社会民众和各类非政府组织一直是推动世界环境保护的重要力量，公众参与已经成为国际公认的环境法准则。在新中国成立之初，我国就制定了"依靠群众"的环保工作方针，鼓励公众参与环境保护工作。人民群众积极参与爱国卫生运动、植树造林等活动，我国环保组织迅速发展壮大，为绿化祖国、拯救濒危动植物等做出了巨大贡献。21世纪以来，我国主动顺应人民群众希望以主体身份实质性参与政府环境决策的民主政治诉求，出台了环境保护公众参与的系列法律，并推进环境信息公开、社会监督、信访处理、环境维权等配套制度建设。社会民众通过有序参与圆明园听证会、"怒江州蓝天

保卫战"、厦门PX事件、申请公开企业废气监测数据等活动,直接促进了政府相关环境政策的优化。实践证明,公众参与使不同主体对环境利益的需求得到有效表达,不仅提升了环境政策的科学化和民主化程度,而且减少了环境政策实施过程中的阻力,提高了环境制度的执行效率。同时,公众在具体的参与实践中潜移默化地接受了有关环境责任、环境法制和环境科学知识的生动教育,为我国生态文明制度建设提供了源源不断的社会动力。

首先,高度重视民众监督对制度落实的保障作用。群众路线是中国共产党的根本工作路线,紧紧依靠人民是中国共产党领导革命、建设和改革开放的基本经验。我国生态文明制度建设始终把民众参与作为一条基本原则,从新中国成立初期的生态文明制度的雏形,如《当前水利建设的方针和任务》《国务院关于加强对废弃物品收购和利用工作的指示》等,到新时代的《关于深化生态保护补偿制度改革的意见》等,都强调"政府主导,各方参与","积极引导社会各方参与"。我国生态文明制度建设尤其注重发挥社会监督在制度落实中的保障作用,这点通常出现在某项具体的生态文明制度文件的"保障措施"部分。各级政府都开通了"12369"环保投诉和举报热线,利用公众力量实施环境监督。随着互联网的广泛应用,网上举报制度也正被推广,一些地方还推出有奖举报制度,通过对环境污染举报人实施奖励,鼓励公众积极参与环境保护监督管理。这些公众参与环境管理的行为,一定程度上弥补了基层环境执法人员不足的状况,遏制了企业的环境违法行为。

其次,不断扩大公众参与制度决策的主体范围。我国生态文明制度关于公众参与规定的阶段逐渐前移,从环境行政的事中和事后监督,逐步发展到环境行政的决策参与和全过程参与,使公众成为最接近决策中心的人员。在参与的主体规定上,从部分吸纳相关利益群体的意见到广泛听取公众合理的意见，制度建设的民主化程度不断提升。以环境影响评价法中的环境公众参与为例，2006 年颁布的《环境影响评价公众参与暂行办法》中将公众界定为"在环境方面可能受建设项目影响的公众代表"，2014 年修订的《中华人民共和国环境保护法》中将公众界定为"可能受影响的公众"，而在2018 年修订的《环境影响评价公众参与办法》中继续扩大了公众的范围，提出"建设单位应当依法听取环境影响评价范围内的公民、法人和其他组织的意见"，鼓励建设单位听取环境影响评价范围之外的公民、法人和其他组织的意见。2015 年发布的《环境保护公众参与办法（试行）》明确提出，"制定或修改环境保护法律法规及规范性文件、政策、规划和标准"应当吸纳公众参与。目前，我国生态文明制度广泛向全社会征求意见已经成为制度出台的基本程序，如《生态保护补偿条例（公开征求意见稿）》《关于进一步加强重金属污染防控的意见（征求意见稿）》等，并在征求意见的通知中，详细说明建立制度的来龙去脉，如起草背景、起草思路以及说明部分意见被采纳或未被采纳的缘由等，增强了生态文明制度建设的公开性和透明度。

最后，不断提升公众参与制度决策的效能。为指导公众有序参与生态文明制度的决策阶段，我国专门制定了相关政策文件，对政府部门推动公众参与提出具有约束力的要求，为公众参与提供制度平台，包括为公众提供多样化参与途径，便于公众参与生态文明制度决策；及时准确地披露各类环境信息，除了政府部门之外，企业也要公开各种环境影响评价信息，让公众准确了解当前的生态环境现状、形势、污染分布、污染来源以及政府的环保措施，保障公众的知情权，在政府、企业和公众之间形成良性互动；在职责范围内加强宣传教育工作，普及环境科学知识，如空气、大气层、水、土壤、土地、地形地貌和自然景观、生物多样性等要素的相互作用关系，提高公众参与生态文明制度决策的科学性和深度建议；健全公众参与的反馈机制，对征集到的公众意见予以重视，对其进行归类整理、分析研究，以适当的方式公开和反馈，将合法有效的意见、建议作为决策的重要依据；定期对公众参与工作进行考核、评议，建立环境保护公众参与评优创先机制，对成绩突出的单位和个人给予奖励，营造政府积极主动引导公众有序参与的氛围，防止公众参与生态文明制度建设"走过场"。

第五节　坚持深化环保国际合作，加强制度交流互鉴

文明是合作的产物，生态文明亦是如此。英、美、德、法等发达国家是工业文明所致环境问题的最早受害者，也是环境治理和生态保护的最早觉醒者。他们在长期的工业化进程中，形成了一套严密的环境法律制度体系，生态环境改善取得了显著成效。事实上，我国 20 世纪 70 年代初期意识到自身的环境问题是受到联合国第一次人类环境会议的直接启发。改革开放以来，中国代表团多次参加国际环境会议并对其他国家进行考察，全球环境治理的最新理念、现代制度和市场机制被带回国内，比如 20 世纪我国的"清洁生产行动计划"、可持续发展战略、《中国 21 世纪议程》以及 21 世纪以来的"工业绿色发展规划"、《中国应对气候变化国家方案》等，都是与国际接轨的体现；工业"三废"排放标准、排污收费、环境影响评价、环境监测、绿色金融等具体机制也是参考世界各国标准、结合中国国情创造性转化而来的。生态环境问题是人类需要共同面对的全球性问题，我国必须以全球视野开展生态文明制度建设，只有

深化国际交流和务实合作，学习借鉴其他国家环境治理的创新理论和实践机制，分析他们在理念构思、制度设计和实施效果等方面的异同，探究他们在环境治理体制机制执行方面的成败，归纳他们具有普遍意义的有益经验，结合中国的国情，吸收、转化并融于环境治理实践之中，才能成为国际环境规则的主导者、参与者和建设者，为全球生态环境治理贡献中国智慧。为此，我国进行了诸多探索与实践：

一方面，我国生态文明制度广泛借鉴和创造性吸收了国际先进经验。以国家公园体制为例，国家公园的建立最早起源于美国，英国、德国等欧洲国家的国家公园体制也比较成熟，无论是管理主体、土地权属，还是机构设置、经营活动等，美国、英国、德国三个国家各有特色。党的十八大以来，我国国家公园体制改革借鉴了美国国家公园的管理经验，建立了由中央政府自上而下的垂直管理模式，按照国家公园的总体布局，相关省市再依次设置相应级别的国家公园管理局（处），地方政府不得干预国家公园的管理。这种管理模式的优越性在于能够使国家公园得到系统管理，也能避免国家公园承担过多的经济职能，能够真正意义上实现国家公园"保护为主"的功能定位。同时，我国国家公园体制也借鉴了英国和德国的国家公园土地所有权做法，将零散化的土地产权进行重新统一规范管理。但是，我国国家公园体制并不是对西方国家成熟经验的简单复制，而是在比较、借鉴的基础上，根据本国国情、地域条件、土地权属、行政特点等实际现状，创造性地建立了适合自身发展的国家公园管理制度，从而使得我国国家公园体制相比西方国家既具有后发优势，又保持了中国特色。比如，我国国家公园范围内有大量原住居民，大规模迁出国家公园难度很大，所以我国建立了周边居民参与的国家公园管理制度，探索建立共建共享机制，通过租赁土地使用权的方式，或者社区以特色旅游资源、旅游服务作为投资，参与到国家公园的投资分红中，使社区居民在国家公园建设中获益，这充分体现了我国生态惠民、生态利民、生态为民的社会主义本质。正如国外学者所评价，"中国不拒绝一切先进的东西，而是把西方和他国成功的经验融合进自己的模式"①；"有选择地输入西方国家产品不是要把中国政治秩序西方化，而是要为变动的社会和经济环境提供制度基础。借用中国的一句老话就是：'中学为体，西学为用'"②。

另一方面，我国承担应尽的国际义务，同世界各国深入开展生态文明领域的交流合作，分享中国生态文明制度建设的成功经验，推动中国生态文明制度建设走向世界。比如，新中国成立初期的废品回收制度，使瑞典等北欧国家深受启发，促使他们在全国范围内推广废品回收利用的市场机制。党的十八大以来，我国以生态文明建设作为倡导人类命运共同体的重要基石，愈来愈受到国际社会的高度赞誉和热烈响应，产生了广泛而深刻的国际影响。日本地球环境战略研究机构北京事务所所长小柳秀明注意到，近年来中国高度重视生态文明建设，不断完善各项法律制度并严格执行，建立健全促进生态文明建设的考评机制，生态环境考核指标在政绩考核体系中的权重有所增加，"中国生态文明建设经验值得很多国家学习和参考"。中国清华大学与巴西里约联邦大学共建的中巴气候变化与能源技术创新研究中心巴方负责人苏珊娜·卡恩认为，"中国在保护生态方面制定长期规划和发展战略，并严抓落实，值得其他国家学习借鉴"。蒙古国科学院国际关系研究所中国室主任旭日夫表示，中国很多农村实施净化、绿化、亮化、美化工程，效果显著，"比如浙江省

---

① 王辉耀编：《中国模式：海外看中国崛起》，南京：凤凰出版社 2010 年版，第 23 页。

② ［新加坡］郑永年《全球化与中国国家转型》，杭州：浙江人民出版社 2009 年版，第 63 页。

'千村示范，万村整治'工程不仅在中国，在世界上也属于范例。发展中国家可以从中有所借鉴"。联合国有关机构认为，中国的河长制是非常具有启示性的体制。①

中国生态文明制度建设为世界环境治理和可持续发展提供了中国智慧和中国方案。联合国环境规划署理事会在 2013 年通过了推广中国生态文明理念的决定草案。2016 年 5 月 26 日，第二届联合国环境大会高级别会议在联合国环境规划署总部内罗毕举行，会议发布了《绿水青山就是金山银山：中国生态文明战略与行动》报告，介绍了中国生态文明建设的指导原则、基本理念和政策举措，特别是将生态文明融入国家发展规划的做法和经验，认为以"绿水青山就是金山银山"为导向的中国生态文明战略为世界可持续发展提供了中国方案；2017 年，联合国环境署发布《中国库布其生态财富评估报告》，中国治沙经验成为样板；在第三届联合国环境大会上，塞罕坝林场建设者荣获 2017 年联合国环保最高荣誉"地球卫士奖"；2018 年，浙江省"千村示范、万村整治"工程被联合国授予"地球卫士奖"；2019 年，联合国环境规划署发布《北京二十年大气污染治理历程与展望》报告，高度肯定了北京市空气污染治理的努力和成效，认为北京的经验会对许多遭受空气污染困扰的城市有所裨益；2020 年 9 月，我国在联合国生物多样性峰会举办之前发布了《共建地球生命共同体：中国在行动》，系统阐述我国生物多样性保护的制度经验和历史性成就，为其他国家和地区应对保护与发展的挑战提供了思考方向，并为共谋全球生态文明之路、共建地球生命共同体贡献了中国智慧。

---

① 李琴、陈家宽：《全球环境治理视角的生态文明建设：中国方案与智慧》，载《科学》2021 年第 73 卷第 5 期。

第六节　坚持完善政策实施机制，强化制度执行落实

　　制度的生命力在于执行，"制定出一个好文件，只是万里长征走完了第一步，关键还在于落实文件"[1]，"有了好的制度如果不抓落实，只是写在纸上、贴在墙上、锁在抽屉里，制度就会成为稻草人、纸老虎"[2]。如果落实工作抓得不好，再好的方针、政策、措施也会落空，再搞新的制度也是白搭。提高生态文明制度的执行力是推进生态治理现代化的必然要求，治理现代化包括国家治理体系现代化和治理能力现代化两个方面，前者是指建立一整套紧密相连、相互协调的制度体系，后者是指运用国家制度管理社会各方面事务的能力，"国家治理体系和治理能力是一个国家的制度和制度执行能力的集中体现，两者相辅相成，单靠哪一个治理国家都不行。治理国家，制度是起根本性、全局性、长远性作用的。然而，没有有效的治理能力，再好的制度也难以发挥作用"[3]。因此，只有通过高效有力的制度执行力，将生态文明制度建设的设计理念、目标要求落到实处，才能将生态文明的制度优势转化为治理效能。我国生态文明制度建设在实践中针对"制度休眠"、制度执行不到位、选择性执行、执行偏差、敷衍执行等问题，不断探究查找影响制度执行的原因，采取一系列的手段和技术，开展一系列的检查与督促、监测与评价、奖励与处罚等执行活动，同步推进制度体系和制度执行力建设，解决

---

　　① 《习近平关于全面深化改革论述摘编》，北京：中央文献出版社 2014 年版，第 144 页。

　　② 《习近平关于严明党的纪律和规矩论述摘编》，北京：中央文献出版社 2016 年版，第 82 页。

　　③ 《习近平关于全面深化改革论述摘编》，北京：中央文献出版社 2014 年版，第 27、28 页。

存在的有令不行、有禁不止的现象，有效维护了生态文明制度的权威。

首先，不断加强生态环境保护执法队伍建设。执法队伍建设是督促生态文明制度执行的组织保障。我国依据人民群众日益增长的生态环境需求和增加的环境监管执法任务，努力建设与之匹配的执法力量，重点开展执法程序规范化建设、装备现代化建设、队伍专业化建设。在执法程序规范化建设方面，进一步明确生态环境保护行政执法机构的职责定位、运行机制，厘清源头防范、过程监管、末端执法的职责边界，完善生态环境部门与公安、检察院、法院的联动协作机制，健全部门间无缝衔接的监管机制。在装备现代化建设方面，积极推进执法用车和雷达设备、移动源执法监测设备、快速检测设备等执法装备的配备工作，实现指挥调度、执法检查、案件办理、稽查考核一体化，不断提升执法信息化水平，实现执法活动全流程、全要素留痕。在队伍专业化建设方面，加强执法人员行政执法资格管理，全面统一制式服装，严格新招录人员准入门槛，不断提高执法人员学历水平；构建执法岗位培训体系，实行全员轮训制度，确保每人每年接受不少于一定学时的专业知识和法律法规培训；聚焦重点行业，开展现场实战练兵；组织开展常态化知识竞赛、案卷评查等工作，全面提升执法队伍综合业务素质。截至2021年底，全国生态环境保护综合行政执法队伍人数占生态环境系统总人数的30%以上，[①] 基本建成一支政治强、本领高、作风硬、敢担当，特别能吃苦、特别能战斗、特别能奉献的生态环境保护铁军，集中力量查处突出的环境违法问题，让老百姓实实在在感受到了生态环境质量改善。

---

① 《"十四五"生态环境保护综合行政执法队伍建设规划》，https://www.mee.gov.cn/xxgk2018/xxgk/xxgk03/202201/W020220107585832026852.pdf

其次，不断完善制度的实施细则和配套举措。基本法、单行法、部门规章或者地方性法规在制定时，因考虑到各地实际情况千差万别，考虑到要保证基本制度的稳定性，所以不可能制定得非常具体，否则就会导致制度执行中的"一刀切"现象，导致基本法律法规的修订频次过高；但是如果没有实施细则和配套措施，制度执行就没有实践标准，制度的可行性就会大打折扣，导致制度或者流于形式，或者产生随意执法的问题，这些都会严重损害制度的权威性和震慑性。实施细则作为法律法规的派生物，是对法律法规的重要词语、规定事项、基本原则的补充、阐释和细节化，可以使相关法律和法规更详尽、周密和具体，更具有可行性。因此，我国生态文明制度建设注重建立制度执行的评估反馈系统，对制度执行过程进行动态管理，及时发现制度执行偏差，从制度设计、制度执行条件等多角度分析执行偏差的原因，及时完善制度内容、填补制度漏洞，补齐执行能力短板和弱项。通过这种适应性管理方式，我国既坚持了制度的刚性约束，又做到了制度执行的适度灵活性，从而适应问题解决过程中不断变化的情况，不断提高制度的治理效能。比如，为了让2014年新环保法确立的"按日计罚、查封扣押、限制生产、停产整治"等新规能得以实施，原环境保护部启动了54项配套文件、规章制度的制定工作，[1] 出台了《环境保护按日连续处罚暂行办法》《实施环境保护查封、扣押暂行办法》《环境保护限制生产、停产整治暂行办法》《企业事业单位环境信息公开暂行办法》等一系列实施细则，助力环保部门对环境违法行为打出一套有力的"组合拳"。再比如一些环保单行法的实施细则，如《中华人民共和国资源税暂行条例实施细则》《中华人民共和国水污染防治法实施细则》等，

---

① 王硕：《环保法新规将出实施细则　行政追责等将陆续出台》，载《京华时报》2014年10月21日。

以及各地贯彻落实部门规章的实施细则，如《甘肃省生态环境保护督察工作实施细则》强调省级生态环境保护督察作为中央生态环境保护督察的延伸和补充，与中央生态环境保护督察有机衔接、形成合力，除严格落实中央规定的督察内容以外，结合甘肃实际，对省级督察的机构组成、职能职责、督察方式、督察内容、工作程序、纪律规定等进行细化补充，实现了生态文明制度的落实落细。

最后，不断强化目标责任制和问责追责力度。我国在环境保护事业起步之时就规定了一切单位和个人都有保护环境的义务和责任，但对于环境责任的具体形式和追责对象的界定十分模糊，再加上环境责任追究的程序不健全，因此，受各主体利益博弈的阻碍，生态环境制度始终存在约束不强、执行弱化的情况，这也是一段时期内我国环境制度越来越多而生态问题却越来越严重的根源所在。21世纪尤其是党的十八大以来，国家加强了环境治理绩效和生态文明建设目标的评价考核，明确了不同领域环境治理和保护的具体目标和量化指标，对人口资源、节能减排、环境保护等约束性指标的考核结果实行环保一票否决，细化了环境责任的追究形式和办法，并强调终身追责，切实形成了一把"制度利剑"，一些长期未能解决的环境问题迅速得到改善。由是观之，要真正发挥制度的作用，必须实现制度构建和目标责任的有机统一，否则仅有精良的制度体系而没有有效的责任机制，制度规定就是"没有牙齿的老虎"。只有运用定量化、制度化的管理方法，建立硬性指标体系，将环境保护的目标层层分解，落实到具体个人，解决"谁对环境质量负责"这一关键问题，定期考核评价环境任务的完成情况并予以相应奖惩，才能增强执行主体的环境责任意识和生态文明建设的主动性，确保各项生态文明制度落到实处。

本章总结

回望新中国成立以来波澜壮阔的历史画卷，我国生态文明制度建设从零起步，从无到有，从零散到系统，从"头痛医头，脚痛医脚"式地解决问题到前瞻性、整体性开展全过程、全方位的防治，积累了很多宝贵的历史经验。实践永无止境，创新永无止境。在全面建设社会主义现代化强国的新征程上，我们要在坚持好、巩固好已经建立起来并经过实践检验的生态文明制度的前提下，从具体国情出发，及时总结经验，继续加强制度创新，把生态文明制度优势更好地转化为生态治理效能。基于我国生态文明制度建设的主要成就和基本经验，我国进一步创新和完善生态文明制度需要把握好以下三对关系：

（一）把握整体推进与重点突破的关系

生态文明制度建设必须遵循生态环境的系统性规律，整体规划国土空间开发，统筹治水和治山、治水和治林、治水和治田、治山和治林等，增强各项制度的关联性和耦合性，防止畸重畸轻、单兵突进、顾此失彼。但是整体推进并不意味着不分主次、不分重点，生态系统十分庞大复杂，不仅涉及面广，而且许多问题是历史形成的，解决这些问题也需要一个比较长的过程。在整体推进的基础上坚持重点突破，这既符合抓住主要矛盾和矛盾主要方面的哲学思维，也是被实践证明的破解生态文明制度建设困境的有效办法。回顾新中国生态文明制度建设的历程，我们正是坚持问题导向，围绕阶段性的突出生态问题和群众的主要环境诉求，集中力量进行体制机制创新，才不断促进了生态文明制度的整体改革。坚持重点突破，就具体领域而言，要围绕农村环境问题、重点流域、重点行业和损害群众健康的突出环境问题等薄弱环节和关键领域，添一些硬招，提高相关标准，大幅提高违法违规成本，划定生态红线，任何人不能越雷池一步，否则就应受到惩罚；就步骤方法而言，要坚持示范先行、先点后面，鼓励个别地区因地制宜，大胆探索，大胆试验，通过试点示范不断积累和推广经验，有序带动整体提升；就责任主体而言，关键在领导干部，要继续细化研究领导干部生态责任科学认定、追责程序等制度，为落实领导干部任期生态文明制度建设责任制提供严密保障。

（二）把握垂直管理与统一监管的关系

新中国成立以来，我国生态文明制度建设始终离不开机构体制改革这个核心议题。近年来，我国建立了环保机构垂直管理制度，改革调整了省、市、县三级环保部门的领导隶属、财政供养、干部任免等关系，将市县环保部门的环境监测监察职能上收到省级环保部门，有效减少了地方政府对环境管理的干预，增强了环境监测监察执法的独立性、公正性和有效性。但环保机构垂直管理制度在实际运行中也面临环保垂直部门与地方政府工作衔接冲突、地方政府的监督难以介入、上级部门的监督难以到位、环境监管缺失决策辅助等挑战，很可能产生环保机构权力滥用、部门协调成本增加、环境治理难以展开等问题。环境问题与经济社会问题深度融合交织，必须依赖于地方政府的协助，否则工作难度太大和执法成本过高将导致实际上的权力虚置。因此，新时代我国生态文明体制改革一方面要强化上级部门对环保机构的纵向监督指导机制，通过增加对环保机构的巡视督查、设置监察专员等方式解决上级机构对下级机构的监督困难问题，同时要注意整合相近的政策文件，否则频繁出台且名目繁多的制度政策容易给下级机构执法监督带来困扰；另一方面要建立地方政府与环保机构的横向协同合作机制，可以考虑将环保监测监察执法机构的业务职能交由省级政府直接管理，而相关的行政管理职能仍归地方政府，① 这样既可以保证监测监察执法机构的工作接受上级业务部门的指导和监督，也有利于地方政府加强对环境部门的统筹管理，把生态文明建设融入经济建设、政治建设、文化建设、社会建设各方面和全过程，从而形成由地方党委和地方政府负责、环境监测监察执法机构统一监管、相关部门积极配合的大环保工作格局。

（三）把握生态制度与生态文化的关系

演化经济学认为，文化为人们提供了一种认知系统，这种认知系统直接影响人们的价值理念，进而决定他们最终作出的选择，这些选择构建了人们的行为模式。② 所以，生态文明制度作为指向规范人们生态行为的强制性约束，必须考虑生态文化的问题。如果生态文明制度与社会文化体系相匹配，旧的文化系统只需在其已有框架内拓展、包容或改进新的生态理念，人们亦能够在短时间内接纳和遵从生态文明制度；反之，如果生态文明制度与社会文化体系相冲突，显然，生态文明制度运行处于逆流而上状态，将面临人们固有思维观念和文化心理的强大而持久的社会阻力，因此，近年来我国强调"坚持把培育生态文化作为重要支撑"③。一方面，有关生态环境具体制度的设计要充分考虑和主动适应当地传统理念和风俗习惯

---

① 谭溪：《我国地方环保机构垂直管理改革的思考》，载《行政管理改革》2018 年第 7 期。

② ［英］杰里弗·M. 霍奇逊：《经济学是如何忘记历史的：社会科学中的历史特性问题》，高伟译，北京：中国人民大学出版社 2008 年版，第 142、143 页。

③ 环境保护部:《向污染宣战：党的十八大以来生态文明建设与环境保护重要文献选编》，北京：人民出版社 2016 年版，第 3 页。

等文化实情，尤其是我国生态保护区与少数民族聚居区具有高度重合性，生态文明制度安排必须尊重当地民俗文化，循序渐进地耐心推进，潜移默化地持久塑造，切勿急功近利，更不能搞"一刀切"；另一方面，要注重生态文化培育的长效机制建设，构建政府部门主导、企业团体和社会各界广泛参与的生态文化组织管理机制、投入保障机制和宣传教育机制，以制度保障推动生态文化建设，以文化自觉引领生态文明制度建设，通过二者之间的良性互动，我国生态文明建设进程必将加速推进。

参考文献

1. 中共中央马克思、恩格斯、列宁、斯大林著作编译局编：《马克思恩格斯文集》（第1卷），北京：人民出版社2009年版。

2. 中共中央马克思、恩格斯、列宁、斯大林著作编译局编：《马克思恩格斯文集》（第2卷），北京：人民出版社2009年版。

3. 中共中央马克思、恩格斯、列宁、斯大林著作编译局编：《马克思恩格斯文集》（第5卷），北京：人民出版社2009年版。

4. 中共中央马克思、恩格斯、列宁、斯大林著作编译局编：《马克思恩格斯文集》（第9卷），北京：人民出版社2009年版。

5. 中共中央文献研究室编：《毛泽东年谱（一九四九——一九七六）》（第3卷），北京：中央文献出版社2013年版。

6. 中共中央文献研究室编：《毛泽东年谱（一九四九——一九七六）》（第4卷），北京：中央文献出版社2013年版。

7. 中共中央文献研究室编：《毛泽东文集》（第六卷），北京：人民出版社1999年版。

8. 中共中央文献研究室编：《毛泽东文集》（第七卷），北京：人民出版社1999年版。

9. 中共中央文献研究室编：《毛泽东文集》（第八卷），北京：人民出版社1999年版。

10. 中共中央文献研究室编：《周恩来年谱（一九四九——一九七六）》（上卷），北京：中央文献出版社1997年版。

11. 《邓小平文选》（第三卷），北京：人民出版社1993年版。

12. 中共中央文献研究室编：《习近平关于全面深化改革论述摘

编》，北京：中央文献出版社 2014 年版。

13. 中共中央文献研究室编：《习近平关于社会主义生态文明建设论述摘编》，北京：中央文献出版社 2017 年版。

14. 中共中央文献研究室编：《习近平关于协调推进"四个全面"战略布局论述摘编》，北京：中央文献出版社 2015 年版。

15. 中共中央纪律检查委员会、中共中央文献研究室编：《习近平关于严明党的纪律和规矩论述摘编》，北京：中国方正出版社、中央文献出版社 2016 年版。

16. 《习近平谈治国理政（第三卷）》，北京：外文出版社 2020 年版。

17. 中共中央宣传部编：《习近平系列重要讲话读本（2016 年版）》，北京：人民出版社 2016 年版。

18. 中共中央宣传部编：《习近平系列重要讲话读本》，北京：人民出版社 2014 年版。

19. 习近平：《决胜全面建成小康社会　夺取新时代中国特色社会主义伟大胜利——在中国共产党第十九次全国代表大会上的报告》，北京：人民出版社 2017 年版。

20. 习近平：《推动我国生态文明建设迈上新台阶》，《求是》2019 年第 3 期。

21. 中共中央文献研究室编，逄先知、金冲及主编：《毛泽东传（1949—1976）》（上），北京：中央文献出版社 2003 年版。

22. 中共中央文献研究室编：《建国以来重要文献选编》（第三册），北京：中央文献出版社 1992 年版。

23. 中共中央文献研究室编：《建国以来重要文献选编（第四册）》，北京：中央文献出版社 1993 年版。

24. 中共中央文献研究室编：《建国以来重要文献选编》（第七

册），北京：中央文献出版社 1993 年版。

25. 中共中央文献研究室编：《建国以来重要文献选编》（第十一册），北京：中央文献出版社 1995 年版。

26. 中共中央文献研究室编：《建国以来重要文献选编》（第十三册），北京：中央文献出版社 1996 年版。

27.《建国以来重要文献选编》（第十五册），北京：中央文献出版社 1997 年版。

28.《建国以来重要文献选编》（第十六册），北京：中央文献出版社 1997 年版。

29.《建国以来重要文献选编》（第二十册），北京：中央文献出版社 1998 年版。

30. 中共中央文献研究室编： 《十三大以来重要文献选编》（下），北京：人民出版社 1993 年版。

31. 中共中央文献研究室编： 《十四大以来重要文献选编》（上），北京：人民出版社 1996 年版。

32. 中共中央文献研究室编： 《十四大以来重要文献选编》（下），北京：人民出版社 1999 年版。

33. 中共中央文献研究室编： 《十五大以来重要文献选编》（上），北京：人民出版社 2000 年版。

34. 中共中央文献研究室编： 《十六大以来重要文献选编》（下），北京：中央文献出版社 2008 年版。

35. 中共中央文献研究室编： 《十七大以来重要文献选编》（上），北京：中央文献出版社 2009 年版。

36. 中共中央文献研究室编： 《十八大以来重要文献选编》（上），北京：中央文献出版社 2014 年版。

37. 中共中央文献研究室编： 《十八大以来重要文献选编》

（下），北京：中央文献出版社 2018 年版。

38.《十届全国人大五次会议文件辅导读本》，北京：人民出版社 2007 年版。

39.《中共中央关于全面深化改革若干重大问题的决定》，北京：人民出版社 2013 年版。

40.《中共中央 国务院关于加快推进生态文明建设的意见》，北京：人民出版社 2015 年版。

41.《中共中央 国务院关于全面加强生态环境保护坚决打好污染防治攻坚战的意见》，北京：人民出版社 2018 年版。

42. 中央档案馆、中共中央文献研究室编：《中共中央文件选集（1949 年 10 月—1966 年 5 月）》（第 11 册），北京：人民出版社 2013 年版。

43. 中央档案馆、中共中央文献研究室编：《中共中央文件选集（1949 年 10 月—1966 年 5 月）》（第 26 册），北京：人民出版社 2013 年版。

44. 中央档案馆、中共中央文献研究室编：《中共中央文件选集（1949 年 10 月—1966 年 5 月）》（第 27 册），北京：人民出版社 2013 年。

45. 中央档案馆、中共中央文献研究室编：《中共中央文件选集（1949 年 10 月—1966 年 5 月）》（第 28 册），北京：人民出版社 2013 年版。

46. 中央档案馆、中共中央文献研究室编：《中共中央文件选集（1949 年 10 月—1966 年 5 月）》（第 31 册），北京：人民出版社 2013 年版。

47. 中央档案馆、中共中央文献研究室编：《中共中央文件选集（1949 年 10 月—1966 年 5 月）》（第 33 册），北京：人民出版社 2013

年版。

48. 中央档案馆、中共中央文献研究室编：《中共中央文件选集（1949 年 10 月—1966 年 5 月）》（第 34 册），北京：人民出版社 2013 年版。

49. 中央档案馆、中共中央文献研究室编：《中共中央文件选集（1949 年 10 月—1966 年 5 月）》（第 37 册），北京：人民出版社 2013 年版。

50. 中央档案馆、中共中央文献研究室编：《中共中央文件选集（1949 年 10 月—1966 年 5 月）》（第 38 册），北京：人民出版社 2013 年版。

51. 中央档案馆、中共中央文献研究室编：《中共中央文件选集（1949 年 10 月—1966 年 5 月）》（第 39 册），北京：人民出版社 2013 年版。

52. 中央档案馆、中共中央文献研究室编：《中共中央文件选集（1949 年 10 月—1966 年 5 月）》（第 41 册），北京：人民出版社 2013 年版。

53. 中央档案馆、中共中央文献研究室编：《中共中央文件选集（1949 年 10 月—1966 年 5 月）》（第 50 册），北京：人民出版社 2013 年版。

54. 全国人民代表大会常务委员会办公厅编：《中华人民共和国第八届全国人民代表大会第四次会议文件汇编》，北京：人民出版社 1996 年版。

55. 《中国共产党第十八届中央委员会第五次全体会议文件汇编》，北京：人民出版社 2015 年版。

56. 中共中央文献研究室、国家林业局编：《毛泽东论林业》，北京：中央文献出版社 2003 年版。

57. 中共中央文献研究室、国家林业局编:《新时期党和国家领导人论林业与生态建设》,北京:中央文献出版社 2001 年版。

58. 国家环境保护总局、中共中央文献研究室编:《新时期环境保护重要文献选编》,北京:中央文献出版社 2001 年版。

59. 国务院法制局、中华人民共和国法规汇编编辑委员会编:《中华人民共和国法规汇编(1956 年 1 月—6 月)》,北京:法律出版社 1956 年版。

60. 国务院法制局、中华人民共和国法规汇编编辑委员会编:《中华人民共和国法规汇编(1957 年 7 月—12 月)》,北京:法律出版社 1958 年版。

61. 国务院秘书厅、国务院法规编纂委员会编:《中华人民共和国法规汇编(1959 年 7 月—12 月)》,北京:法律出版社 1960 年版。

62. 国务院法规编纂委员会编:《中华人民共和国法规汇编(1962 年 1 月—1963 年 12 月)》,北京:法律出版社 1964 年版。

63. 国务院法制局编:《中华人民共和国现行法规汇编(1949—1985)》(财贸卷),北京:人民出版社 1987 年版。

64. 《中华人民共和国森林法》,北京:中国民主法制出版社 2008 年版。

65. 全国人民代表大会常务委员会法制工作委员会编:《中华人民共和国法律汇编(2014)》,北京:人民出版社 2015 年版。

66. 全国人民代表大会常务委员会法制工作委员会编:《中华人民共和国法律汇编(2015)》(上册),北京:人民出版社 2016 年版。

67. 徐祥民主编:《中国环境法制建设发展报告(2010 年卷)》,北京:人民出版社 2013 年版。

68. 徐祥民主编:《中国环境法制建设发展报告(2011 年卷)》,北京:人民出版社 2013 年版。

69. 国家环境保护总局等编：《国家环境保护"十五"计划》，北京：中国环境科学出版社 2002 年版。

70. 国务院法制局编：《中华人民共和国现行法规汇编（1949—1985）》（农林卷），北京：人民出版社 1987 年版。

71. 城乡建设环境保护部环境保护局编：《国家环境保护法规文件汇编（1973—1983 年）》，北京：中国环境科学出版社 1983 年版。

72. 国家环境保护局编：《第三次全国环境保护会议文件汇编》，北京：中国环境科学出版社 1996 年版。

73. 国家环境保护局办公室编：《环境保护文件选编（1973—1987）》，北京：中国环境科学出版社 1988 年版。

74. 《中国环境保护行政二十年》编委会编：《中国环境保护行政二十年》，北京：中国环境科学出版社 1994 年版。

75. 环境保护部编：《向污染宣战：党的十八大以来生态文明建设与环境保护重要文献选编》，北京：人民出版社 2016 年版。

76. 《中华人民共和国国民经济和社会发展第十一个五年规划纲要》，北京：人民出版社 2006 年版。

77. 《中华人民共和国国民经济和社会发展第十三个五年规划纲要》，北京：人民出版社 2016 年版。

78. 《中华人民共和国国民经济和社会发展第十四个五年规划和2035 年远景目标纲要》，北京：人民出版社 2021 年版。

79. 《改革开放以来历届三中全会文件汇编》，北京：人民出版社 2013 年版。

80. 国土资源部、中共中央文献研究室编：《国土资源保护与利用文献选编（一九七九—二〇〇二年）》，北京：中央文献出版社 2003 年版。

81. 《坚定不移沿着中国特色社会主义道路前进　为全面建成小

康社会而奋斗——在中国共产党第十八次全国代表大会上的报告》，北京：人民出版社 2012 年版。

82. 《关于建立以国家公园为主体的自然保护地体系的指导意见》，北京：人民出版社 2019 年版。

83. 《十八大以来廉政新规定（2022 年版）》，北京：人民出版社 2022 年版。

84. 《〈中共中央关于坚持和完善中国特色社会主义制度、推进国家治理体系和治理能力现代化若干重大问题的决定〉辅导读本》，北京：人民出版社 2019 年版。

85. 周生贤主编：《环保惠民　优化发展——党的十六大以来环境保护工作发展回顾（2002—2012）》，北京：人民出版社 2012 年版。

86. 张云飞、任铃著：《新中国生态文明建设的历程和经验研究》，北京：人民出版社 2020 年版。

87. 齐鹏飞、杨凤城主编：《当代中国编年史（1949.10—2004.10)》，北京：人民出版社 2007 年版。

88. 曲格平、彭近新主编：《环境觉醒——人类环境会议和中国第一次环境保护会议》，北京：中国环境科学出版社 2010 年版。

89. 郇庆治、王聪聪主编：《社会主义生态文明：理论与实践》，北京：中国林业出版社 2022 年版。

90. 陈晓红等著：《生态文明制度建设研究》，北京：经济科学出版社 2018 年版。

91. 张学文编著：《新中国的卫生事业》，北京：生活·读书·新知三联书店 1953 年版。

92. 成金华等著：《我国工业化与生态文明建设研究》，北京：人民出版社 2017 年版。

93. 生态环境部生态环境监测司、中国环境监测总站编著：《辉煌40载：中国环境监测成就与展望》，北京：中国环境出版集团2018年版。

94. 金勇进主编：《数字中国60年》，北京：人民出版社2009年版。

95. 李洪河著：《往者可鉴：中国共产党领导卫生防疫事业的历史经验研究》，北京：人民出版社2016年版。

96. 李金惠主编：《中国环境管理发展报告（2017）》，北京：社会科学文献出版社2017年版。

97. 倪健民主编：《国家能源安全报告》，北京：人民出版社2005年版。

98. 刘建伟著：《新中国成立后中国共产党认识和解决环境问题研究》，北京：人民出版社2017年版。

99. 刘静佳、白弋枫著：《国家公园管理案例研究》，北京：云南大学出版社2019年版。

100. 中国人民银行研究局编著：《绿色金融改革创新案例汇编》，北京：中国金融出版社2020年版。

101. 万以诚、万岍选编：《新文明的路标》，长春：吉林人民出版社2000年版。

102. 刘希刚、徐民华著：《马克思主义生态文明思想及其历史发展研究》，北京：人民出版社2017年版。

103. 自然之友编、杨东平主编：《中国环境的危机与转机（2008）》，北京：社会科学文献出版社2008年版。

104. 金鉴明、曹叠云、王礼嫱著：《〈环境保护法〉述评》，北京：中国环境科学出版社1992年版。

105. 《全国环境保护工作纲要（1993—1998）》，载《环境保护》1994 年第 3 期。

106.《生态环境部印发〈"十四五"生态环境保护综合行政执法队伍建设规划〉》，载《中国环境监察》2022 年第 1 期。

107. 郇庆治、李向群：《中国区域环保督查中心：功能与局限》，载《绿叶》2010 年第 10 期。

108.《关于四川省珍贵动物保护管理情况的调查报告》，载《新疆林业》1975 年第 3 期。

109.《关于在西北、华北、东北风沙危害和水土流失重点地区建设大型防护林的规划》，载《新疆林业》1979 年第 5 期。

110. 白志远：《论政府采购政策功能在我国经济社会发展中的作用》，载《宏观经济研究》2016 年 03 期。

111. 陈志斌、孙峥：《中国碳排放权交易市场发展历程——从试点到全国》，载《环境与可持续发展》2021 年 02 期。

112. 程亮、陈鹏等：《建立国家绿色发展基金：探索与展望》，载《环境保护》2020 年 15 期。

113. 马丽：《党政领导干部环境责任追究的机制演变与逻辑阐释——兼论政党对公共行政的调节》，载《当代世界与社会主义》2021 年第 2 期。

114. 郭尚花：《我国环境群体性事件频发的内外因分析与治理策略》，载《科学社会主义》2013 年第 2 期。

115. 郭施宏：《中央环保督察的制度逻辑与延续——基于督察制度的比较研究》，载《中国特色社会主义研究》2019 年第 5 期。

116. 贺蓉等：《我国排污许可制度立法的三十年历程——兼谈〈排污许可管理条例〉的目标任务》，载《环境与可持续发展》2020 年第 1 期。

117. 季林云、孙倩、齐霁：《刍议生态环境损害赔偿制度的建立——生态环境损害赔偿制度改革 5 年回顾与展望》，载《环境保护》2020 年第 24 期。

118．李楯：《圆明园听证：中国环保法治建设史上关键的一步》，载《环境》2005 年第 5 期。

119．李俊峰：《我国可再生能源 70 年发展历程与成就》，载《能源情报研究》2019 年第 8 期。

120．李琴、陈家宽：《全球环境治理视角的生态文明建设：中国方案与智慧》，载《科学》2021 年第 5 期。

121．李世东、冯德乾：《三北工程：世界上"最大的植树造林工程"》，载《中国绿色时报》2021 年 6 月 28 日。

122．李世东、金旻：《世界著名生态工程——中国"天然林资源保护工程"》，载《浙江林业》2021 年第 10 期。

123．李世东：《世界著名生态工程——中国"退耕还林还草工程"》，载《浙江林业》2021 年第 8 期。

124．李臻：《国家治理现代化背景下生态治理现代化的路径探析》，《领导科学论坛》2018 年第 5 期。

125．林龙飞、李睿、陈传波：《从污染"避难所"到绿色"主战场"：中国农村环境治理 70 年》，载《干旱区资源与环境》2020 年第 7 期。

126．刘宁、汪劲：《〈排污许可管理条例〉的特点、挑战与应对》，载《环境保护》2021 年第 9 期。

127．罗吉：《我国清洁生产法律制度的发展和完善》，载《中国人口·资源与环境》2001 年第 3 期。

128．谭溪：《我国地方环保机构垂直管理改革的思考》，载《行政管理改革》2018 年第 7 期。

129．唐芳林：《建立以国家公园为主体的自然保护地体系》，载

《中国党政干部论坛》2019 年第 8 期。

130. 唐小平：《中国自然保护区——从历史走向未来》，载《森林与人类》2016 年第 11 期。

131. 王金南、程亮、陈鹏：《国家"十三五"生态文明建设财政政策实施成效分析》，载《环境保护》2021 年第 5 期。

132. 王蓉娟、吴建祖：《环保约谈制度何以有效？——基于 29 个案例的模糊集定性比较分析》，载《中国人口·资源与环境》2019 年第 12 期。

133. 王维正：《国家公园》，北京：人民出版社 2000 年版。

134. 贺蓉、徐祥民等：《我国排污许可制度立法的三十年历程——兼谈〈排污许可管理条例〉的目标任务》，载《环境与可持续发展》2020 年第 1 期。

135. 夏治安：《对实施限期治理法律制度的浅析》，载《环境保护》1993 年第 4 期。

136. 徐善春：《城市实行环保派出机构管理体制》，载《环境导报》2003 年第 19 期。

137. 杨作精：《积极推行污染集中控制》，载《中国环境管理》1992 年第 1 期。

138. 周道许：《环境污染风险的社会化管理手段研究：我国环境污染责任保险发展的路径选择与制度构想》，载《环境经济》2011 年第 5 期。

139. 柴汉明、朱德明：《完善环境保护目标责任制体系的若干思考》，载《环境导报》1994 年第 4 期。

140. 《2021 年国家强农惠农富农政策措施》，载《农民文摘》2021 年第 6 期。

141. 《财政部发展改革委关于印发〈节能技术改造财政奖励资

金管理办法〉的通知》，载《中华人民共和国国务院公报》2012 年 3
月 10 日。

142. ［美］J. R. 麦克尼尔：《阳光下的新事物：20 世纪世界环
境史》，韩莉、韩晓雯译，北京：商务印书馆 2013 年版。

143. ［英］杰里弗·M. 霍奇逊：《经济学是如何忘记历史的：
社会科学中的历史特性问题》，高伟译，北京：中国人民大学出版社
2008 年版。

后　记

本书作为国家社科基金"新中国生态文明制度建设史研究"（21BKS067）的结项成果，它的诞生具有特殊的意义。2021年，正值中国共产党成立100周年，全国各地都沉浸在庆祝的热烈氛围中。我有幸参与了教育部《"四史"大学生读本》的编写工作，这次经历激发了我将生态文明的研究专长与中共党史相结合的灵感，从而催生了申报课题的主题。

怀揣着对学术的探求和渴望作品尽快面世的热切，自2021年7月课题获得批准后，我便放下其他科研工作，用了整整一年的时间，全身心投入这一课题的研究中，提前两年结项，并荣获专家匿名评审"良好"的等级，这是对我工作的极大肯定。

在此，我要向山西教育出版社表达深深的感激。在课题刚立项之时，他们就向我抛出了出版的橄榄枝，让我对课题研究的社会价值有了更加坚定的信心。特别要感谢崔璨编辑，她不辞辛劳多次来京与我面谈书稿的细节，之后又与赵娇编辑一同对书中的文字和图片进行了反复校对，确保了出版的质量。

当然，由于时间和个人能力的限制，书中难免存在不足之处，衷心希望读者给予指正！